普通高等教育农业农村部“十三五”规划教材
全国高等农林院校“十三五”规划教材

草地学实验与实习指导

毛培胜　主编

中国农业出版社
北　京

内 容 简 介

《草地学实验与实习指导》作为《草地学》的配套教材，将全国开设草地学课程的高等院校多年来的实验和实习内容汇总、评估以及归纳和整理，进行系统编写而成。突出各地区草地学实验和实习特色，并兼顾当前快速发展的草地学知识和技术手段，通过对实验和实习内容进行调整、更新、补充和完善，使其达到与时俱进、学以致用的目的。

本教材主要包括室内实验和野外实习两部分内容。室内实验部分设置了牧草种子特性、牧草植物学特性、草地管理、牧草加工、草地调查规划5个专题内容，共有18个实验。野外实习部分设置了草地植物特性、草地管理、草地调查规划和种子、饲草生产与加工4个专题内容，共21个实习。实验和实习内容以基本原理为纽带，在注重关键技术环节和操作实践的基础上，通过具体实验或实习示例来提高可操作性，易于学生理解和接受。

编审人员名单

主　编　毛培胜

副主编　李曼莉　干友民　胡国富

编　者　（按姓名笔画排序）

干友民（四川农业大学）
马红彬（宁夏大学）
王明君（东北农业大学）
毛培胜（中国农业大学）
刘克思（中国农业大学）
孙飞达（四川农业大学）
孙宗玖（新疆农业大学）
李曼莉（中国农业大学）
沈　艳（宁夏大学）
赵　祥（山西农业大学）
胡国富（东北农业大学）
夏方山（山西农业大学）
殷秀杰（东北农业大学）

前言

我国有近 4 亿 hm^2 的天然草地，不仅分布范围广，而且类型多样，是野生动植物种质资源开发利用的天然宝库，也为家畜饲养和农牧民生产生活提供重要的物质保障。人类历史的演进与草地资源的开发息息相关，科学合理的草地利用与管理则是亘古不变的主题。逐水草而居的草原游牧和崇尚天人合一的草原文化一直延续到现代。进入 21 世纪，随着围封禁牧、季节性放牧、人工草地建设等生产管理方式的应用推广，现代草业对于草地管理者的专业技能提出了更高的要求。尤其随着草牧业的提出、粮改饲的实施、生态环境的重视，草地生产和管理面临更多的挑战。因此，针对时代变革、草产业发展，培养具有现代草地生产和管理技能的专业人才，将是农业高等教育的重要任务。

《草地学实验与实习指导》作为《草地学》的配套教材，由中国农业大学毛培胜教授组织中国农业大学、东北农业大学、四川农业大学、宁夏大学、山西农业大学、新疆农业大学的一线骨干教师进行编写，充分利用各单位在实验与实践教学过程中的区域特色和丰富经验，总结规范编写为示例，供教学参考和经验交流。教材内容由实验和实习两部分组成，主要包括牧草生物学、草地管理与调查规划、种子和干草生产加工等实验与实习。每个实验或实习独立成篇，便于教学选用。通过草地植物的认知和识别、牧草生长发育特性的观察、人工草地的建植管理与草田轮作、种子和干草等草产品的加工与调制、草地类型划分、天然草地的放牧利用与管理、草地植物群落特征调查与草地健康评价、草地鼠害和毒杂草防治等实验与野外实践，学生可以熟悉和掌握牧草形态和生长发育特性、人工草地播种和田间管理、牧草收获加工环节的技术要求、天然草地改良和放牧利用以及健康评价技术等草地合理利用与科学管理的专业实践技能。

《草地学实验与实习指导》教材自 2016 年 8 月正式启动进行编写，随后入选普通高等教育农业农村部“十三五”规划教材，在中国农业出版社的大力支持和编写人员的共同努力下，不断完善精进。该教材的出版，可以满足草业科学和动物科学专业本科生课程实验和专业实践的教学需要，不仅是《草地学》教材的有益补充和完善，而且也为各高等院校规范教学内容和提高教学水平提供有力支持。需要说明的是，本教材中涉及的表格仅作为教学模板供参考使用。

现代草业发展日新月异，新技术的应用推广更加快速，但由于编者的知识水平局限，不足之处敬请读者批评指正。

毛培胜

2018.08.08

前言

第一篇 实 验 篇

实验一 牧草种子的形态学识别 …… 3
实验二 牧草种子的净度分析 …… 11
实验三 牧草种子的发芽率测定 …… 19
实验四 牧草种子的活力测定 …… 29
实验五 禾本科牧草的形态特征识别 …… 39
实验六 豆科牧草的形态特征识别 …… 47
实验七 莎草科及杂类草的形态特征识别 …… 54
实验八 草地植物标本（含牧草腊叶标本）的采集与制作 …… 63
实验九 天然草地划区轮牧方案的设计 …… 70
实验十 天然草地施肥实验的设计 …… 75
实验十一 人工草地的建植及管理 …… 79
实验十二 草田轮作方案的设计 …… 85
实验十三 牧草化学组分的测定 …… 90
实验十四 牧草消化率的评定 …… 100
实验十五 干草品质的鉴定 …… 104
实验十六 青贮饲草及半干青贮饲草的调制与品质鉴定 …… 112
实验十七 我国主要草地类型的划分 …… 119
实验十八 草地植物物种多样性的指数计算与分析 …… 125

第二篇 实 习 篇

实习一 草地植物生物学特性与物候期的观察 …… 133
实习二 草地植物生活型、生态类型及分蘖类型的识别 …… 137
实习三 草地植物的识别 …… 142

实习四 草地有毒有害植物的识别 …… 152
实习五 草地土壤种子库的测定 …… 161
实习六 牧草种子的收获与加工 …… 165
实习七 青干草的调制 …… 169
实习八 青贮饲草及半干青贮饲草的调制 …… 174
实习九 草粉、草块及草颗粒的加工 …… 180
实习十 草地放牧演替阶段的分析与界定 …… 185
实习十一 放牧家畜采食率的测定 …… 191
实习十二 草地载畜量的计算 …… 195
实习十三 放牧家畜的行为观察和草地植物的适口性评价 …… 201
实习十四 草地改良效果的调查 …… 208
实习十五 草地主要毒害草的防除与利用 …… 217
实习十六 天然草原主要啮齿动物的种类识别与调查 …… 224
实习十七 草原鼠害防治效果的调查 …… 230
实习十八 草地植物群落数量特征的调查与分析 …… 236
实习十九 草地初级生产力的测定与评价 …… 244
实习二十 草地植物生态经济类群的划分与判定 …… 252
实习二十一 草地资源的健康评价 …… 257

第一篇

实验篇

实验一　牧草种子的形态学识别

一、背景

牧草种子是改良退化草地、建植栽培草地、提高草地生产力的物质基础。种子形态是植物中较稳定的特征之一，种子（包括用作播种材料的果实）形态变化多样，但每粒种子又有其独特的、相当稳定的、代表本种的基本特征。牧草种子形态各异，以其特有的形态而与其他种子相区别。种子的外部形态是鉴别各种牧草种子真实性以及种子清选、分级和检验的重要依据，所以认识种子必须先了解种子的形态特征。

牧草种子外部的主要特征包括形状、大小、颜色、种皮表面特征，以及种子表面存在的附属物和种脐的位置、形状、大小、凹凸、颜色等。种皮表面特征包括光滑或粗糙，有无光泽。所谓粗糙，是由皱、瘤、凹、凸、棱、肋、脉或网等引起的。瘤顶可分尖、圆、膨大及周围有无刻饰；瘤有颗粒状、疣状（宽大于高）、棒状、乳头状、横倒棒状和覆瓦状。网状纹有正网状纹和负网状纹，一个网状纹分网脊（网壁）和网眼，半个网脊和网眼称为网胞，网眼有深浅和不同形状。种子附属物包括翅、刺、毛、芒、冠毛。

牧草种子形态学识别作为对牧草种子鉴定中最基础的一环，应当为草业工作者所熟悉和掌握，使其更好地为我国草产业的发展提供动力。

二、目的

熟悉主要牧草种类种子的基本特点（如大小、千粒重、背腹特征、稃的质地、脉纹情况、芒的有无与长短等）；掌握识别牧草种子的方法、常见栽培牧草种子的形态结构与特征及相互间的区别。

三、实验类型

验证型。

四、实验内容与步骤

1. 材料　紫花苜蓿种子、白三叶（白车轴草）种子、苦荬菜种子、无芒雀麦种子、玉米种子、羊草种子等。

2. 仪器设备 解剖针、镊子、刀片、显微镜、放大镜、白纸板、电子天平等。

3. 测定内容与步骤

（1）根据种子的形态识别种子：

①寻找种脐：首先寻找种脐（果脐），观察其位置、形状、大小、颜色及其附属物，因为它直接影响到种子的形状和大小。

②确定种子上下端、形状和大小：观察种子时，多数是种脐朝下，如禾本科、菊科、十字花科。但豆科等植物种子的种脐多在腰部，遇到豆科等植物种子时有两种观察方法：首先仍是种脐朝下，这样常是种子长小于宽；其次还有胚根尖朝下。种子上下端的确定决定着种子形状的分类，否则会出现上下颠倒、卵形和倒卵形不分的混乱现象。

③记载种子表面特点：观察种皮颜色、光滑或粗糙、有无光泽。

④观察其附属物：种子附属物主要包括翅、刺、毛、芒、冠毛等。例如，禾本科种子（颖果），内外稃边缘形态、质地及附属物有无，小穗轴的形态、截面形状，芒的有无、长短、着生部位、形态（有否关节、扭曲、挺直），种子横切面形状。

⑤编制检索表：根据外部形态、内部结构、化学反应和物理方法等所描述出的每种植物种子的综合信息，制作检索表。已知形态特征而未知名称的种子可利用检索表查得。

（2）形态相近种子的识别方法：同一种类不同品种种子，从外部形态上很难区别，将采用内部结构、化学方法、物理方法、细胞学方法、生物学方法来鉴别。识别某一种牧草两个品种的种子形态差异特别困难，这是由于它们亲缘关系相近。随着现代育种科学的发展，品种数量迅速增多，出现许多亲缘关系密切的品种，要求在实验室内发现较新的、更为复杂鉴别品种种子的方法。除了从种子和幼苗直接鉴别，还可利用生物学或细胞学的方法对长出的幼苗进行准确分析。

①物理法：

a. 利用紫外线检验：利用种子和幼苗在紫外线下的反应检验不同种类或品种。有些植物种内含物暴露在紫外线下，发出荧光。例如，一年生黑麦草种子具荧光反应，多年生黑麦草种子无荧光反应，紫花苜蓿种子具荧光反应，草木樨种子无荧光反应。

b. 利用扫描电子显微镜：观察果种皮表面、颖片、颖果、外稃芒表面的形态。

②化学法：利用不同品种的种子和幼苗遗传特性的差异及其形成其化学物质的差异，经化学试剂处理后可显现出不同的颜色，根据其颜色差异鉴定不同的品种，如苯酚染色法、愈创木酚染色法、碘化钾染色法、氢氧化钾显色和盐酸处理法等。

③细胞学方法：直接观察染色体形状及进行核型分析。

④生物学方法：利用电泳分析种子内的蛋白质和同工酶，根据谱带的数目及宽度等鉴别。

⑤植物解剖构造：以胚的位置、形状、大小差异以及种皮横切面的细胞结构不同为依据。

（3）主要牧草种子形态识别：

①禾本科牧草种子的形态特征：禾本科牧草种子具有明显的外部形态特征（图1-1-1），通常为颖果，干燥而不裂开，为其果皮与种皮相黏着而成的。胚位于颖果基部对向外稃的一面，呈圆形或卵形凹陷。

胚包括胚轴、胚根和胚芽等部分。在胚根和胚芽之外各覆盖着一圆筒形的外鞘，分别称

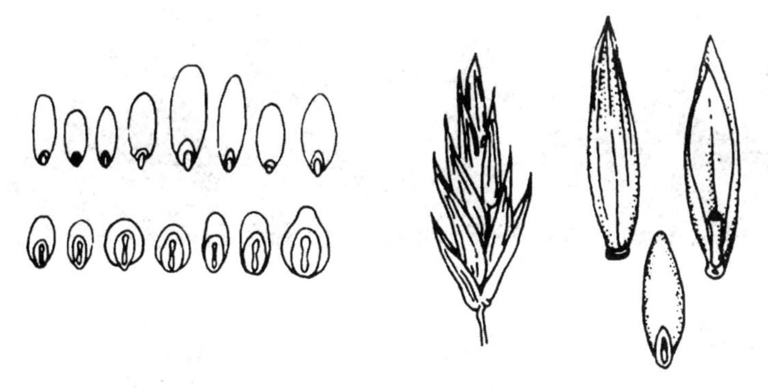

图 1-1-1 禾本科牧草小穗及种子

为胚根鞘、胚芽鞘。禾本科牧草种子的种脐在种子与果皮的接触处呈圆点状或线形，位于与胚相对的一面，亦即对向内稃的一方，称为基盘。

紧包着颖果的苞片称为稃片，与颖果紧贴的一片为内稃，对着的一片为外稃。基部有隆起的基盘，外稃质地坚硬，纸质或膜质，内稃膜质或透明、半透明。外稃先端完整或具二裂片，外稃顶端或背部可具一芒，系中脉延伸而成。

芒通常直或弯曲；有些种的芒膝曲，形成芒柱和芒针两部分。芒柱常螺旋状扭转，有的作二次膝曲，芒柱或芒针上被羽状毛，如长芒草种子。剪股颖属的某些种及看麦娘属、早熟禾属等牧草种子外稃上的芒极为退化或缺失。每小穗仅含一枚小花或含一枚可孕小花（常为上位小花）和一枚不孕小花（常为下位小花）的禾本科牧草种子，含一枚小花的内外稃外面或含一枚可孕小花和一枚不孕小花的 3～4 枚内外稃（部分种不孕小花的内外稃退化）外面的苞片为颖片，颖片多为 2 枚，外面一片为外颖（第一颖），里面一片为内颖（第二颖），两颖片常同质同形，外颖较短，黑麦草属、雀稗属、马唐属、地毯草属和狼尾草属等牧草种子的外颖退化。在野黍属中，外颖亦退化，而在两颖之间形成一些硬的棒状体。在大麦属中，颖退化成芒状。

禾本科牧草种子为单子叶有胚乳种子，多为带稃的颖果，但少数禾本科牧草种子的形态也会出现不同的变化（图 1-1-2），如鼠尾粟属、隐花草属，其果皮薄质脆，易与种皮分离，称为囊果（胞果）。

②豆科牧草种子的形态特征：豆科牧草的种子属双子叶无胚乳种子，在种子发育过程中，营养物质由内胚乳和珠心转移到子叶中，因此豆科牧草种子的胚较大，有发达的子叶，而内胚乳和外胚乳几乎不存在，只有内胚乳及珠心残留下来的 1～2 层细胞，其余部分完全被成长的胚所吸收。

常见的紫花苜蓿等豆科牧草的种子有明显的种脐、种孔、种脊和种瘤（种阜）（图 1-1-3）。部分种子种脐中间有一条细长的沟，称为脐沟。种脐的位置和形状、种脐长与种子周长的比例、种瘤与种脐及种瘤与脐条的相对位置、胚根与子叶的关系、脐冠与脐褥的有无、脐的有无和颜色等都是豆科牧草种子较稳定的特征，是种子鉴定的主要依据。种子的形状、大小和表面颜色，晕环或晕轮的有无及种脐与合点位置因不同种变化较大，仅作为种子鉴定时的辅助特征。

胚根与子叶的关系，是指胚根尖与子叶分开与否，胚根长与子叶长的比例。如用胚根长与子叶长之比可将紫花苜蓿与白花草木樨、黄花草木樨分开。紫花苜蓿种子的胚根长为子叶

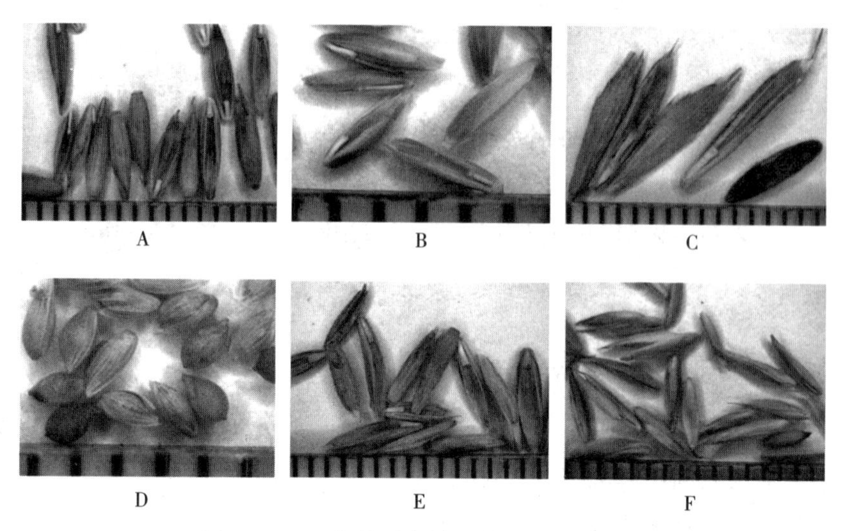

图 1-1-2　部分禾本科牧草种子形态特征

A. 苇状羊茅　B. 草地早熟禾　C. 无芒雀麦　D. 猫尾草　E. 多年生黑麦草　F. 鸭茅

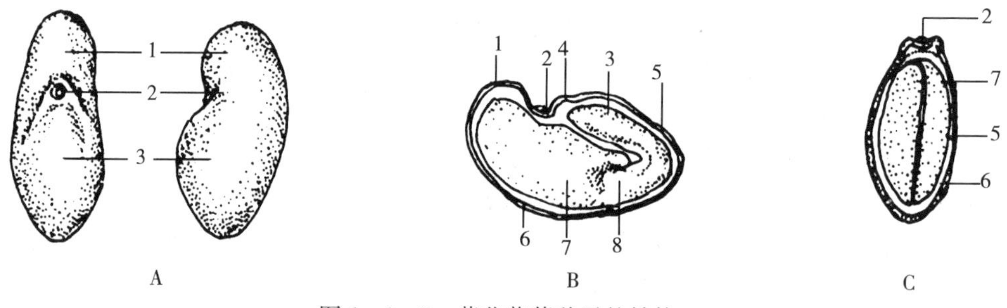

图 1-1-3　紫花苜蓿种子的结构

A. 外形　B. 去掉一片子叶的内部结构　C. 横切面

1. 合点　2. 种脐　3. 胚根（下胚轴）　4. 珠孔　5. 胚乳　6. 种皮　7. 子叶　8. 上胚轴

（引自 Gunn，1971）

长的 1/2 或略短，白花草木樨和黄花草木樨种子的胚根长为子叶长的 2/3～3/4 或更长。

在豆科牧草种子成熟后，有些种荚果常沿背腹线开裂，种子落地，如百脉根属、羽扇豆属、锦鸡儿属牧草的种子，常随成熟荚果炸裂。有些种种子成熟时荚果并不开裂，必须经加工后果皮才易于剥落，如苜蓿属、紫穗槐属等牧草的种子。另外，还有一些豆科牧草荚果含一粒种子，果皮既不易开裂，也不易破碎，这类牧草的种子单位就是一个完整的荚果，播种时就以荚果作为播种材料（图 1-1-4）。

③菊科牧草种子的形态特征：菊科牧草的种子为一连萼瘦果，即一个不开裂的单种子果实。瘦果顶端向上变窄，延伸成喙或平截，或具衣领状环，沿花柱的基部凹入，许多种围着凹陷外边有许多细刚毛或鳞片形成的冠毛（图 1-1-5）。

成熟的种子中，胚直，两枚子叶发达，并充满整个种子腔。胚根及下胚轴较短，无胚乳。菊科牧草的瘦果一般长大于宽，多呈矩圆形、椭圆形、卵形、楔形、圆柱形或条形等。瘦果稍扁或略弯曲而呈现两个不同面时，较为凸出的一面称为背部，其相对一面称为腹面。

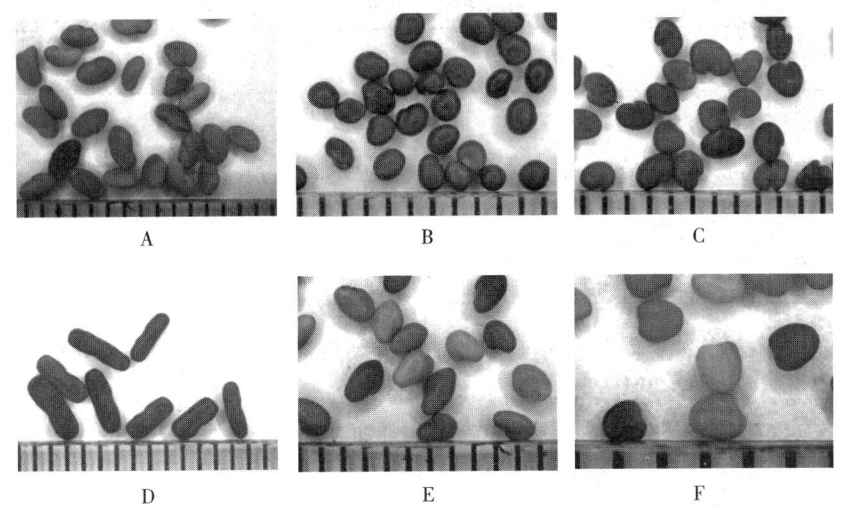

图 1-1-4　部分豆科牧草种子形态特征

A. 紫花苜蓿　B. 百脉根　C. 沙打旺（斜茎黄芪）　D. 多变小冠花（绣球小冠花）
E. 红三叶（红车轴草）　F. 白三叶（白车轴草）

瘦果顶端由花萼发育而成的冠毛，呈毛状或鳞片状，一层或数层，冠毛有直立、斜展、平展等不同，冠毛常较果实表面颜色为浅，脱落或宿存。许多种的冠毛下具连接果实顶端的长喙，形成降落伞状，有利于种子的传播。瘦果顶端冠毛周围的衣领状环中常有长短粗细不等的花柱残留物。脐一般位于瘦果基部，但也有一侧近基部。

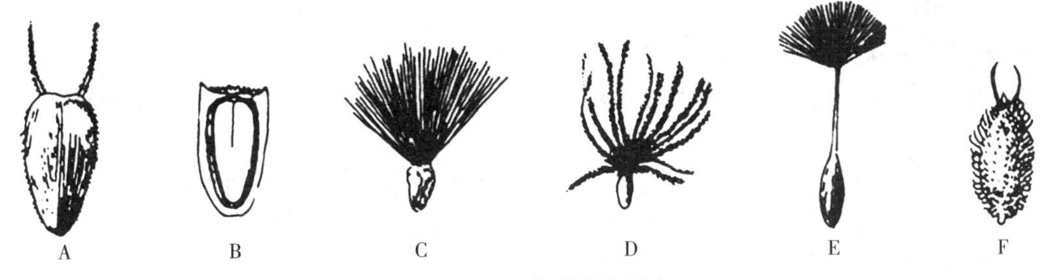

图 1-1-5　菊科牧草果实

A. 鬼针草　B. 菊苣　C. 飞廉　D. 蓟　E. 蒲公英　F. 苍耳

（引自崔乃然，1980）

（4）种子的千粒重：千粒重是衡量种子大小的指标，常用大小一致、干净的 1 000 粒种子平均质量来表示。千粒重的测定通常选用清选后的净种子，其质量相对恒定，反映不同牧草种之间的差异。

千粒重的测定可以通过机械数种法和计数重复法。机械数种法测定时，需要在种子净度分析后，将确定净种子后的样品用作千粒重测定。机械数种法将整个试验样品通过自动数种仪器，并读出在计数器上所示的种子数，计数后称量试验样品，通过计算确定种子的千粒重。

计数重复法是从净度分析试验样品中随机数取 8 个重复，每个重复 100 粒种子，分别称量，计算 8 个重复的平均千粒重。

千粒重的结果计算精确到规定的小数位数（表 1-1-1）。

表 1-1-1　牧草种子千粒重小数位数的规定

全试样或半试样及其成分质量（g）	称量至下列小数位数
1.000 0 以下	4
1.000～9.999	3
10.00～99.99	2
100.0～999.9	1
1 000 或 1 000 以上	0

（5）根据种子的解剖结构识别种子：种子内部结构对确定牧草种子属或科起着决定性的作用，可以通过胚的位置、形状、大小等差异来分类。

①种被：成熟种子的种被细胞内无内含物，是死细胞，只起保护作用。其中，由子房壁发育形成果皮，由珠被发育形成种皮以及其他结构。

a. 珠孔：胚根从此钻出，珠孔为多数种子的吸水部位。

b. 种脐：种子成熟后胚珠从珠柄胎座上脱落所留下的痕迹，其着生部位、形状、颜色、高低都是鉴别种子的依据。

c. 脐条（种脊）：倒生或成半倒生胚珠在种皮上的维管束遗迹。

d. 内脐：脐条的末端稍有隆起的部位（珠被同珠心相连的地方）。

e. 种阜（种瘤）：是双子叶植物种子在种皮上着生于种脐附近的瘤状突起物，由外种皮延伸而形成。种瘤组织疏松，有利于水分的吸收和种子萌发。

f. 脐褥（脐冠）：有的豆科牧草种子从胎座上脱落时，有一小片组织（珠柄残片）衬垫在种脐上，很易分离。

g. 基盘：在某些禾本科植物小花基部加厚而变硬的部分。

②种胚：种胚是种子内生命体的核心，也是幼苗发育的雏形，由卵细胞和精核受精后发育而来。

a. 胚芽：位于胚轴上方，胚的幼芽，发育成地上部分（茎叶的原始体）。

b. 胚根：位于胚轴下方，未发育的原始根，以后幼苗的初生根。

c. 胚轴：是连接胚芽和胚根的过渡部分。

d. 上胚轴：双子叶植物子叶着生点以上部分。

e. 下胚轴：双子叶植物子叶着生点和胚根之间的部分。

f. 中胚轴：禾本科植物的胚轴，即胚芽与胚根之间的部分。种子萌发（播种后）胚轴的伸长与子叶出土有关。

③子叶：子叶为种胚的幼叶，着生在胚轴上，在不同的牧草种类中子叶的数量和功能也不相同。子叶贮藏营养物质为贮藏消耗、萌发提供营养。

a. 单子叶植物：在胚轴上着生一片子叶的植物，如羊草、无芒雀麦、鸭茅、草地早熟禾等禾本科牧草。

b. 双子叶植物：在胚轴上着生两片子叶的植物，如紫花苜蓿、白三叶、红豆草（驴食草）等豆科牧草，包被着胚芽起保护作用。对子叶出土植物而言，具有光合作用制造营养物质。

④胚乳：胚乳是有胚乳种子的营养贮藏器官。禾本科牧草种子具有发达的胚乳，幼胚萌

发生长所需的养分都集中存放在胚乳里。有的种子在胚发育过程中，胚乳被部分或全部吸收，如紫花苜蓿等双子叶植物种子，双子叶具胚乳的植物种子如蓖麻。

4. 结果表示与计算　按照实验用各种牧草，观测种子颜色、形状、长度、附属物以及种子千粒重等指标，填入种子形态识别观测表（表 1-1-2）。

表 1-1-2　种子形态识别观测

名称	是否具芒和棱	种子颜色	种子尺寸（mm）	种子形状	千粒重（g）

五、重点/难点

1. 重点　通过实验掌握不同牧草种子外观形态学上识别的基本方法，具有能够识别不同种牧草种子的基本能力。

2. 难点　同一属内不同植物的种子外部形态特征，尤其是附属结构的特征变化是种子形态识别的难点。

六、示例

多年生黑麦草（*Lolium perenne* L.）种子形态识别

1. 形态观察　小穗轴节间近多面体形或矩圆形，两侧扁，无毛，不与内稃紧贴，外稃宽，披针形，颜色淡黄色或黄色，无芒或具短芒，内稃与外稃等长，脊上具短纤毛，内外稃与颖果相贴，不易分离；颖果矩圆形，褐色至深褐色，顶端具茸毛；脐不明显；腹面凹（表 1-1-3）。

表 1-1-3　种子形态识别观测

名称	是否具芒和棱	种子颜色	种子尺寸（mm）	种子形状	千粒重（g）
多年生黑麦草	无芒，具纵棱	褐色至深褐色	颖果长 2.8～3.4mm，宽 1.1～1.3mm	矩圆形	2.0

2. 形态指标测量　通过游标卡尺测量颖果长度、宽度等指标。

3. 种子千粒重测定　选用清选后大小一致的净种子，用手或数种器从试验样品中随机数取 8 个重复，每个重复 100 粒，分别称量，小数位数与表 1-1-1 的规定相同，计算 8 个重复 100 粒的平均质量（$\overline{X}$），再换算成 1 000 粒种子的平均质量（$10\times\overline{X}$），即为千粒重。

七、思考题

1. 简单描述各类种子的外部形态和内部构造。

2. 简单绘制紫花苜蓿种子形态和解剖结构图，并标出各部位名称。

3. 通过观察分析白三叶种子和紫花苜蓿种子的区别。

4. 通过紫花苜蓿种子、白三叶种子和无芒雀麦种子、羊草种子的观察描述种子的主要区别。

八、参考文献

毛培胜，韩建国，2011. 牧草种子学 [M]. 北京：中国农业大学出版社.

潘新，苏静，闫伟红，等，2013. 禾本科牧草种子图像预处理方法的研究 [J]. 内蒙古农业大学学报（自然科学版）(3)：159-162.

殷秀杰，胡国富，王明君

东北农业大学

实验二　牧草种子的净度分析

一、背景

种子是农牧业生产中最基本的生产资料，其质量优劣直接影响田间种植成败和植株生长，关系到收获产量的高低。因此，提供高质量的种子可以保证田间出苗和农牧业生产的顺利开展，要求种子生产者、种子质检机构必须做好种子检验工作。在牧草种子质量分级指标中，净度是重要的判别指标之一，也是进行种子生活力、活力、发芽率等指标测定的前提。净度分析，为种子质量的进一步分析提供样品，为种子清选、计算种子用价提供依据。

种子净度是指从被检牧草种子样品中除去杂质和其他植物种子后，被检牧草种子（净种子）质量占分析样品总质量的百分比。净度分析的原则是将试验样品分成净种子、其他植物种子和无生命杂质3个组成部分，并测定各个部分的质量百分比，在分析中尽可能鉴定出样品中所有植物种和杂质种类。其中，净种子是送验者所叙述的种或在分析时发现的主要种，包括该种的所有植物学变种和栽培品种；其他植物种子是指除净种子以外的任何植物种子单位；无生命杂质则包括除净种子和其他植物种子以外的种子单位和所有其他物质及构造，如明显不含真种子的种子单位、小于或等于原来大小一半破裂或受损种子碎片、种皮完全脱落的豆科和十字花科种子以及脱落下的不育小花、颖片、内外稃、茎、叶、泥土、沙粒等。

通过净度分析，可以掌握和确定种子批内净种子、其他植物种子和无生命杂质所占的比例，为种子的合理贮藏和播种量的确定提供参考依据。泥沙等细小杂质影响种子堆内的通风换气，破损粒和空瘪种子及已发芽的种子会增加种子的呼吸强度，促进微生物滋生，从而降低种子的贮藏稳定性。其他植物种子的混入会影响牧草的生长发育、产量和质量，并影响机械收获作业。许多有害或有毒杂草还会造成人畜中毒。因此，种子内所含有的杂质多少和种类不仅影响种子的价值和利用率，而且还会影响种子的安全贮藏，影响牧草的田间生长发育，甚至影响人畜健康。

二、目的

了解和掌握种子净度分析的一般程序、操作要求和依据标准，为种子质量的进一步检测提供样品；通过种子净度分析，推测该种子批的组成情况，了解种子批的种用价值，决定种子批的利用方式和存在风险。

三、实验类型

综合型。

四、内容与步骤

1. 材料 紫花苜蓿、白三叶、无芒雀麦、苇状羊茅、草地早熟禾等牧草种子样品。

2. 仪器设备 小型分样器，净度分析台，均匀吹风机，感量分别为 0.1g、0.01g、0.001g 和 0.000 1g 的电子天平，手持放大镜，双目显微镜，瓷盘，分样勺，分样板，镊子等。

3. 测定内容与步骤

（1）试验样品的分取：

①试验样品质量：大量的研究表明至少 2 500 粒种子单位的质量在净度分析中具有代表性。对于每种牧草都有不同的净度分析试验样品的最低限量的推荐量，具体参照表 1-2-1 规定的质量。

表 1-2-1 种子批的最大质量和样品最小质量

[引自《草种子检验规程 扦样》(GB/T 2930.1—2017)]

序号	种名		种子批的最大质量（kg）	送检样品最小质量（g）	试验样品最小质量（g）	
	学名	中文名			净度分析样品	计数其他植物种子的样品
1	*Agropyron cristatum*	扁穗冰草	10 000	40	4	40
2	*Agrostis stolonifera*	匍匐剪股颖	10 000	5	0.25	2.5
3	*Astragalus adsurgens*	斜茎黄芪（沙打旺）	10 000	100	10	100
4	*Astragalus sinicus*	紫云英	10 000	90	9	90
5	*Avena sativa*	燕麦	25 000	1 000	120	1 000
6	*Axonopus compressus*	地毯草	10 000	10	1	10
7	*Bromus catharticus*	扁穗雀麦	10 000	200	20	200
8	*Bromus inermis*	无芒雀麦	10 000	90	9	90
9	*Cynodon dactylon*	狗牙根	10 000	10	1	10
10	*Dactylis glomerata*	鸭茅	10 000	30	3	30
11	*Elymus dahuricus*	披碱草	10 000	100	10	100
12	*Elymus sibiricus*	老芒麦	10 000	100	10	100
13	*Eremochloa ophiuroides*	假俭草	5 000	30	3	30
14	*Festuca arundinacea*	苇状羊茅	10 000	50	5	50
15	*Festuca ovina*	羊茅（所有变种）	10 000	25	2.5	25
16	*Lespedeza bicolor*	胡枝子（二色胡枝子）	10 000	200	20	200

（续）

<table>
<tr><th rowspan="3">序号</th><th colspan="2">种 名</th><th rowspan="3">种子批的最大质量（kg）</th><th rowspan="3">送检样品最小质量（g）</th><th colspan="2">试验样品最小质量（g）</th></tr>
<tr><th rowspan="2">学 名</th><th rowspan="2">中文名</th><th rowspan="2">净度分析样品</th><th rowspan="2">计数其他植物种子的样品</th></tr>
<tr></tr>
<tr><td>17</td><td>Leymus chinensis</td><td>羊草</td><td>10 000</td><td>150</td><td>15</td><td>150</td></tr>
<tr><td>18</td><td>Lolium multiflorum</td><td>多花黑麦草</td><td>10 000</td><td>60</td><td>6</td><td>60</td></tr>
<tr><td>19</td><td>Lolium perenne</td><td>多年生黑麦草</td><td>10 000</td><td>60</td><td>6</td><td>60</td></tr>
<tr><td>20</td><td>Lotus corniculatus</td><td>百脉根</td><td>10 000</td><td>30</td><td>3</td><td>30</td></tr>
<tr><td>21</td><td>Medicago sativa</td><td>紫花苜蓿
（包括杂花苜蓿）</td><td>10 000</td><td>50</td><td>5</td><td>50</td></tr>
<tr><td>22</td><td>Medicago ruthenica</td><td>扁蓿豆（花苜蓿）</td><td>10 000</td><td>50</td><td>5</td><td>50</td></tr>
<tr><td>23</td><td>Melilotus albus</td><td>白花草木樨</td><td>10 000</td><td>50</td><td>5</td><td>50</td></tr>
<tr><td>24</td><td>Melilotus officinalis</td><td>黄花草木樨</td><td>10 000</td><td>50</td><td>5</td><td>50</td></tr>
<tr><td>25</td><td>Onobrychis viciifolia</td><td>红豆草（果实）</td><td>10 000</td><td>600</td><td>60</td><td>600</td></tr>
<tr><td>26</td><td>Panicum virgatum</td><td>柳枝稷</td><td>10 000</td><td>30</td><td>3</td><td>30</td></tr>
<tr><td>27</td><td>Paspalum notatum</td><td>巴哈雀稗</td><td>10 000</td><td>70</td><td>7</td><td>70</td></tr>
<tr><td>28</td><td>Pennisetum alopecuroides</td><td>狼尾草</td><td>10 000</td><td>100</td><td>10</td><td>100</td></tr>
<tr><td>29</td><td>Phalaris arundinacea</td><td>虉草</td><td>10 000</td><td>30</td><td>3</td><td>30</td></tr>
<tr><td>30</td><td>Phleum pratense</td><td>梯牧草</td><td>10 000</td><td>10</td><td>1</td><td>10</td></tr>
<tr><td>31</td><td>Poa annua</td><td>早熟禾</td><td>10 000</td><td>10</td><td>1</td><td>10</td></tr>
<tr><td>32</td><td>Poa pratensis</td><td>草地早熟禾</td><td>10 000</td><td>5</td><td>1</td><td>5</td></tr>
<tr><td>33</td><td>Poa trivialis</td><td>普通早熟禾</td><td>10 000</td><td>5</td><td>1</td><td>5</td></tr>
<tr><td>34</td><td>Psathyrostachys juncea</td><td>新麦草</td><td>10 000</td><td>60</td><td>6</td><td>60</td></tr>
<tr><td>35</td><td>Puccinellia distans</td><td>碱茅</td><td>5 000</td><td>20</td><td>2</td><td>20</td></tr>
<tr><td>36</td><td>Puccinellia tenuiflora</td><td>星星草</td><td>5 000</td><td>25</td><td>2</td><td>20</td></tr>
<tr><td>37</td><td>Sorghum bicolor ×
Sorghum sudanense</td><td>高丹草</td><td>30 000</td><td>300</td><td>30</td><td>300</td></tr>
<tr><td>38</td><td>Sorghum sudanense</td><td>苏丹草</td><td>10 000</td><td>250</td><td>25</td><td>250</td></tr>
<tr><td>39</td><td>Trifolium hybridum</td><td>杂三叶</td><td>10 000</td><td>20</td><td>2</td><td>20</td></tr>
<tr><td>40</td><td>Trifolium pratense</td><td>红三叶</td><td>10 000</td><td>50</td><td>5</td><td>50</td></tr>
<tr><td>41</td><td>Trifolium repens</td><td>白三叶</td><td>10 000</td><td>20</td><td>2</td><td>20</td></tr>
<tr><td>42</td><td>Vicia sativa</td><td>箭筈豌豆</td><td>30 000</td><td>1 000</td><td>140</td><td>1 000</td></tr>
<tr><td>43</td><td>Zoysia japonica</td><td>结缕草</td><td>10 000</td><td>10</td><td>1</td><td>10</td></tr>
</table>

注：净度分析的试验样品最小质量按至少含有 2 500 粒种子折算。

②试验样品的分取：从检验样品中分取规定的质量，一般为一份试样（全试样）或两份半试样（重复Ⅰ与重复Ⅱ，逐个独立分取）。

③试验样品的称量：当检验样品混匀，使用小型分样器（图 1－2－1）或徒手分至接近

规定的质量时称量，称量所保留的小数位数，因样品的质量而定，具体依据表 1-2-2 的规定。

表 1-2-2 称重与小数位数

[引自《草种子检验规程 净度分析》(GB/T 2930.2—2017)]

全试样或半试样及其成分质量（g）	称量至下列小数位数
1.000 0 以下	4
1.000～9.999	3
10.00～99.99	2
100.0～999.9	1
1 000 或 1 000 以上	0

（2）试验样品的分析：称量后的检验样品，于净度分析台（图 1-2-2）上，借助放大镜，用镊子逐粒观察。将净种子、其他植物种子和无生命杂质分离，分别称量。对于草地早熟禾、普通早熟禾和鸭茅种子，需首先用均匀吹风机（图 1-2-3）均匀吹风法分离，然后再对轻的部分和重的部分逐粒进行挑选，检查是否有其他植物种子的存在。

图 1-2-1 小型分样器

图 1-2-2 净度分析台

图 1-2-3 均匀吹风机

（3）结果表示与计算：对净种子、其他植物种子和无生命杂质分别称量，以克表示，小数位数保留同样依据表 1-2-2 中的规定，然后将分离后各成分的质量相加作分母计算各组分的百分比。各组分质量之和与试验样品原质量比较，增失不得超过 5%，如超过此误差，检验样品须重新分析，填报重新分析结果。

采用全试样进行分析时，各质量百分比应计算至一位小数；采用半试样分析时，每份半试样所有成分均保留两位小数，然后将每份半试样中相同成分的百分比相加，并将各成分的平均百分比结果计算至一位小数。同一样品的两份试样或两份半试样的各相同组分的百分比相差不能超过规定的容许误差（表 1-2-3）。如超过容许范围，须重新分析成对检验样品，直到有一对在容许误差范围之内的数值为止，但全部分析不超过 4 对。

表 1-2-3 同一实验室内同一送验样品净度分析的容许误差（5%显著水平的两尾测定）

［引自《草种子检验规程 净度分析》(GB/T 2930.2—2017)］

两次分析结果平均		不同测定之间的容许误差			
		半试样		全试样	
50%～100%	<50%	无稃壳种子	有稃壳种子	无稃壳种子	有稃壳种子
99.95～100.00	0.00～0.04	0.20	0.23	0.1	0.2
99.90～99.94	0.05～0.09	0.33	0.34	0.2	0.2
99.85～99.89	0.10～0.14	0.40	0.42	0.3	0.3
99.80～99.84	0.15～0.19	0.47	0.49	0.3	0.4
99.75～99.79	0.20～0.24	0.51	0.55	0.4	0.4
99.70～99.74	0.25～0.29	0.55	0.59	0.4	0.4
99.65～99.69	0.30～0.34	0.61	0.65	0.4	0.5
99.60～99.64	0.35～0.34	0.65	0.69	0.5	0.5
99.55～99.59	0.40～0.44	0.68	0.74	0.5	0.5
99.50～99.54	0.45～0.49	0.72	0.76	0.5	0.5
99.40～99.49	0.50～0.59	0.76	0.82	0.5	0.6
99.30～99.39	0.60～0.69	0.83	0.89	0.6	0.6
99.20～99.29	0.70～0.79	0.89	0.95	0.6	0.7
99.10～99.19	0.80～0.89	0.95	1.00	0.7	0.7
99.00～99.09	0.90～0.99	1.00	1.06	0.7	0.8
98.75～98.99	1.00～1.24	1.07	1.15	0.8	0.8
98.50～98.74	1.25～1.49	1.19	1.26	0.8	0.9
99.25～98.49	1.50～1.74	1.29	1.37	0.9	1.0
98.00～98.24	1.75～1.99	1.37	1.47	1.0	1.0
97.75～97.99	2.00～2.24	1.44	1.54	1.0	1.1
97.50～97.74	2.25～2.49	1.53	1.63	1.1	1.2
97.25～97.49	2.50～2.74	1.60	1.70	1.1	1.2
97.00～97.24	2.75～2.99	1.67	1.78	1.2	1.3
96.50～96.99	3.00～3.49	1.77	1.88	1.3	1.3
96.00～96.49	3.50～3.99	1.88	1.99	1.3	1.4
95.50～95.99	4.00～4.49	1.99	2.12	1.4	1.5
95.00～95.49	4.50～4.99	2.09	2.22	1.5	1.6
94.00～94.99	5.00～5.99	2.25	2.38	1.6	1.7
93.00～93.99	6.00～6.99	2.43	2.56	1.7	1.8
92.00～92.99	7.00～7.99	2.59	2.73	1.8	1.9
91.00～91.99	8.00～8.99	2.74	2.90	1.9	2.1
90.00～90.99	9.00～9.99	2.88	3.04	2.0	2.2
88.00～89.99	10.00～11.99	3.08	3.25	2.2	2.3

（续）

两次分析结果平均		不同测定之间的容许误差			
		半试样		全试样	
50%～100%	<50%	无稃壳种子	有稃壳种子	无稃壳种子	有稃壳种子
86.00～87.99	12.00～13.99	3.31	3.49	2.3	2.5
84.00～85.99	14.00～15.99	3.52	3.71	2.5	2.6
82.00～83.99	16.00～17.99	3.69	3.9	2.6	2.8
80.00～81.99	18.00～19.99	3.86	4.07	2.7	2.9
78.00～79.99	20.00～21.99	4.00	4.23	2.8	3.0
76.00～77.99	22.00～23.99	4.14	4.37	2.9	3.1
74.00～75.99	24.00～25.99	4.26	4.50	3.0	3.2
72.00～73.99	26.00～27.99	4.37	4.61	3.1	3.3
70.00～71.99	28.00～29.99	4.47	4.71	3.2	3.3
65.00～69.99	30.00～34.99	4.61	4.86	3.3	3.4
60.00～64.99	35.00～39.99	4.77	5.02	3.4	3.6
50.00～59.99	40.00～49.99	4.89	5.16	3.5	3.7

注：表中列出的容许误差适用于同一实验室来自相同送验样品的净度分析结果重复间的比较。

结果计算过程中的数值修约应符合GB/T 8170的规定，具体规则如下：6进1，4舍去，5后有数进1，5后为零看左方，左为奇数需进1，左为偶数则舍去。各成分的最后结果应保留一位小数。

对于小于0.05%的成分不列入计算之内，记录为“微量”；其余成分的总和应为100.0%，如果总和是99.9%或100.1%，应从参加修约成分的最大值中增减0.1%。

根据结果完成净度分析统计表（表1-2-4）的填报，并注明净种子和其他植物种子的中文名和学名以及杂质的种类，对于不能确切鉴定到种的其他植物种子可只鉴定到属。

表1-2-4　净度分析统计

学名________________　样品编号________________

种名________________　测定时间________________

使用器具________________　室温（℃）________　室内相对湿度（%）________________

重复	Ⅰ		Ⅱ		平均（%）	允许误差（%）	实际误差（%）
样品质量（g）							
	质量（g）	占总和（%）	质量（g）	占总和（%）			
净种子							
其他植物种子							
无生命杂质							
合计							

无生命杂质类别________________________________

其他植物种子种类及粒数________________________________

备注________________________________

五、重点/难点

1. 重点　净种子、其他植物种子、无生命杂质的定义，净度分析的测定程序及依据标准。

2. 难点　净度计算及数值修约，净度分析统计表的填写。

六、示例

紫花苜蓿种子样品净度分析（半试样法）

1. 试验样品的分取

（1）试验样品质量：按照规定（表1-2-1），紫花苜蓿净度分析试验样品的最低限量的推荐量为5g，则半试样最低限量为2.5g。

（2）试验样品的分取：从检验样品中用小型分样器或徒手法分取规定的质量，两个半试样品即重复Ⅰ与重复Ⅱ。

（3）试验样品的称量：当检验样品分至接近规定的质量时称量，根据规定（表1-2-2），紫花苜蓿半试样样品质量应保留三位小数。

2. 试验样品的分析　称量后的样品借助放大镜或双目显微镜，用镊子逐粒观察。将净种子、其他植物种子和无生命杂质分离，分别称量。

3. 结果表示与计算　对净种子、其他植物种子和无生命杂质分别称量，以克表示，根据规定（表1-2-2），保留正确的小数位数。然后将分离后各成分的质量相加作分母计算各组分的百分比，各组分质量之和与试验样品原来的质量比较，检查确保增失不得超过5%。每份半试样所有成分均保留两位小数，然后将每份半试样中相同成分的百分比相加，并将各成分的平均百分比结果计算至一位小数。检查两个半试样之间各相同组分的百分比相差是否超过规定的容许误差（表1-2-3）。如超过容许范围，须重新分析成对检验样品，直到有一对在容许误差范围之内的数值为止，但全部分析不超过4对。

对于小于0.05%的成分不列入计算之内，记录为“微量”；检查其余成分的总和是否为100.0%，如果总和是99.9%或100.1%，那么从参加修约成分的最大值中增减0.1%。

4. 净度分析结果填报　将原始记录和计算结果填写在净度分析统计表内（表1-2-5）。

七、思考题

1. 进行多年生黑麦草种子样品的净度分析时，发现数粒瘦小、皱缩及已发芽的多年生黑麦草种子，请问上述这些种子单位分别应划分为净种子、其他植物种子以及无生命杂质当中的哪一类？

2. 请将下列数据通过数值修约至一位小数：

89.57　2.41　34.55　76.25　12.37

3. 简述净度分析的重要性。

表 1-2-5 净度分析统计（以半试样法进行紫花苜蓿种子样品净度分析为例）

学名 *Medicago sativa* L.　　样品编号 17001

种名 紫花苜蓿　　测定时间 2017.01.05

使用仪器 电子天平、双目显微镜　　室温（℃） 16　　室内相对湿度（%） 42

重复	Ⅰ		Ⅱ		平均（%）	允许误差（%）	实际误差（%）
样品质量（g）	2.577		2.533				
	质量（g）	占总和（%）	质量（g）	占总和（%）			
净种子	2.540	98.72	2.501	98.89	98.8	1.07	0.17
其他植物种子	0.000 0	0.00	0.001 0	0.04	微量	0.20	0.04
无生命杂质	0.033 0	1.28	0.027 0	1.07	1.2	1.07	0.21
合计	2.573 0	100.00	2.529 0	100.00	100.0		

无生命杂质类别 种皮、碎茎、土块

其他植物种子种类及粒数 白三叶 *Trifolium repens* 1 粒（5.110g）

备注

八、参考文献

全国统计方法应用标准化技术委员会，2009. 数值修约规则与极限数值的表示和判定：GB/T 8170—2008 [S]. 北京：中国标准出版社.

全国畜牧业标准化技术委员会，2017. 草种子检验规程　净度分析：GB/T 2930.2—2017 [S]. 北京：中国标准出版社.

全国畜牧业标准化技术委员会，2017. 草种子检验规程　扦样：GB/T 2930.1—2017 [S]. 北京：中国标准出版社.

International Seed Testing Association，2019. International Rules for Seed Testing 2019 [M]. zürichstr，Switzerland.

李曼莉，毛培胜

中国农业大学

实验三　牧草种子的发芽率测定

一、背景

草种子质量的优劣直接影响播种后种子的出苗、植株的正常生长和收获。因此，在种子经营流通、播种之前均需进行种子质量的检测。目前，以种子净度、发芽率、水分、其他植物种子数来衡量牧草种子质量的高低，并作为种子等级评价的依据。而种子发芽率是常用的种子质量检测指标之一。

由于田间试验条件的不一致性，较难满足测定种子发芽率的可重复性及结果的可靠性，无法进行比较。这是因为不同地区的土壤气候条件千差万别，造成发芽结果难以重演，结果不一致，缺乏可比性。决定种子发芽的因素有很多，除了本身发育完全的内在条件外，尚需要适宜的环境条件配合才能进行，主要包括适宜的光照、充足的水分、适宜的温度、足够的氧气等。有些牧草种子发芽对环境条件的要求很严格，其中某些因子将直接影响种子能否萌发或发芽率高低。

采用统一的、标准的、适宜的实验条件进行室内发芽率测定，能够更加准确地预测及评估牧草种子的最大发芽潜力。在实验室控制和标准条件下的种子发芽试验，对发芽设备、发芽方法、发芽程序等进行了标准化，可以消除不稳定因素的干扰，使种子在标准条件下完成整齐、迅速的发芽过程，并且试验结果具有重复性、一致性和可比性。

种子发芽率是指在发芽试验末期正常种苗数占供试种子数的百分比。发芽试验测定的项目包括正常种苗、不正常种苗、新鲜未发芽种子、硬实种子、死种子，其中仅豆科、茄科等牧草存在硬实种子。

正常种苗是指在良好培养基质和适宜水分、温度和光照条件下，具有继续生长发育成为正常植株潜力的种苗。正常种苗主要包括完整种苗、带有轻微缺陷的种苗、次生感染的种苗3种类型。

不正常种苗是指在良好培养基质及适宜水分、温度和光照条件下，不具有继续生长发育成为正常植株潜力的种苗。不正常种苗主要包括损伤的种苗、畸形或不匀称的种苗、腐烂种苗3种类型。

新鲜未发芽种子是指在发芽试验期间可以吸水，但发芽过程受阻，保持清洁和一定硬度的种子。

硬实种子是指在发芽试验期间不能吸水而始终保持坚硬的种子。

死种子是指在发芽试验期间吸收水分，但通常很软或褪色或频繁发霉的种子，无产生幼苗任何部位的迹象。

二、目的

学习和掌握牧草种子标准发芽方法，测定种子样品或种子样品所代表种子批的发芽潜力，比较不同种子批的质量以及评估田间播种价值。

三、实验类型

综合型。

四、内容与步骤

1. 材料 牧草种子样品。

2. 器具 光照培养箱、冷藏保存箱、镊子、培养皿、发芽盘、发芽床（纸床、沙床或土壤）、蒸馏水、硝酸、硫酸、硝酸钾、赤霉酸等。

3. 测定内容与步骤

（1）发芽条件的确定：查阅表1-3-1，选择适用于供试草种的发芽试验预处理方法、发芽床和发芽温度，并确定初次计数及末次计数的时间。

由于生理休眠、种子硬实性或存在抑制物质等原因，一些草种在进行发芽试验测定时往往需要先进行打破休眠的预处理。预处理方法及程序已在表1-3-1“附加说明”一栏中列出。预处理时间不计算在发芽时间内，预处理的方法和和持续时间应填写在发芽试验统计表中。

（2）试样分取：将净种子充分混匀后，随即分取400粒种子，每个重复100粒，重复4次。大粒种子或带有病原菌的种子，根据需要可以再分为50粒甚至25粒为一个重复。复胚种子单位可视为单粒种子，无需分开。

（3）种子置床：选用适合于供试牧草种子的发芽床，置床时每粒种子间在芽床上应保持足够距离(图1-3-1)，以减少相互间的影响和感染，并始终保持芽床湿润。

图1-3-1 种子置床

（4）发芽器皿贴签：在发芽器皿底盘的侧面贴上标签，注明置床日期、样品编号、种名、重复次数等。

（5）置箱培养与管理：按要求设置好光照培养箱的温度、光照等条件，将置床后的培养器皿置于培养箱的网架上进行恒温或变温发芽（图1-3-2）。当规定用变温时，通常保持每天低温16h，高温8h。种子发芽期间，每天检查试验情况，并不断加入蒸馏水（图1-3-3)，以确保发芽床始终保持湿润。温度保持在所需温度的±1℃范围。如发现霉菌滋生，应及时取出发霉种子并将霉菌洗去，必要时需更换发芽床。

表 1-3-1　种子发芽方法

［引自《草种子检验规程　发芽试验》(GB/T 2930.4—2017)］

序号	种名		规定				附加说明
	学名	中文名	发芽床	温度（℃）	初次计数天数（d）	末次计数天数（d）	
1	*Agropyron cristatum*	扁穗冰草	TP	20<=>30；15<=>25	5	14	KNO_3；预冷
2	*Agrostis stolonifera*	匍匐翦股颖	TP	20<=>30；15<=>25；10<=>30	7	28	KNO_3；预冷
3	*Astragalus adsurgens*	斜茎黄芪	TP	20	4	14	—
4	*Astragalus sinicus*	紫云英	TP；BP	20	10	21	—
5	*Avena sativa*	燕麦	BP；S	20	5	10	预热（30～35℃）；预冷
6	*Axonopus compressus*	地毯草	TP	20<=>35	10	21	KNO_3；L
7	*Bromus catharticus*	扁穗雀麦	TP	20<=>30	7	28	KNO_3；预冷
8	*Bromus inermis*	无芒雀麦	TP	20<=>30；15<=>25	7	14	KNO_3；预冷
9	*Cynodon dactylon*	狗牙根	TP	20<=>35；20<=>30	7	21	KNO_3；预冷；L
10	*Dactylis glomerata*	鸭茅	TP	20<=>30；15<=>25	7	21	KNO_3；预冷；L
11	*Elymus dahuricus*	披碱草	TP	20<=>30；25	5	12	L
12	*Elymus sibiricus*	老芒麦	TP	15<=>25；25	5	12	L
13	*Eremochloa ophiuroides*	假俭草	TP	20<=>35；20<=>30	10	21	L
14	*Festuca arundinacea*	苇状羊茅	TP	20<=>30；15<=>25	7	14	KNO_3；预冷
15	*Festuca ovina*	羊茅（所有变种）	TP	20<=>30；15<=>25	7	21	KNO_3；预冷
16	*Lespedeza bicolor*	胡枝子（二色胡枝子）	TP	20<=>25；25	5	14	去掉果皮后擦破种皮，水浸24h

（续）

序号	种名		规定				附加说明
	学名	中文名	发芽床	温度（℃）	初次计数天数（d）	末次计数天数（d）	
17	*Leymus chinensis*	羊草	TP	20<=>30；15<=>25	6	20	—
18	*Lolium multiflorum*	多花黑麦草	TP	20<=>30；15<=>25；20	5	14	KNO_3；预冷
19	*Lolium perenne*	多年生黑麦草	TP	20<=>30；15<=>25；20	5	14	KNO_3；预冷
20	*Lotus corniculatus*	百脉根	TP；BP	20<=>30；20	4	12	预冷
21	*Medicago sativa*	紫花苜蓿（包括杂花苜蓿）	TP；BP	20	4	10	预冷
22	*Medicago ruthenica*	扁蓿豆	TP	25	5	14	砂纸打磨至种皮发毛；H_2SO_4 处理 40min
23	*Melilotus albus*	白花草木樨	TP；BP	20	4	7	预冷
24	*Melilotus officinalis*	黄花草木樨	TP；BP	20	4	7	预冷
25	*Onobrychis viciifolia*	红豆草（果实）	TP；BP；S	20<=>30；20	4	14	预冷
26	*Panicum virgatum*	柳枝稷	TP	15<=>30	7	28	KNO_3；预冷
27	*Paspalum notatum*	巴哈雀稗	TP	20<=>35；20<=>30	7	28	H_2SO_4 之后 KNO_3
28	*Pennisetum alopecuroides*	狼尾草	TP	30	5	10	—
29	*Phalaris arundinacea*	虉草	TP	20<=>30	7	21	KNO_3；预冷
30	*Phleum pratense*	梯牧草	TP	20<=>30；15<=>25	7	10	KNO_3；预冷
31	*Poa annua*	早熟禾	TP	20<=>30；15<=>25	7	21	KNO_3；预冷
32	*Poa pratensis*	草地早熟禾	TP	20<=>30；15<=>25；10<=>30	10	28	KNO_3；预冷
33	*Poa trivialis*	普通早熟禾	TP	20<=>30；15<=>25	7	21	KNO_3；预冷
34	*Psathyrostachys juncea*	新麦草	TP	20<=>30	5	14	预冷
35	*Puccinellia distans*	碱茅	TP	20<=>30；10<=>25	7	21	KNO_3；预冷

（续）

序号	种名		规定				附加说明
	学名	中文名	发芽床	温度（℃）	初次计数天数（d）	末次计数天数（d）	
36	*Puccinellia tenuiflora*	星星草	TP	10<=>25	5	21	—
37	*Sorghum bicolor* × *Sorghum sudanense*	高丹草	TP；BP	20<=>30	4	10	预冷
38	*Sorghum sudanense*	苏丹草	TP；BP	20<=>30	4	10	预冷
39	*Trifolium hybridum*	杂三叶	TP；BP	20	4	10	预冷；聚乙烯袋密封
40	*Trifolium pratense*	红三叶	TP；BP	20	4	10	预冷
41	*Trifolium repens*	白三叶	TP；BP	20	4	10	预冷；聚乙烯袋密封
42	*Vicia sativa*	箭筈豌豆	BP；S	20	5	14	预冷
43	*Zoysia japonica*	结缕草	TP	20<=>35	10	28	KNO_3

注：1. 发芽床。所列发芽床作用相同，其排列顺序与重要性无关。

2. 温度。所列温度作用相同，其排列顺序与重要性无关。变温符合用“<=>”表示，如“20<=>30”的含义为每天高温持续8h，低温持续16h。

3. 初次计数。初次计数时间是采用纸床时最高温度下的大约时间，如果选用规定的较低温度或用沙床，计数时间则应延迟。沙床试验经7～10d（14d）后才进行末次计数的，则初次计数可省去。

4. 光照。采用光照通常是为了使幼苗发育得更好。通常光照可促进休眠种子的萌发，但在某些种类中光会抑制种子发芽。是否采用光照见表中最后一栏。如果采用变温，光照应设在高温时段。

5. 休眠破除方法。当列出的休眠破除方法超过一种时，其排列顺序与重要性无关，处理时可同时采用其中一种或几种方法。如果将 H_2SO_4 处理与其他方法结合使用时，应先采用 H_2SO_4 处理。

6. 缩写字母代表的含义如下：

TP——纸上；

BP——纸间；

S——沙；

L——光照；

H_2SO_4——在发芽试验前，先将种子浸在浓硫酸里；

KNO_3——用0.2%硝酸钾溶液代替水。

图 1-3-2　置箱培养

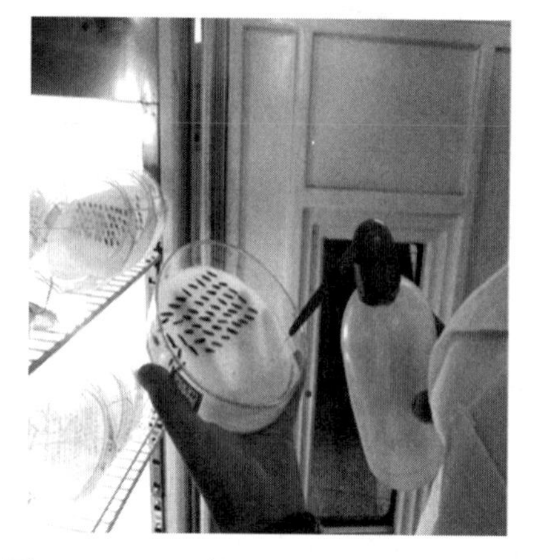

图 1-3-3　置箱培养期间及时补充水分

(6) 观察记录：整个发芽试验期间至少应观察记录两次，即初次计数和末次计数。初次计数时，将符合要求的正常种苗及明显死亡的软、腐烂种子取出并分别记录其数目，而未达到正常发芽标准的种苗、畸形种苗和未发芽的种子留在原发芽床或更换发芽床后继续发芽。末次计数时分别记录所有正常种苗、不正常种苗、硬实种子、新鲜未发芽种子和死种子的数目。当一个单位产生一株以上正常种苗时，仅作为一株正常种苗统计。

(7) 重新试验：当试验结束后，如果怀疑种子休眠（新鲜种子较多）、种子中毒或病菌感染而导致结果不可靠，对种苗的正确评定出现困难或发现试验条件、种苗评定或计数有差错，以及试验结果超过容许误差（表 1-3-2）时，应采用相同方法或选用另一种方法重新进行试验。如果采用相同方法所进行的第二次的测定结果与第一次结果的误差不超过表 1-3-3所示的允许误差，则将两次试验的结果的平均值作为最终测定结果；若超过了表 1-3-3所示的允许误差，则应采用相同方法或选用另一种方法再重新进行试验。

表 1-3-2　400 粒种子 4 次重复发芽试验间最大允许误差（2.5%显著水平的两尾测定，%）

（引自 International Seed Testing Association，2019）

平均发芽率		最大容许范围	平均发芽率		最大容许范围
99	2	5	87～88	13～14	13
98	3	6	84～86	15～17	14
97	4	7	81～83	18～20	15
96	5	8	78～80	21～23	16
95	6	9	73～77	24～28	17
93～94	7～8	10	67～72	29～35	18
91～92	9～10	11	56～66	35～45	19
89～90	11～12	12	51～55	46～50	20

注：表中列出了 4 次重复之间（即最高与最低值之间）发芽率的最大容许误差。

表 1-3-3 同一实验室 400 粒种子平均发芽率两次测定结果最大允许误差

（2.5%显著水平的两尾测定，%）

（引自 International Seed Testing Association，2019）

平均发芽率		最大允许误差
51%～100%	0%～50%	
98～99	2～3	2
95～97	4～6	3
91～94	7～10	4
85～90	11～16	5
77～84	17～24	6
60～76	25～41	7
51～59	42～50	8

4. 结果表示与计算 试验结束后首先将每一重复的正常种苗、不正常种苗、硬实种子、新鲜未发芽种子及死种子的初次计数和末次计数的结果相加，以此为基础，分别计算各组分占供试种子的百分比。其中正常种苗的百分比为发芽率，计算公式如下：

发芽率＝发芽终期全部正常种苗数/供试种子数×100%

最后，计算 4 次重复的平均值。各组分结果依据《International Rules for Seed Testing 2019》中发芽试验的修约规则修约至整数位，并完成发芽试验统计表的填写（表 1-3-4）。

具体修约规则如下：

首先采用四舍五入的方法将正常种苗修约至整数位，将其与其他组分百分比的整数部分相加，若总和为 100，则修约结束，填报结果。否则按如下步骤继续修约：

（1）找出除正常种苗外的组分（不正常种苗、新鲜未发芽种子、死种子、硬实种子）百分比中小数部分最大的，将其修约至整数位作为最终结果。

（2）将上述修约后的两个组分和剩余组分百分比的整数部分相加。

（3）若总和为 100，则修约结束，填报结果。否则继续重复步骤（1）和（2）。

如果除正常种苗后的各组分百分比的小数部分相等，则按照如下先后顺序进行修约：不正常种苗—硬实种子—新鲜未发芽种子—死种子。

五、重点/难点

1. 重点 禾本科和豆科牧草种苗结构，牧草种子发芽率的测定步骤。

2. 难点 正常种苗和不正常种苗的判定，新鲜未发芽种子、硬实种子和死种子的区分和判定，数值修约规则以及发芽试验统计表的填写。

表1-3-4 发芽试验统计

学名____________________ 种　　名____________________ 样品编号____________________

方法____________________ 使用仪器____________________

<table>
<tr><td rowspan="2">日期</td><td rowspan="2">天数
(d)</td><td colspan="5">Ⅰ</td><td colspan="5">Ⅱ</td><td colspan="5">Ⅲ</td><td colspan="5">Ⅳ</td></tr>
<tr><td>N</td><td>H</td><td>F</td><td>A</td><td>D</td><td>N</td><td>H</td><td>F</td><td>A</td><td>D</td><td>N</td><td>H</td><td>F</td><td>A</td><td>D</td><td>N</td><td>H</td><td>F</td><td>A</td><td>D</td></tr>
<tr><td></td><td></td><td></td><td></td><td></td><td></td><td></td><td></td><td></td><td></td><td></td><td></td><td></td><td></td><td></td><td></td><td></td><td></td><td></td><td></td><td></td><td></td></tr>
<tr><td></td><td></td><td></td><td></td><td></td><td></td><td></td><td></td><td></td><td></td><td></td><td></td><td></td><td></td><td></td><td></td><td></td><td></td><td></td><td></td><td></td><td></td></tr>
<tr><td></td><td></td><td></td><td></td><td></td><td></td><td></td><td></td><td></td><td></td><td></td><td></td><td></td><td></td><td></td><td></td><td></td><td></td><td></td><td></td><td></td><td></td></tr>
<tr><td></td><td></td><td></td><td></td><td></td><td></td><td></td><td></td><td></td><td></td><td></td><td></td><td></td><td></td><td></td><td></td><td></td><td></td><td></td><td></td><td></td><td></td></tr>
<tr><td></td><td></td><td></td><td></td><td></td><td></td><td></td><td></td><td></td><td></td><td></td><td></td><td></td><td></td><td></td><td></td><td></td><td></td><td></td><td></td><td></td><td></td></tr>
<tr><td></td><td></td><td></td><td></td><td></td><td></td><td></td><td></td><td></td><td></td><td></td><td></td><td></td><td></td><td></td><td></td><td></td><td></td><td></td><td></td><td></td><td></td></tr>
<tr><td></td><td></td><td></td><td></td><td></td><td></td><td></td><td></td><td></td><td></td><td></td><td></td><td></td><td></td><td></td><td></td><td></td><td></td><td></td><td></td><td></td><td></td></tr>
<tr><td colspan="2">小计</td><td></td><td></td><td></td><td></td><td></td><td></td><td></td><td></td><td></td><td></td><td></td><td></td><td></td><td></td><td></td><td></td><td></td><td></td><td></td><td></td></tr>
<tr><td colspan="2">占比（%）</td><td></td><td></td><td></td><td></td><td></td><td></td><td></td><td></td><td></td><td></td><td></td><td></td><td></td><td></td><td></td><td></td><td></td><td></td><td></td><td></td></tr>
<tr><td colspan="2">正常种苗重复间
实际误差（%）</td><td colspan="10"></td><td colspan="3">正常种苗
重复间允
许误差（%）</td><td colspan="7"></td></tr>
<tr><td colspan="2" rowspan="2">平均值
（Ⅰ+Ⅱ+Ⅲ+Ⅳ）/4</td><td colspan="4">正常（N）（%）</td><td colspan="4">硬实（H）（%）</td><td colspan="4">新鲜（F）（%）</td><td colspan="4">不正常（A）（%）</td><td colspan="4">死种子（D）（%）</td></tr>
<tr><td colspan="4"></td><td colspan="4"></td><td colspan="4"></td><td colspan="4"></td><td colspan="4"></td></tr>
<tr><td colspan="2">备注</td><td colspan="20"></td></tr>
</table>

六、示例

苇状羊茅种子发芽率的测定

1. 发芽条件的确定 查阅表1-3-1，确定苇状羊茅种子发芽率测定试验采用发芽床为纸床（TP），打破休眠的预处理为采用0.2% KNO_3 溶液浸润发芽床后于5～10℃下预冷7d，发芽温度为20℃<=>30℃，每天高温光照处理8h、低温黑暗处理16h。于第7天进行初次计数，第14天进行末次计数。

2. 试样分取 将苇状羊茅净种子充分混匀后，随即分取400粒种子，每个重复100粒，重复4次。

3. 种子置床 按要求，将滤纸置于培养皿中，并用0.2% KNO_3 溶液浸润，为保证水分充足，可将3层滤纸叠放于培养皿中。然后将每粒种子均匀置于发芽床上，注意保持足够距离，以减少种子相互间的影响和感染。

4. 发芽器皿贴签 在发芽器皿底盘的侧面贴上标签，注明置床日期、样品编号、种名、重复次数等，然后盖好上盖。

5. 预冷处理 按要求将置床后的各重复种子置于5～10℃冷藏保存箱中进行预冷处理，

持续 7d。

6. 置箱培养与管理　预冷结束后，将各重复转移至温度设定为 20℃、30℃变温的光照培养箱的网架上进行发芽。种子发芽期间，每天进行检查，并及时补充蒸馏水，以确保发芽床始终保持湿润。温度保持在所需温度的±1℃范围。如发现霉菌滋生，应及时取出发霉种子并将霉菌洗去，必要时需更换纸床。

7. 观察记录　在置箱培养的第 7 天进行初次计数，将符合规程标准的正常种苗及明显死亡的软、腐烂种子取出并分别记录其数目，而未达到正常发芽标准的种苗、畸形种苗和未发芽的种子留在原发芽床或更换发芽床后继续发芽。第 14 天进行末次计数，分别记录所有正常种苗、不正常种苗、新鲜未发芽种子和死种子数。

8. 结果表示与计算　试验结束后首先将每一重复的正常种苗、不正常种苗、新鲜未发芽种子及死种子的初次计数和末次计数的结果相加，以此为基础，分别计算各组分占供试种子的百分比。其中，正常种苗的百分比为发芽率。最后，计算 4 次重复的平均值，将数值修约至整数位，并检查试验结果是否超过表 1-3-2 中的最大允许误差。

9. 完成发芽试验统计表的填报　填报结果参见表 1-3-5。

表 1-3-5　发芽试验统计（以苇状羊茅种子样品为例）

学名 *Festuca arundinacea*　　种　　名 苇状羊茅　　样品编号 17005

方法 纸上；20～30℃；预冷；0.2%硝酸钾溶液代替水　　使用仪器 冷藏保存箱、光照培养箱

日期	天数（d）	Ⅰ					Ⅱ					Ⅲ					Ⅳ				
		N	H	F	A	D	N	H	F	A	D	N	H	F	A	D	N	H	F	A	D
2017.01.03	7	67					70					69					73				
2017.01.10	14	29		2	2	0	26		1	3	0	28		1	1	1	25		1	1	0
小计		96		2	2	0	96		1	3	0	97		1	1	1	98		1	1	0
占比（%）		96		2	2	0	96		1	3	0	97		1	1	1	98		1	1	0

正常种苗重复间实际误差（%）	2	正常种苗重复间允许误差（%）	7	
平均值（Ⅰ+Ⅱ+Ⅲ+Ⅳ）/4	正常（N）（%）	硬实（H）（%）	新鲜（F）（%）	不正常（A）（%）	死种子（D）（%）
	97		1	2	0
备注					

七、思考题

1. 简述正常种苗和不正常种苗各自所包括的种苗类型。

2. 请将下列一组发芽试验数据按数值修约规则修约至整数位：

正常种苗百分比为 90.50，不正常种苗百分比为 6.25，死种子百分比为 0，硬实种子百分比为 2.25，新鲜未发芽种子百分比为 1.50。

八、参考文献

全国畜牧业标准化技术委员会，2017. 草种子检验规程　发芽试验：GB/T 2930.4—2017［S］. 北京：中国标准出版社.

International Seed Testing Association，2019. International Rules for Seed Testing 2019［M］. zürichstr，Switzerland.

李曼莉，毛培胜
中国农业大学

实验四　牧草种子的活力测定

一、背景

种子活力是种子批在大田环境下发芽能力和表现潜力的总称。种子活力并非能够由单一指标来衡量，而是一个涵盖了多方面种子批相关特性的概念，如种子发芽和种苗生长速度及一致性，逆境条件下种子出苗的能力，贮藏后种子的发芽能力和表现。因此，一个活力高的种子批在逆境条件下仍然具备能够生长表现良好的潜力。

种子活力测定是指在标准条件下，采用直接或间接的分析程序来评估种子批活力水平的过程。直接测定是在实验室内模拟外界环境胁迫或条件，记录出苗速度和（或）百分比；而间接测定则是通过评估那些经验证与种苗某些方面相关的种子特性，来体现种子活力强弱。与发芽试验相比，种子活力测定结果能够体现高发芽率种子批间的差异性，是能够反映种子质量更为敏感的指标，为确定种子萌发的抗逆性和耐贮藏能力提供指导和依据。

种子活力测定方法虽然种类繁多，但因种而异，在推广应用过程中受到一定限制，并且种子活力测定需要使用特定的仪器设备、对照种子样品以及具有熟练的操作经验。经验证并确认有效的种子活力测定方法及适用范围如下：①电导率测定法：适合用该方法测定的种子有鹰嘴豆、大豆、菜豆、豌豆、萝卜种子等。②人工加速老化测定法：适合用该方法测定的种子有大豆种子等。③控制劣变测定法：适合用该方法测定的种子有芸薹属植物种子。④胚根生长测定法：适合用该方法测定的种子有玉米、欧洲油菜、萝卜种子等。⑤四唑活力测定法：适合用该方法测定的种子有大豆种子。本实验选择其中适用范围较广的电导率测定法和胚根生长测定法进行具体介绍。

二、目的

了解和掌握电导率测定法和胚根生长测定法的具体程序和注意事项，准确测定种子活力，为大田环境下牧草的播种和种子批的贮藏潜力提供科学依据。

三、实验类型

综合型。

四、测定方法

（一）电导率测定法

1. 原理　电导率测定的原理是主要通过评估植物组织电解液渗出的程度进而评价种子活力。种子电解液渗出程度越高，电导率越高，则种子批活力越低；反之，电解液渗出程度越低，电导率越低，则种子批活力越高。

2. 应用范围　电导率测定可用于鹰嘴豆、大豆、菜豆、萝卜以及豌豆种子。供试种子样品应为随机取得的净种子，如果供试种子批经过杀菌剂处理，则应特别注意，因为某些杀菌剂可能含有添加剂，而添加剂会显著影响电导率测定结果。

3. 仪器设备

（1）电导率仪：测量范围为0～1 999μS/cm，分辨率至少为0.1μS/cm，精确范围±1%，温度范围20～25℃。

（2）烧杯或锥形瓶容器：符合表1-4-1的要求，容器直径适宜，以容水量足够没过所有的种子并浸泡良好为佳。且容器应充分洗净，并采用去离子水或蒸馏水润洗两次。

表1-4-1　电导率测定试验条件要求

（引自 International Seed Testing Association，2019）

中文名	学名	测定使用容器要求	测定样品容量大小要求	种子含水量（%）	加水量（mL）	温度（℃）	浸泡时间（h）
A							
鹰嘴豆（卡布里类型） 大豆 菜豆 豌豆	*Cicer arietinum* (Kubuli type) *Glycine max* *Phaseolus vulgaris* *Pisum sativum*	底部直径（80±5）mm、容量为400～500mL的锥形瓶或烧杯	4个重复，每个重复50粒种子，需称量	10～14	250	20	24
B							
萝卜	*Raphanus sativus*	长7～8cm、直径4cm的试管	4个重复，每个重复100粒种子，需称量	无需调整	40	20	17

（3）水：去离子水或蒸馏水，水温（20±2）℃，且20℃下的电导率测量值不超过5μS/cm。

（4）发芽箱、培养箱或人工气候室：保持（20±2）℃恒温。

（5）水分含量测定设备：烘干箱、干燥器等。

4. 测定内容与步骤

（1）试验准备：

①供试种子样品含水量测定与调整：按照《草种子检验规程　水分测定》（GB/T 2930.8—2017）规定，测定种子的含水量。若测定种子的含水量低于10.0%或高于14.0%，需进行水分调整，以保证其含水量为10.0%～14.0%。

②调整种子样品含水量的办法：将净种子充分混匀，随机取出至少200粒种子作为一个样品。如果初始含水量低于10.0%，则可以将种子置于湿润的滤纸上，提高种子含水量，直至该样品质量与水分含量为10%的样品质量相等；如果初始含水量高于14%，则可以将种子置于30℃烘箱来降低种子含水量，直至该样品质量与水分含量为14.0%的样品质量相等。其中，水分含量为10.0%～14.0%的样品质量可通过如下公式计算得出：

$$含水量为10.0\%或14.0\%的样品质量=\frac{初始质量\times(100-初始含水量)}{100-目标含水量}$$

当样品质量调整至目标含水量所对应的质量时，应将其保存于保水容器（如铝箔袋、聚乙烯袋）中，并置于5～10℃温度下12～18h，确保种子样品水分含量均衡。

③校准电导率仪：电导率仪使用前应采用标准溶液进行校准。应至少选用两种标准溶液。其中，一种标准溶液的电导率低于100μS/cm，另一种电导率为1 000～1 500μS/cm。校准操作于25℃下进行。此外，也可采用氯化钾溶液进行校准，但必须确保配制的溶液的准确度。具体操作如下：首先将纯净的分析纯氯化钾于150℃下烘干1h，并置于干燥器中冷却后，称取0.745g溶解于1L的去离子水中，配置成0.01mol/L KCl溶液。用电导率仪测定该溶液的电导率值应在1 273～1 278μS/cm，若读数不在此范围，则应重新进行电导率仪的校准，必要时进行维修，直至达到校准结果要求才能用于电导率测定试验。

④检查仪器用具的洁净度：从即将使用的容器中随机取出2个，倒入规定体积（表1-4-1）、温度为（20±2）℃且已知电导率的蒸馏水或去离子水。用电导率仪进行测定，若读数高于5μS/cm，则应重新用蒸馏水或去离子水清洗浸入的探头和所有容器。重复上述操作，直到测得的电导率值不高于5μS/cm。

⑤检查温度：确保用于电导率测定的发芽箱、培养箱或人工气候室以及水的温度均达到（20±2）℃。

（2）电导率的测定：

①供试样品的准备：直接从净种子部分或从调整含水量后的样品中随机分取规定的种子质量（表1-4-1），重复4次，称取质量至两位小数（0.01g）。

②容器的准备：对于每个供试样品，应准备4个容器，按照规定（表1-4-1）加入对应体积的水，并将容器覆盖以避免污染。在加入种子样品前，于（20±2）℃下平衡18～24h。且每次测定应准备2个容器，只加入蒸馏水或去离子水作为对照。

③种子的浸入：将称量后的种子分别浸入准备好的各个容器中，并充分混匀，确保所有的种子均浸入水中。将每个容器用铝箔纸或保鲜膜封住，并分别标注起始时间，而后置于（20±2）℃下，具体浸泡时间参照表1-4-1。

④电导率读数的准备：测定前打开电导率仪进行预热。在每次测定的2个容器中加入足够多的水，保证能够完全淹没电导率仪的探头以使其每次测量能够被冲洗干净。

⑤溶液电导率的测定：轻轻晃动旋转容器10～25s，使得浸提液充分混匀。打开容器的覆盖物，将电导率仪的探头完全浸入溶液中，注意不要直接将传导元置于种子上。连续读取

几次电导率值，直至读数稳定。

如果测定过程中发现有硬实种子，应在测定后将其取出、计数，并经表面干燥后称量，从该重复初始质量中将硬实种子质量减去。

⑥空白对照的电导率测定：测定一个对照容器中水的电导率。若读数高于 5μS/cm 则表明探头的洁净度未达到要求，需要重新冲洗探头后测定另一个对照容器中水的电导率。若读数低于 5μS/cm，则应该将第二个容器中水的电导率读数作为空白对照。若两个对照容器中水的电导率读数均符合低于 5μS/cm 的要求，则将两个对照读数的平均值作为空白对照。若读数仍高于 5μS/cm，则说明探头存在问题，应该按照说明书进行清洁和调试，否则不能继续用于电导率测定。

（3）结果表示与计算：按照下述公式分别计算每个重复中每克种子的电导率，4 次重复的平均值则为试验测定结果，保留一位小数。

每克种子的电导率=(测得电导率－空白电导率)/种子的质量

式中：每克种子的电导率单位为 μS/(cm·g)；测得电导率和空白电导率单位为 μS/cm；种子的质量单位为 g。

如果各重复间电导率的误差超过平均电导率所对应的允许误差（表 1-4-2），则应该重新进行试验测定。如果第二次的测定结果与第一次的结果的实际误差在允许误差（表 1-4-3）范围内，则应该将两次结果的平均值作为最终测定结果。将原始数据和计算结果填报于种子活力（电导率）测定记录表（表 1-4-4）中。

表 1-4-2 电导率测定试验 4 个重复间最大允许误差 [5%显著水平，μS/(cm·g)]

（引自 International Seed Testing Association，2019）

平均电导率	最大允许误差	平均电导率	最大允许误差
10.0～10.9	3.1	27.0～27.9	7.3
11.0～11.9	3.3	28.0～28.9	7.5
12.0～12.9	3.6	29.0～29.9	7.8
13.0～13.9	3.8	30.0～30.9	8.0
14.0～14.9	4.1	31.0～31.9	8.3
15.0～15.9	4.3	32.0～32.9	8.5
16.0～16.9	4.6	33.0～33.9	8.8
17.0～17.9	4.8	34.0～34.9	9.0
18.0～18.9	5.1	35.0～35.9	9.3
19.0～19.9	5.3	36.0～36.9	9.5
20.0～20.9	5.5	37.0～37.9	9.8
21.0～21.9	5.8	38.0～38.9	10.0
22.0～22.9	6.0	39.0～39.9	10.3
23.0～23.9	6.3	40.0～40.9	10.5
24.0～24.9	6.5	41.0～41.9	10.8
25.0～25.9	6.8	42.0～42.9	11.0
26.0～26.9	7.0	43.0～43.9	11.3

（续）

平均电导率	最大允许误差	平均电导率	最大允许误差
44.0～44.9	11.5	49.0～49.9	12.8
45.0～45.9	11.8	50.0～50.9	13.0
46.0～46.9	12.0	51.0～51.9	13.3
47.0～47.9	12.3	52.0～52.9	13.5
48.0～48.9	12.5	53.0～53.9	13.8

表 1-4-3 同一实验室同一样品电导率测定结果最大允许误差

［5%显著水平的两尾测定，μS/（cm·g）］

（引自 International Seed Testing Association，2019）

平均电导率	最大允许误差	平均电导率	最大允许误差
10.0～10.9	2.0	32.0～32.9	5.1
11.0～11.9	2.1	33.0～33.9	5.2
12.0～12.9	2.3	34.0～34.9	5.4
13.0～13.9	2.4	35.0～35.9	5.5
14.0～14.9	2.5	36.0～36.9	5.6
15.0～15.9	2.7	37.0～37.9	5.8
16.0～16.9	2.8	38.0～38.9	5.9
17.0～17.9	3.0	39.0～39.9	6.1
18.0～18.9	3.1	40.0～40.9	6.2
19.0～19.9	3.2	41.0～41.9	6.4
20.0～20.9	3.4	42.0～42.9	6.5
21.0～21.9	3.5	43.0～43.9	6.6
22.0～22.9	3.7	44.0～44.9	6.8
23.0～23.9	3.8	45.0～45.9	6.9
24.0～24.9	4.0	46.0～46.9	7.1
25.0～25.9	4.1	47.0～47.9	7.2
26.0～26.9	4.2	48.0～48.9	7.3
27.0～27.9	4.4	49.0～49.9	7.5
28.0～28.9	4.5	50.0～50.9	7.6
29.0～29.9	4.7	51.0～51.9	7.8
30.0～30.9	4.8	52.0～52.9	7.9
31.0～31.9	4.9	53.0～53.9	8.0

表1-4-4　种子活力（电导率）测定记录

学名＿＿＿＿＿＿＿＿　编号＿＿＿＿＿＿＿＿

种名＿＿＿＿＿＿＿＿　测定日期＿＿＿＿＿＿＿＿

使用仪器＿＿＿＿＿＿＿＿　室温（℃）＿＿＿＿＿＿＿＿

种子含水量（%）	调节水分的方法和时间（如果需要的话）	适宜的含水量

空白对照的电导率（μS/cm）		重复1	重复2
	种子质量（g）	电导率（μS/cm）	电导率[μS/(cm·g)]
重复1			
重复2			
重复3			
重复4			
平均值			

（二）胚根生长测定法

1. 原理　发芽速度缓慢是种子老化的早期生理表现，同时也是种子活力降低的主要原因。目前有一些经验证过的植物种类，可根据其种子发芽早期胚根生长情况准确地反映种子的发芽速度。种子发芽早期胚根生长数越多，则预示着该种子批活力越强；而胚根生长数越少，则预示着该种子批活力越弱。

2. 应用范围　适用于玉米、欧洲油菜、萝卜等种子（表1-4-5）。供试种子样品必须为随机取得的净种子。

3. 仪器设备　发芽纸床，保持水分的塑料袋或容器，光照培养箱。

4. 测定内容与步骤

（1）温度设定：试验所需的测定温度参照规定进行设置（表1-4-5）。温度为影响该试验测定结果的最重要的潜在变量。每个种子批从发芽置床到置于规定温度下培养，整个过程用时不应超过15min。应进行温度监控，并每隔24h进行一次种子样品和重复的依次移动，以确保样品培养温度一致。

（2）发芽培养：依据种子发芽试验程序，采用规定的发芽床和重复次数（表1-4-5），并设立对照。

（3）胚根生长时间计数：胚根生长计数时间因种而异，具体计数时间参照规定（表1-4-5）进行。

5. 结果表示与计算　记录每个重复中出现胚根的数量，依据表1-4-5中的规定进行判定，并计算平均胚根生长的百分比，以整数表示。

如有必要，可将结果最接近的重复合并，转换为每100粒1个重复。如果两个100粒重复间的实际误差超过允许误差（表1-4-6），则需要重新进行测定。如果第二次测定结果与第一次结果的差异在允许误差范围（表1-4-7）内，则应该将两次结果的平均值作为最终测定结果。最后，将测定结果填报于种子活力（胚根生长法）测定记录表（表1-4-8）中。

表 1-4-5　胚根生长试验测定相关条件要求及判定标准

（引自 International Seed Testing Association，2019）

中文名	学名	发芽床	重复设定	发芽温度	胚根生长判定标准	胚根生长计数时间
欧洲油菜	*Brassica napus*	褶裥纸	2 个重复，每个重复 100 粒种子	(20±1)℃	胚根突破种皮且伸出；种皮已裂开但胚根未伸出的不包括在内	(30±0.25)h
萝卜	*Raphanus sativus*	纸上	4 个重复，每个重复 50 粒种子	(20±1)℃	胚根伸出 2mm	(48±0.25)h
玉米	*Zea mays*	纸卷	8 个重复，每个重复 25 粒种子	(20±1)℃或(13±1)℃	胚根伸出 2mm	(66±0.25)h [(20±1)℃] (144±1)h [(13±1)℃]

表 1-4-6　200 粒种子 2 个重复的胚根生长试验重复间最大允许误差

（2.5%显著水平的两尾测定，%）

（引自 International Seed Testing Association，2019）

胚根生长平均值		最大允许误差
51%～100%	0%～50%	
99	2	4
98	3	5
96～97	4～5	6
95	6	7
93～94	7～8	8
90～92	9～11	9
88～89	12～13	10
84～87	14～17	11
81～83	18～20	12
76～80	21～25	13
69～75	26～32	14
55～68	33～46	15
51～54	47～50	16

表 1-4-7　同一实验室 200 粒种子胚根生长试验两次测定结果间最大允许误差

（2.5%显著水平的两尾测定，%）

（引自 International Seed Testing Association，2019）

胚根生长平均值		最大允许误差
51%～100%	0%～50%	
99	2	2

（续）

胚根生长平均值		最大允许误差
51%～100%	0%～50%	
98	3	3
96～97	4～5	4
94～95	6～7	5
91～93	8～10	6
87～90	11～14	7
82～86	15～19	8
75～81	20～26	9
64～74	27～37	10
51～63	38～50	11

表 1-4-8　种子活力（胚根生长法）测定记录

学名__________　编号__________

种名__________　测定日期__________　使用仪器__________

采用方法	发芽介质	发芽温度（℃）	胚根生长判定标准	胚根生长 计数时间（h）
重复设定：	有胚根生长的种子数	百分比（%）	无胚根生长的种子数	百分比（%）
重复 1				
重复 2				
重复 3				
重复 4				
重复 5				
重复 6				
重复 7				
重复 8				
合并后重复 1（如需要）				
合并后重复 2（如需要）				
平均百分比（%）				
实际误差（%）		允许误差（%）		

五、重点/难点

1. 重点　种子活力测定的方法和适用范围，电导率测定的步骤。

2. 难点 采用胚根生长法测定种子活力时，胚根生长的判定标准。

六、示例

胚根生长法测定玉米种子活力

1. 仪器设备 滤纸、蒸馏水、聚乙烯袋、烧杯、光照培养箱。

2. 测定内容与步骤

（1）从净种子中随机分取 8 个重复，每个重复 25 粒种子，分别置于湿润的滤纸上，并卷成纸卷，用聚乙烯袋套住，放入大烧杯，置于（20±1）℃的光照培养箱中。整个操作过程不超过 15min。

（2）每 24h 将纸卷依次移动一次，于 66h±15min 后将纸卷取出，以胚根突破种皮 2mm 为标准，统计每个重复的胚根生长数，注意确保每个重复计数时间均处于 66h±15min 区间内。

3. 结果表示与计算 将数值最接近的重复进行合并，最终合并为 2 个重复，每个重复 100 粒。计算平均胚根生长百分比。计算两重复的实际误差，检查实际误差是否在允许误差范围内。

4. 完成结果填报 将原始数据和计算结果填报在种子活力测定（胚根生长法）测定记录表（表 1-4-9）中。

表 1-4-9 种子活力测定（胚根生长法）测定记录

学名 *Zea mays*　　编号 17006

种名 玉米　　测定日期 2017.01.06　　使用仪器 光照培养箱

采用方法	发芽介质	发芽温度（℃）	胚根生长判定标准	胚根生长计数时间（h）
	纸卷	20	胚根伸出 2mm	66±0.25
重复设定：25×8	有胚根生长的种子数	百分比（%）	无胚根生长的种子数	百分比（%）
重复 1	21	84	4	16
重复 2	22	88	3	12
重复 3	20	80	5	20
重复 4	23	92	2	8
重复 5	22	88	3	12
重复 6	21	84	4	16
重复 7	22	88	3	12
重复 8	23	92	2	8
合并后重复 1（如需要）	84	84	16	16
合并后重复 2（如需要）	90	90	10	10
平均百分比（%）	87		13	
实际误差（%）	6	允许误差（%）	11	

七、思考题

1. 电导率测定中设定两个空白对照的原因是什么？
2. 电导率值与种子活力之间的对应关系是什么？
3. 为什么说温度是胚根生长法测定种子活力试验中最重要的潜在变量？

八、参考文献

International Seed Testing Association，2019. International Rules for Seed Testing 2019 [M]. zürichstr，Switzerland.

李曼莉，毛培胜
中国农业大学

实验五　禾本科牧草的形态特征识别

一、背景

禾本科是我国天然草地植被的主要草类，禾本科牧草在我国草地中分布广泛、种类繁多，在我国有200余属，1 200余种，是草地畜牧业生产的重要饲草来源。常见禾本科牧草有鹅观草属、雀麦属、披碱草属、针茅属、鸭茅属、早熟禾属、羊茅属、燕麦属、赖草属等。禾本科牧草大多为多年生，生命力较强，除靠种子繁殖外，还可借助根茎、匍匐茎等进行营养繁殖。禾本科牧草适应性广，从热带到寒带，从海岸到山顶，都有它们的踪迹，在温带尤为繁茂，能适应多种多样的环境，参与多种群落的组成。禾本科牧草作为家畜饲草的重要来源，富含无氮浸出物，干物质中粗蛋白质的含量可达10%～15%，粗纤维的含量较高，占30%左右。

禾本科牧草不同属间或种间在根、茎、叶、花、果实等部位的形态和结构上存在一些共性特征，但同时也存在一些差异。掌握禾本科牧草的主要特征和识别方法，熟悉和了解重要禾本科牧草的形态学特征，对于科学利用禾本科牧草具有非常重要的作用。

二、目的

掌握禾本科牧草的主要特征和识别方法，学习使用禾本科牧草分属检索表，熟悉重要禾本科牧草的形态学特征。

三、实验类型

验证型。

四、内容与步骤

1. 材料　禾本科牧草植株及标本。

2. 器具　放大镜、显微镜、镊子、解剖针、游标卡尺。

3. 测定内容与步骤

（1）禾本科牧草分属检索表的使用：根据植株的根、茎、叶、花、果实等器官的形态结构特征，学会使用禾本科牧草分属检索表，掌握禾本科牧草分类的检索方法。

常见禾本科牧草分属检索表

1. 小穗具多花至单花，一般两侧压扁，且脱节于颖上，如有不孕花，通常都在成花上，稀于成熟花上下两端全有；小花梗大部分延伸至上部花或成熟花内稃之后而成一细柄或刚毛状。
  2. 小穗无柄或近无柄，排列成穗状花序或穗状总状花序。
    3. 小穗位于穗轴的两侧；顶生穗状花序，单独一枚。
      4. 小穗以其边缘对向穗轴，而排列成放射状；外颖缺（顶生小穗例外）……………………… 1. 黑麦草属（*Lolium*）
      4. 小穗以其侧面对向穗轴，而排列成切线状，其内、外颖存在。
        5. 小穗通常单生于穗轴的各节，小花以其侧面对向穗轴。
          6. 小穗稍离开或稍疏松状排列于一稍延长穗轴上，顶生小穗正常发育；颖片和外稃通常扁平或背部圆形；多年生。
            7. 通常为丛生；颖片粗糙；大部分外稃具长芒；颖果腹面微凹或近于扁平 …… 2. 鹅观草属（*Roegneria*）
            7. 通常为根茎草；颖片光滑或近光滑，外稃无芒或具短芒；颖果腹面具纵沟…… 3. 偃麦草属（*Elytrigia*）
          6. 小穗通常紧密聚生于一较短的穗轴上，顶生小穗不孕或退化；颖片和外稃两侧压扁或背部显著具脊；多年生 ……………………………………………………………………………… 4. 冰草属（*Agropyron*）
        5. 小穗 2 至数枚（或有时单生），生于穗轴的节上，小花常以背腹面对向穗轴。
          8. 小穗具 2 至数花，共生于穗轴的节上，或有时单生。
            9. 常具根茎；颖片通常狭窄呈针形 ………………………………………………… 5. 赖草属（*Leymus*）
            9. 具根茎或丛生；颖片通常披针形 ……………………………………………… 6. 披碱草属（*Elymus*）
          8. 小穗含 1～2 朵小花，小穗常 2～3 枚共生于穗轴的每节上 ……………………… 7. 大麦属（*Hordeum*）
    3. 小穗位于穗轴的一侧；穗状花序多数或只具一枚，形成圆锥、总状或指状等花序。
      10. 植物体具两性花，小穗脱节于颖下 …………………………………………… 8. 䓫草属（*Beckmannia*）
      10. 小穗脱节于颖上。
        11. 小穗两性花 2 至数朵 …………………………………………………………………… 9. 䅟属（*Eleusine*）
        11. 小穗含两性花 1 朵，稀 2 朵。
          12. 外稃显著具芒。
            13. 穗状花序 2 至多数，呈总状排列于一主轴上，或有时仅 1 枚 ………………………………………………………………………………………… 10. 格兰马草属（*Bouteloua*）
            13. 穗状花序呈指状或近于指状排列………………………………………… 11. 虎尾草属（*Chloris*）
          12. 外稃上无芒 ……………………………………………………………………… 12. 狗牙根属（*Cynodon*）
  2. 小穗具柄，很少无柄或近无柄，排列为张开或收缩的圆锥花序或有时为总状花序。
    14. 小穗通常只具单花，外稃具 1～5 脉。
      15. 颖片稍短于外稃（至少外颖如此）。
        16. 外稃具 5 脉，脊部生芒 ……………………………………… 13. 看麦娘属（*Alopecurus*）
        16. 外稃具 1 脉，无芒 ……………………………………………………… 14. 隐花草属（*Crypsis*）
      15. 颖片等长或较长于外稃。
        17. 外稃透明质或膜质，通常较颖片薄，疏松包围果实或几乎不包。
          18. 花序为一圆锥形或紧密的柱状圆锥花序；颖片具压扁的脊，尖端具芒或小尖头 …………………………………………………………… 15. 猫尾草属（*Phleum*）
          18. 圆锥花序，颖片位于上部具脊，先端尖锐或渐尖，有时为钝头。
            19. 外稃的基部具长软毛………………………… 16. 拂子茅属（*Calamagrostis*）
            19. 外稃的基部平滑无毛或仅具微毛 …………………… 17. 剪股颖属（*Agrostis*）
        17. 外稃质地变厚，或至少于背部较其颖片坚硬，成熟后紧密包围果实。
          20. 外稃无芒，不具显著的颖托……………………………… 18. 粟草属（*Milium*）
          20. 外稃具芒，并有呈尖锐或钝圆的颖托。
            21. 芒分三叉或为三枚，其两侧的两枚可较短小…… 19. 三芒草属（*Aristida* ）
            21. 芒仅一枚，并不分叉。
              22. 芒下部扭转，且与外稃顶端成关节；外稃呈圆筒形，其边缘彼此覆盖，内稃呈完全包藏在外稃之内，通常无毛 … 20. 针茅属（*Stipa*）
              22. 芒下部扭转或否，均不与外稃顶端成关节；外稃具散生柔毛；内稃背部常于结实时裸露，脊间有毛。

23. 芒下部无毛或具微毛；小穗柄较粗壮，较短小于小穗 ……………………………………………………………………… 21. 芨芨草属（*Achnatherum*）

23. 芒全部被柔毛；小穗柄呈毛细管状，较长于小穗 ……………………………………………………………………… 22. 细柄茅属（*Ptilagrostis*）

14. 小穗含一花或更多的两性花，并位于不孕花下面，也少有位于不孕花上面或其上下两面，有时无不孕花。

24. 外颖大都等长或稍短于第一花；如有芒时，则芒通常位于外稃背部或其二裂片之间。

25. 外稃无芒或先端具小尖头，圆锥花序呈紧密穗状 ……………………………………………………………… 23. 溚草属（*Koeleria*）

25. 外稃多具芒，如无芒时，圆锥花序并不紧密呈穗状。

26. 小穗具两花或更多花，下部花为两性花 …… 24. 燕麦属（*Avena*）

26. 小穗具两花，下部花为雄蕊 ……………………………………………………………… 25. 燕麦草属（*Arrhenatherum*）

24. 外颖短于第一花，如有芒时，通常生于外稃的顶端而非由其背部伸出，有时位于其二裂齿之间或其裂隙的下方。

27. 外稃或其颖托具有长丝状软毛，株高多达2～3m ……………………………………………… 26. 芦苇属（*Phragmites*）

27. 外稃或其颖托无毛或具毛，但其毛都短于外稃。

28. 外稃具1～3脉，或3～5脉，脉显著；小穗排列成圆锥花序，柄宿存。

29. 外稃具1～3脉，植物体上部叶鞘内不具隐藏的小穗 …………………………………… 27. 画眉草属（*Eragrostis*）

29. 外稃具3～5脉，植物体上部叶鞘内具隐藏的小穗 ……………………………………………… 28. 隐子草属（*Cleistogenes*）

28. 外稃具3至多脉，主脉有时不明显。

30. 小穗柄通常屈曲，并自该处折断，如此便使小穗整个脱落 …………………………………… 29. 臭草属（*Melica*）

30. 小穗柄如存在时并不屈曲而折断，所以其小穗亦不整个脱落，只脱节于颖的上面。

31. 小穗呈紧密的覆瓦状排列或簇生，再集成穗状或为球形的圆锥花序。

32. 圆锥花序的分枝具长梗，展开或上举；外稃具5脉 ………………………………… 30. 鸭茅属（*Dactylis*）

32. 圆锥花序的分枝或穗状花序无梗，或仅具短梗，贴生于主轴上；外稃具7～11脉 ……………………………………………………… 31. 獐毛属（*Aeluropus*）

31. 小穗不呈覆瓦状排列，亦不簇生，排列为展开或紧缩的圆锥花序或很少的总状花序。

33. 外稃无芒，先端钝圆，脉平行，不于顶端会合或微会合 ……………………… 32. 甜茅属（*Glyceria*）

33. 外稃无芒或有短芒，其脉不平行，于顶端会合。

34. 小穗无芒；外稃基部微具蛛网状茸毛或少数无毛 ………………………… 33. 早熟禾属（*Poa*）

34. 小穗有芒或无芒；外稃的基部无蛛网状茸毛。

35. 叶鞘封闭；子房的顶端具茸毛；花柱着生于前方 ………………… 34. 雀麦属（*Bromus*）

35. 叶鞘（至少在茎的上部者）开缝；子房的顶端具茸毛或不具茸毛；花柱顶生……………………………………… 35. 羊茅属（*Festuca*）

1. 小穗具2朵花或1朵花，背腹压扁或呈筒形，也少有两侧压扁，脱节于颖的下方或颖的上方，不孕花如存在时，位于成熟花的下面；小花轴不延伸，所以在成熟花内稃之后，无细柄或类似刚毛的存在。

36. 小穗的二颖退化至不可见，或残留于小穗轴的顶端而成两半月形构造。

36. 小穗的二颖均正常发育，或有时其外颖微小或缺失。

37. 成熟的内、外稃，通常质地坚韧，比颖片厚。

38. 小穗脱节于颖的上面……………………………………………………………… 36. 野古草属（*Arundinella*）

38. 小穗脱节于颖的下面。

39. 花序中具有不育小枝，或其小穗轴延伸到小穗的上面而成一尖头。

40. 小穗脱落时，附于其下的刚毛仍存在……………………………………………… 37. 狗尾草属（*Setaria*）

40. 小穗连同刚毛一齐脱落 ……………………………………………………………… 38. 狼尾草属（*Pennisetum*）

39. 花序中无不育的小枝，其穗轴也不延伸到小穗的上面。

41. 小穗排列为展开的圆锥花序 ……………………………………………………… 39. 黍属（*Panicum*）

41. 小穗排列于穗轴的一侧而为穗状花序或穗形总状花序，此花序通常呈指状排列或沿生于一主轴上而彼此稍分离，有时可单独存在。

42. 成熟花外稃为软骨质而具弹性，通常有扁平质薄的边缘以覆盖内稃，使之露出较少 ………………………………………………………………………………………………… 40. 马唐属（*Digitaria*）

42. 成熟花外稃为骨质或革质，微坚硬，通常具狭窄而内卷的边缘，所以内稃露出很多。

43. 颖片和不孕花的外稃多具芒，间或不具芒…………………………………… 41. 稗属（*Echinochloa*）

43. 颖片和不孕花的外稃均无芒……………………………………………………… 42. 野黍属（*Eriochloa*）

37. 所有内、外稃均为膜质或透明，比颖片薄。

44. 小穗具2朵花，下生小花常退化，而外颖通常最长。

44. 小穗为两性，或成熟小穗与不孕小穗同时混生于穗轴上。

45. 小穗均可成熟，形状相同，每对中的有柄小穗可成熟，系两性或雌性并具长芒，无柄小穗至少在总状花序的基部者，则不育而无芒。

46. 穗轴延续而无关节，小穗由其上脱落……………………………… 43. 白茅属（*Imperata*）

46. 穗轴具关节 ………………………………………………………………… 44. 大油芒属（*Spodiopogon*）

45. 小穗并非都能成熟，形状亦不相同，每对中的无柄小穗成熟，而有柄小穗则不孕，形成异性对，如无柄小穗亦不孕时，则形成同性对。

47. 穗轴节间和小穗柄粗短，呈三棱形，但在荩草属中为细长形。

48. 成熟花的外稃有芒或无芒；穗轴节间和小穗柄通常具长毛或纤毛 ……………………………………………………………………………………… 45. 荩草属（*Arthraxon*）

48. 成熟花的外稃无芒；穗轴节间无毛或稀具长毛。

47. 穗轴间和小穗通常细长，有时变粗或于其上端肿胀。

49. 总状花序呈圆锥状或伞房及指状排列，稀单生。

50. 无柄小穗的外颖最后变坚硬，其下部有光泽；花序为展开的圆锥花序 ……………………………………………………………………………… 46. 高粱属（*Sorghum*）

50. 无柄小穗的外颖草质或厚纸质，其下部不具光泽，花序为指状总状花序 ……………………………………………………………………… 47. 孔颖草属（*Bothriochloa*）

49. 总状花序孪生或单生，稀呈指状排列。

51. 成熟小穗呈圆柱形，其外颖内卷而具有圆形的边缘 ……………………………………………………………………………… 48. 菅属（*Themeda*）

51. 成熟小穗背部压扁或近于呈细长形，其外颖的两侧通常向内折叠，而于上部具2脊 ……………………………………………… 49. 须芒草属（*Andropogon*）

（2）禾本科牧草形态学特征（图1-5-1、1-5-2）：禾本科牧草为一年生或多年生草本，少为木本（竹类），其形态学特征如下。

①根：须根，部分种类具有根茎、根蘖等。

②茎：地上茎特称为秆，常于基部分枝，秆通常圆柱形，稀扁平或方形，具有显著而实心的节，节间中空或稀为实心，直立、倾斜或匍匐。

③叶：单叶互生，成 2 列；叶由叶鞘、叶片组成，叶鞘于叶片交接的叶环处，常有膜质或纤毛状的叶舌，或缺少，有时两侧具叶耳；叶鞘包秆，常开裂，叶片狭长，纵向平行脉。

④花：花序由许多小穗组成穗状、总状或圆锥状花序等；小穗由花和 2 枚颖片（总苞片）组成；花小，两性，少单性，每一小花基部有 2 枚稃片（苞片），包裹其内的浆片及雌雄蕊，外稃常具芒，浆片（鳞被，退化花被）2 或 3 枚，细小，常肉质；雄蕊 3 枚，少数 6 枚或 1～2 枚，花丝细长，花药丁字形着生；雌蕊 1 枚，由 2～3 心皮合生，子房上位，1 室，1 胚珠，花柱 2，稀为 3 或 1，柱头多呈羽毛状。

⑤果实：颖果，稀为浆果或胞果；种子富含胚乳。

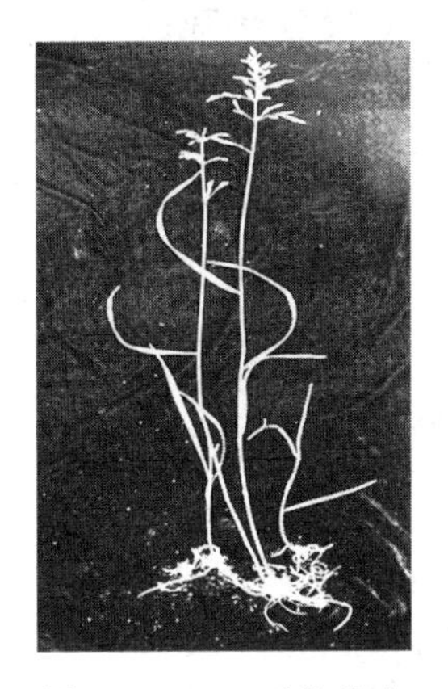

图 1-5-1　无芒雀麦

图 1-5-2　草地早熟禾

（3）禾本科牧草的识别要点：茎秆圆柱形，节明显，节间常中空。叶 2 列，叶鞘常开裂，常有叶舌或叶耳。小穗组成各式花序，果为颖果。

4. 结果记录　分别按根、茎、叶、花、果实描述供试禾本科牧草植株的形态学特征。绘制其小穗形态图，并标注各部位名称。

五、重点/难点

1. 重点　禾本科牧草的形态学特征。

2. 难点　常见禾本科牧草识别要点。

六、示例

常见禾本科牧草形态学特征举例及辨别

（一）赖草属（*Leymus*）

1. 叶翠蓝色；外稃背面光滑，端尖，不延伸成短芒 …………………………… （1）羊草

2. 叶绿色；外稃背面密生柔毛，先端延伸成短芒 ……………………………… （2）赖草

（1）羊草［*Leymus chinense*（Trin.）Tzvel.］：

别名：碱草。

形态：茎簇生，高 40～80cm，叶宽展，表面蓝绿色，幼时有毛，长 40～50cm，宽 5～8mm。穗状花序，长 8～15cm，下部小穗稍间断，总轴棱上有缘毛。小穗每节单生，有时对生，长 1～2cm，具 4～8 花，颖片披针状锥形，光滑，端尖锐成很短芒尖，长 7～10mm，具单脉，外稃长圆形披针状，背面光滑，中脉明显，端尖无芒，少数具极短芒，内稃近等长，上部带缘毛。

（2）赖草［*Leymus secalinus*（Georgi）Tzvel.］：

别名：老披碱、厚穗披碱草。

形态：多年生根茎型草，株高 50～110cm，少数丛生。须根发达，有强大的地下茎。秆粗直，节明显。叶片粗糙，脉明显，叶舌膜质，全缘。穗状花序圆柱形，长 15～19cm，下部穗之间呈间断状。每穗节着生 2～4 小穗，每小穗 7～9 花，内、外颖针状等长，基部联结，外稃较内稃略长，披针形，先端具 3mm 的针芒，内稃脊有锯齿，先端呈现二裂。

（二）披碱草属（*Elymus*）

1. 花序直立，小穗颖片长 10～15mm。外稃上芒长 10～18mm ……………（1）披碱草
2. 花序成熟时弯曲，颖片较小穗最下一花的外稃短 ………………………………（2）老芒麦

（1）披碱草（*Elymus dahuricus* Turcz.）：

别名：直穗大麦草、野麦子。

形态：株高 60～120cm，单生或少数丛生，茎秆粗壮。叶片狭长，端尖，长 8～18cm，宽 3～6cm，上面粗糙，下面光滑；叶舌短，无叶耳；叶鞘紧包裹节。穗状花序顶生，直立，穗长 12～20cm，多数小穗花密生；全穗有 27 穗节，下部穗节之间较其他的节间长；每穗节生 2～5 个小穗，小穗长 10～15mm，具 3～4 个花；颖片等长，线状披针形，有 5 脉，端尖或具短芒；外稃长 7～10mm，背面有毛，边缘有纤毛，顶生 8～18mm 稍向外曲的芒；内稃二脉，边缘内卷。

（2）老芒麦（*Elymus sibiricus* L.）：

别名：垂穗大麦草，西伯利亚野麦。

形态：株高 60～80cm，秆丛生。叶片平滑或有时具毛，叶长 10～20cm，宽 5～9mm，无叶耳，叶舌短。穗状花序疏松，直立或下垂，长 10～25cm，全穗有 15～25 个穗节，绿色或带褐色。小穗具 3～4 花，穗轴平滑或粗糙；小穗成对，簇生于节上，颖片比小穗短，其长为最下小花外稃的 1/4 或 2/3（长 4～5mm），先端常具有长 1～5mm 的芒，具有显著的三脉；外稃长 7～12mm，狭披针形，通常五脉，全部密生微毛；芒长 1.5～2cm，微外曲；内稃长 7～12mm，中部以上具缘毛。

（三）针茅属（*Stipa*）

1. 外稃顶端关节处无毛，外稃长 10～12mm ……………………………………（1）针茅
2. 外稃顶端关节处周围生有短毛，外稃长 12～14mm，芒长达 18cm ………（2）狼针草

（1）针茅（*Stipa capillata* L.）：

别名：长芒羽茅。

形态：多年生密丛型草，茎丛生，高 60～90cm，叶狭长、卷曲、粗涩有毛，叶鞘光滑无毛，叶舌披针形。圆锥花序极狭，通常包于大型的鞘内，花序无分枝，花梗甚短，小穗白

色、透明；颖片略相等，狭披针形，先端为长尖形；外稃上面光滑，下面脉上有短柔毛，芒极长，14cm 以上，光滑无毛，芒具二回膝曲扭转，基部呈螺旋状扭转至中部向一侧弯曲；内稃光滑。种子针状，黄褐色。

（2）狼针草（*Stipa baicalensis* Roshev.）：

别名：贝加尔针茅。

形态：多年生，丛状草，高 50～100cm，基部密生分蘖并宿存枯萎的叶鞘，叶鞘光滑，下部者通常长于节间。叶片纵卷成细长线形，基生者长 20～30cm，上面被微毛。圆锥花序基部通包藏于叶鞘中，长 20～50cm，分枝细弱。小穗灰绿色或变紫褐色；颖片几等长，膜质，先端丝状，长 25～30mm；外稃长 12～14mm，基盘尖锐，长约 4mm，密生柔毛；芒两回膝曲扭转，光滑无毛，芒长约 18cm，内稃二脉，无脊。

（四）芨芨草属（*Achnatherum*）

芨芨草［*Achnatherum splendens*（Trin.）Nevski］：

形态：多年生密丛型草，成大丛，秆粗壮，实心，上部中空，高 0.5～2.5m。叶舌长 10mm，叶厚而粗糙，叶背面具有凹凸多条棱脊。圆锥花序，开花时呈金字塔形开展，主轴平滑，或具角棱而微粗糙，分枝细弱，2～6 枚簇生，平展或斜向上升，长 8～17cm，基部裸露；小穗长 4.5～7.0mm（除芒），灰绿色，基部带紫褐色，成熟后常变草黄色；颖片长圆形，披针形，两颖不等长；外稃端二裂，与内稃上都具长柔毛，芒微直或略弯，长5～10mm。

（五）冰草属（*Agropyron*）

扁穗冰草［*Agropyron cristatum*（L.）Gaertn.］：

形态：株高 45～60cm，茎丛生直立。叶长 5～6cm，有的可达 10cm 以上，叶鞘紧密而光滑，叶舌环形、较短，叶面粗糙，叶耳短而尖锐。穗状花序长 6～8cm，小穗无柄，着生于花轴两侧，排列整齐成篦齿状，每小穗有花 3～4 枚，颖二片舟形，常具二脊或一脊；外颖长 2～3mm，内颖长 3～4mm，内面有毛，具长 2～3mm 芒；外稃舟形，长 5～7mm，背面密生长毛，有缘毛，端具长 1.7～2.5mm 的芒。颖果呈圆筒形。

（六）隐子草属（*Cleistogenes*）

糙隐子草［*Cleistogenes squarrosa*（Trin.）Keng］：

形态：株高 12～30cm，茎光滑，有多节。叶鞘长于节间，无毛，层层包裹直达花序基部；叶舌为一圈很短的纤毛；叶片通常内卷、粗涩，长 3～6cm，基部宽 1～2mm。圆锥花序狭窄，长 4～7cm，宽 5～10mm，分枝单生，各枝疏生 2～5 小穗，小穗长 5～7mm（芒除外），含 2～3 朵小花，绿色或带紫色；颖片通常无毛，脊上粗糙，外颖长 1～2mm，内颖长 3～5mm；外稃披针形，具 2～5 脉，近边缘处常具柔毛，先端微二裂，主脉通常延伸成短芒，基盘具短毛；内稃狭窄，与外稃等长或稍长，其脊延伸成长约 1mm 的短芒。

（七）鸭茅属（*Dactylis*）

鸭茅（*Dactylis glomerata* L.）：

别名：鸡脚草。

形态：株高60～120cm，茎基部斜上，扁平形，上部直立。叶扁平，细线形，叶鞘上部数厘米处开裂，一般不包节，无叶耳，叶舌为透明的膜质。尖圆形圆锥花序，穗轮略呈蛇形状弯曲，着生小穗枝的一侧有沟陷，每穗节仅着生一小穗枝，小穗枝上更有重复3～4次的小分枝，小枝的末端密生3～4个小穗，成鸡脚形的小穗簇；小穗长4～6mm，具有4～5朵小花，最上一朵不孕；颖片一对，厚膜状，披针形，长约5mm，背面中央龙骨状突起，沿突起处具有细锯齿，边缘膜质而透明，先端尖锐，具约1mm的芒；内稃长圆形，膜质，长约4mm。种子为颖果，长卵形，黄褐色。

（八）雀麦属（*Bromus*）

无芒雀麦（*Bromus inermis* L.）：

形态：秆直立，高45～100cm，全株无毛或仅在节下部有毛。叶片披针形，向上渐尖，长7～25cm，宽5～10mm，通常无毛，质地较硬；叶鞘紧密包茎，闭合而于近鞘口处裂开；无叶耳，叶舌硬质，长1～2mm。顶生圆锥花序，长10～20cm，小枝直立或下垂。开花时散开，小穗长2～2.5cm，宽4～5mm，有小花4～8朵；颖2片，大小不等，膜质不脱落，狭而锐；内稃较外稃短而窄，薄膜状，常与种子黏合。种子为深褐色颖果，狭长舟形。

（九）羊茅属（*Festuca*）

羊茅（*Festuca ovina* L.）：

别名：酥油草。

形态：株高15～60cm，须根系，无地下茎，分蘖力强。叶片淡绿色，细而坚硬，向内包卷，自植株基部丛密生出，下部叶片长5～15cm，较茎生叶为长，叶鞘不闭合。圆锥花序短而狭，常生于一侧，稀疏，分枝倾斜，常常下垂，长5～10cm。小穗长5～7.5mm，浅绿色，两侧扁，含3～5朵小花，顶生小花不孕，花轴的关节生在花间。颖片不等长，有脊，狭而尖。内颖常有一脉，外颖三脉，外稃背圆，尤以基部为明显，端尖，光滑或稍粗，3～7脉，长3～4mm，顶端渐尖成1～3mm长的短芒，内稃和外稃差不多大小。

七、思考题

1. 列举你所熟悉的禾本科牧草名称及用途，并对其形态学特征进行描述。
2. 简述禾本科牧草花序的种类并进行区分。

八、参考文献

毛培胜，2015. 草地学［M］. 4版. 北京：中国农业出版社.

中国科学院中国植物志编辑委员会，2006. 中国植物志［M］. 北京：科学出版社.

李曼莉，毛培胜

中国农业大学

实验六　豆科牧草的形态特征识别

一、背景

豆科植物原产热带，现已遍及世界各地。豆科牧草在我国南北各省份均有分布，但以南方地区分布较为丰富，北方地区由于环境关系，生长许多生存力强和耐旱的种。在我国天然草地上，豆科牧草的分布很广泛，有 1 157 种，但所占比重不大，对天然草地植被组成所起的作用次于禾本科、菊科和莎草科牧草，只有少数种可以成为群落的优势种或亚优势种，如温性草甸草原上的山野豌豆和温性草原上的锦鸡儿，但产量也只占到总产草量的10%～20%，通常在温性草甸草原和温性草原上只占到10%～15%，在温性荒漠草原上不超过10%。

豆科牧草含有丰富的蛋白质、钙和多种维生素，开花期前粗蛋白质占干物质的15%以上。其鲜草含水量较高，草质柔嫩，大部分草种适口性好。其生长点位于枝条顶部，可不断萌生新枝，耐刈割，再生能力强，开花结实期甚至种子成熟后茎叶仍呈绿色，故利用期长，为各家畜所喜食。调制成干草粉的豆科牧草因纤维含量低、质地柔软，可代替部分豆粕和麸作精饲料用。

除部分乔木和灌木外，豆科饲用植物中大部分是草本植物，在草地中作用最大的有黄芪属、棘豆属、胡枝子属、苜蓿属、锦鸡儿属、野豌豆属、草木樨属等。

通过学习了解豆科牧草植株的根、茎、叶、花、果实等器官的形态结构，掌握豆科牧草的主要特征和识别方法，熟悉和了解重要和常见豆科牧草的形态学特征，对于科学利用豆科牧草具有十分重要的意义。

二、目的

熟悉和掌握豆科牧草的主要特征和识别方法；学习使用豆科牧草分属检索表；熟悉重要豆科牧草的形态学特征。

三、实验类型

验证型。

四、内容与步骤

1. 材料　豆科牧草植株及标本。

2. 器具 放大镜、显微镜、镊子、解剖针、游标卡尺。

3. 测定内容与步骤

（1）豆科牧草分属检索表的使用：根据植株的根、茎、叶、花、果实等器官的形态结构特征，学习豆科牧草分属检索表，掌握豆科牧草分类的检索方法。

常见豆科牧草分属检索表

1. 雄蕊10枚，离生或仅于花丝基部联合。
  2. 草本植物；叶通常为含3叶的掌状复叶，基部具2小叶状托叶 ………………………… 1. 野决明属（*Thermopsis*）
  2. 乔木或灌木，少数为草本；叶为羽状复叶；荚果于种子间缢细 ………………………………… 2. 槐属（*Sophora*）
1. 雄蕊10枚，单体或为二体；多数具花丝管。
  3. 当荚果成熟含2种子以上时，则不于种子间横裂为节，即紧缩为二至数节，并于节上具网状纹，或有时退化为只具单节的荚。
    4. 雄蕊单体或二体（5+5）；叶通常缺小托叶。
    4. 雄蕊二体（9+1）。
      5. 叶具多小叶的羽状复叶；小托叶常缺。
        6. 叶为羽状复叶；花序具多花；草本，不具刺。
          7. 后方一枚雄蕊全与雄蕊管分离；荚果裂为一至数节，各节近圆形或方形 …… 3. 岩黄芪属（*Hedysarum*）
          7. 后方一枚雄蕊基部分离，中部则与雄蕊管相连；荚果仅一节，含单种子，呈半圆形或肾脏形 ……………………………………………………………………………… 4. 驴食草属（*Onobrychis*）
        6. 叶退化为单叶；花序具少数花；灌木，具刺 ……………………………………… 5. 骆驼刺属（*Alhagi*）
      5. 叶为三小叶，复叶或者也很少成单叶的。
        8. 小托叶缺，荚果通常仅一节，内含单粒种子。
          9. 托叶大形，膜质，宿存；一年生草本 ……………………………… 6. 鸡眼草属（*Kummerowia*）
          9. 托叶细小，锥形，脱落；灌木或草本。
            10. 苞片宿存，腋间通常具两花；花梗端无关节 ……………………… 7. 胡枝子属（*Lespedeza*）
            10. 苞片通常脱落，腋间具有单花，花梗在萼下具关节 …………… 8. 杭子梢属（*Campylotropis*）
        8. 小托叶宿存；荚果通常二至数节，有时为单节 ………………………… 9. 山蚂蝗属（*Desmodium*）
  3. 荚果如含多数种子，也不横裂为节，通常二瓣裂或不开裂。
    11. 叶为4至多数小叶的复叶，少数具1～3小叶的复叶。
      12. 叶具3小叶，但托叶大形，形似小叶，所以似奇数羽状复叶，具5小叶；花序头状 ……………………………………………………………………………… 10. 百脉根属（*Lotus*）
      12. 叶为4至多数小叶的复叶。
        13. 叶通常为偶数羽状复叶，顶端具卷须，花柱为圆柱形，在其上部四周被长柔毛或在其顶端具须毛 ……………………………………………………………… 11. 野豌豆属（*Vicia*）
        13. 叶为奇数羽状复叶，如为偶数时，顶端也不具卷须，仅中轴（即小叶轴）有时延伸为刺状，少数具3～5小叶的掌状复叶。
          14. 落叶灌木。
            15. 花淡紫色；小叶1～2对，托叶刺状 ……………… 12. 铃铛刺属（*Halimodendron*）
            15. 花黄色；小叶1～9对，托叶脱落或宿存而成刺状 ……… 13. 锦鸡儿属（*Caragana*）
          14. 草本或亚灌木状植物。
            16. 亚灌木状；荚具腺体 ……………………………… 14. 甘草属（*Glycyrrhiza*）
            16. 草本植物；荚无腺体。
              17. 龙骨瓣端具锐利突出尖头；荚果一室，亦可因腹线伸入而隔为二室；小叶常假轮生 ………………………………………………………… 15. 棘豆属（*Oxytropis*）
              17. 龙骨瓣端钝圆或稍尖；小叶不假轮生状 ………………… 16. 黄芪属（*Astragalus*）
    11. 叶为具三小叶复叶，很少为单叶或小叶多至9枚。
      18. 叶为掌状或羽状复叶；小叶通常有齿；托叶常与叶柄相连；子房基部无鞘状花盘；草本，少为灌木。
        19. 叶为具三小叶掌状复叶（有时为具五小叶） … 17. 三叶草属（*Trifolium*）
        19. 叶为具三小叶羽状复叶。

20. 荚弯成肾脏形或螺旋形，少数如镰刀状或长角形，具刺或否，含种子一至数枚，不开裂；花序总状或穗状。

21. 荚弯成肾脏形或螺旋形，稀镰刀形，端不成喙状 ……………………………………………………………………………… 18. 苜蓿属（*Medicago*）

21. 荚长或短，端长尖作喙状 ………………… 19. 胡卢巴属（*Trigonella*）

20. 荚硬直或稍弯曲，但多呈卵形 ……………… 20. 草木樨属（*Melilotus*）

18. 叶为羽状复叶，有时为掌状复叶；小叶全缘或具钝裂片；托叶不与叶柄相连；子房基部带包似鞘状花盘。

22. 花单生或簇生，但常为总状花序，其花轴延续一致而无节瘤，花柱光滑无毛。

23. 子房基部无鞘状花盘；花小型，旗瓣不具耳或具耳但不明显，常较翼瓣和龙骨瓣长 ………………………… 21. 大豆属（*Glycine*）

23. 子房基部有鞘状花盘；花中型；旗瓣具耳，约与翼瓣和龙骨瓣等长；花有具瓣和无瓣两型 ……… 22. 两型豆属（*Amphicarpaea*）

(2) 豆科牧草形态学特征（图 1-6-1、图 1-6-2）：豆科牧草多为多年生草本植物，主要的形态特征如下。

①根：直根系，根上着生根瘤。

②茎：多为草质，少数坚硬似木质，一般圆形，亦具棱角或近似方形，光滑或有毛有刺，茎内有髓或中空。株型有 4 种类型：直立型，茎枝直立生长；匍匐型，茎匍匐生长；缠绕型，茎枝柔软，其复叶顶端叶片变为卷须攀缘生长；无茎型，无茎秆，叶从根颈上发生。

③叶：初出土为双子叶，成苗后常互生，稀对生，羽状或掌状复叶，稀单叶，有托叶。

④花：多为蝶形花，多两性，花冠旗瓣大而展开，并具色彩，便于吸引昆虫；翼瓣在其左右两侧略伸长，成为可供昆虫停留的平台；龙骨瓣背部边缘合生，将雌雄蕊包裹在内，防止雨水或有害虫类的侵袭。花序多样，通常为总状花序或圆锥花序，有时为头状花序或穗状花序，顶生或腋生。

⑤果实：大多为荚果，种子无胚乳，子叶厚，种皮革质，透水、透气性差，硬实率高。

常见的豆科牧草有苜蓿属、三叶草属、草木樨属、野豌豆属、胡枝子属等。

图 1-6-1 白三叶

图 1-6-2 红豆草

(3) 豆科牧草识别要点：直根系，根上着生根瘤；茎多为圆形，亦具棱角或近似方形，茎内有髓或中空；羽状或掌状复叶常互生，稀对生，有托叶；花序多样，蝶形花冠；荚果。

五、结果记录

观察并分别按根、茎、叶、花、果实描述供试豆科牧草的形态学特征。绘制其花冠示意图，并标注各部位名称。

六、重点/难点

1. 重点　豆科牧草的形态学特征。

2. 难点　常见豆科牧草的识别要点。

七、示例

常见豆科牧草形态及利用特性举例

1. 岩黄芪属（*Hedysarum*）

（1）蒙古岩黄芪［*Hedysarum fruticosum* var. *mongolicum*（Turcz）Turcz ex Fedtsch］：

别名：山竹子。

形态：灌木，根极长，茎直立，株高1m以上，枝具条棱，幼时有柔毛。托叶卵形，有毛；叶为奇数羽状复叶，长圆披针形，两端狭尖，表面光滑，背面有柔毛。总状花序，腋生于枝端，具7～10朵花，通常都短于叶；萼片钟形，外面具短柔毛，裂齿三角形，短于萼筒；花冠淡紫红色，旗瓣宽大；子房具短柔毛，通常具1～2节，面具不平脉纹。

（2）细枝岩黄芪（*Hedysarum scoparium* Fisch. et Mey.）：

别名：花棒。

形态：多年生灌木，直立茎从生，株高90～180cm，分枝多，茎上常纵裂成线条，基生叶具3～5对小叶，小叶狭披针形或线状长圆形，长2～3cm，宽4～6mm，上部叶小叶数少，有时只有叶柄，小叶早脱。花序总状，具长总梗，花5～7朵，花萼外具短毛，有三角形裂片。花冠淡紫红色，旗瓣最长，荚果具1～6节，表面具网状花纹，密生较长白茸毛。

2. 骆驼刺属（*Alhagi*）

骆驼刺（*Alhagi sparsifolia* Shap. ex Keller et Shap.）：

形态：多年生半灌木，株高35～80cm，枝灰色，无毛，针刺密生，与枝呈直角，长1.2～2.5cm。叶单生于刺和叶的基部，长卵圆形，硬草质，两面均有平铺的短毛。总状花序腋生，总状梗刺状，具1～7朵花，花红色，枝短，基部有一苞片。萼基有2苞片，萼无毛，长2～5mm。荚果直，或呈镰状，含1～2粒种子。

3. 胡枝子属（*Lespedeza*）

（1）多花胡枝子（*Lespedeza floribunda* Bunge）：

形态：矮灌木，茎斜生，多分枝，高60～90cm，有条棱，被软毛，枝长而细弱。叶柄长5～20mm，被密毛；三出羽状复叶，小叶长圆形或倒卵形，长10～25mm，宽5～10mm，端钝圆或稍凹入，有小尖头，基部略楔形，背面具密生斜毛。总状花序腋生，具细而硬总梗，萼具齿；花浅紫红色，旗瓣长约8mm，龙骨瓣较旗瓣稍长，翼瓣较旗瓣稍短。荚果卵圆形，端尖锐，长约 4mm，有丝状毛。

（2）胡枝子（*Lespedeza bicolor* Turcz.）：

形态：多年生灌木，直立，高达 1m。小叶狭卵形或卵形椭圆形，基部渐狭或圆形，先端常为圆钝头，少有成极尖，稍具短尖。小叶上面绿色、无毛，下面被疏柔毛，色淡。顶端小叶长 1.5～7cm，宽 1～4cm，侧小叶较小。总状花序腋生，全部为顶生圆锥花序，有长的总花梗，多而疏花；花冠紫色，比萼长 2.5～3 倍，旗瓣一般较龙骨瓣为长，萼长 4.5～5mm，裂不及萼的 1/2，被疏柔毛，裂片常无毛，卵形，钝或极尖。荚果斜倒卵形。

（3）截叶铁扫帚（*Lespedeza cuneata* G. Don）：

别名：绢毛胡枝子、老牛筋。

形态：多年生矮灌木，茎直立或斜上，高 40～80cm，多分枝。三出复叶，着生甚密，小叶狭长卵形或线状披针形，长 10～20mm，宽 2～4mm，先端钝，有尖突，基部呈截形。茎及叶下面被绢状柔毛。2～6 朵花簇生成短总状花序，花黄白色。荚果倒卵形，甚小，含种子一粒，端具宿存花柱，突出于萼齿外。

4. 百脉根属（*Lotus*）

百脉根（*Lotus corniculatus* L.）：

别名：五叶草、牛角花。

形态：多年生草本，茎直立或匍匐，高 11～45cm，分枝多，稍具棱角。小叶 5 片，3 片小叶生于叶柄的顶端，另 2 片小叶生于叶柄基部而类似托叶，小叶倒卵形，端尖。花梗自叶腋生出，3～10 朵花簇生梗梢，黄色或红色。荚果细长，内含种子 10 粒左右，通常数个荚果聚生，形似鸟趾。

5. 锦鸡儿属（*Caragana*）

小叶锦鸡儿（*Caragana microphylla* Lam.）：

形态：为多分枝的落叶灌木，丛生，高 1m 或 1m 以下，枝条斜伸，幼时有毛，树皮黄灰色或（幼时茎）白色。奇数羽状复叶，对生，稀为互生，背复两侧均有毛着生，倒卵形或椭圆形，端钝具细尖头，托叶 2 片，生长在枝上者则木质化成硬刺。花黄色，花萼钟形，疏生柔毛，萼刺宽三角形。荚果扁圆形而有急尖头，含 2 粒以上的种子。

6. 甘草属（*Glycyrrhiza*）

甘草（*Glycyrrhiza uralensis* Fisch.）：

别名：甜草、国老。

形态：多年生草本，高 30～100cm，茎带木质，直立，有时有棱角，全体被白色纤毛及褐色鳞片腺体或腺状刺。主根长，黄色，外被红棕色栓皮。奇数羽状复叶，小叶 3～8 对，卵圆形、倒卵圆形或近于圆形，顶端急尖或近于钝，基本圆形，两面都有腺体鳞片及白色毛，背面毛较密，小叶柄短，托叶阔披针状。总状花序腋生，花冠紫红色或蓝紫色，无毛，花萼上密，生白色纤毛和褐色腺体鳞片。荚果弯成镰刀状，上生褐色的刺，内含种子 6～8 个。

7. 黄芪属（*Astragalus*）

达乌里黄芪（*Astragalus dahuricus* DC.）：

形态：多年生草本，高 40～80cm，茎直立，多分枝，具纵棱及白柔毛，茎中空。托叶小，线形，端尖，叶柄短，小叶长圆状广椭圆形，15～19 片。总状花序，生在茎枝顶端，花通常紫红色，旗瓣最长，翼瓣和龙骨瓣微短。荚果近圆筒形，微弯曲，具柔毛。

8. 三叶草属（*Trifolium*）

（1）草莓三叶（*Trifolium fragiferum* L.）：

形态：多年生草本，高 10～38cm，有地下茎，茎细弱匍匐于地面上。三出复叶，小叶椭圆形，或倒心脏形，细锯齿缘；托叶膜质，顶端尖锐，互生抱茎。叶腋处生头状花序，花冠粉白色，花萼钟状，5 裂。萼筒白色薄膜状，外被密毛，授粉后花萼之 2 裂发育膨大成囊状。花序下有绿色苞片 10 余片，披针形。荚果成熟后集结成草莓状圆形，每荚果外包膜质而透明的橘黄色膜，扁长圆形，不开裂，荚果中含种子 1～2 粒。

（2）野火球（*Trifolium lupinaster* L.）：

形态：多年生草本，高 30～40cm，多分枝，直立或斜上升。茎四棱，有微毛，互生掌状复叶，由 3～7 小叶组成，小叶片狭长形，具细锯齿缘，托叶膜质鞘状，包茎。总状花序呈球形，花紫色、白色或淡红色，十分美丽。荚果长，含种子 2～6 粒。

9. 苜蓿属（*Medicago*）

黄花苜蓿（*Medicago falcata* L.）：

别名：镰荚苜蓿、野苜蓿。

形态：茎多分枝，成丛生长，茎匍匐生长或斜向上，高 40～70cm，被软毛。托叶尖长三角形，小叶 3，长圆形、卵状披针形，长 1～2cm。叶缘自中部或前 1/3 处呈锯齿状，被面有毛。花序腋生，总状；萼钟形，端有披针 5 裂；花冠蝶形，纯黄色；旗瓣比翼瓣和龙骨瓣长。荚果扁平，镰刀状。

10. 胡卢巴属（*Trigonella*）

胡卢巴（*Trigonella foenum*-*graecum* L.）：

别名：香草、香豆、芸香。

形态：一年生草本，高 30～80cm，茎直立，圆柱形，微被柔毛。羽状三出复叶；托叶全缘，膜质，基部与叶柄相连，先端渐尖，被毛；叶柄平展，长 6～12mm；小叶长倒卵形、卵形至长圆状披针形，近等大，长 15～40mm，宽 4～15mm，先端钝，基部楔形，边缘上半部具三角形尖齿。花无梗，1～2 朵着生叶腋，长 13～18mm；萼筒状，长 7～8mm，被长柔毛，萼齿披针形，锥尖，与萼等长；花冠黄白色或淡黄色，基部稍呈堇青色，旗瓣长倒卵形，先端深凹，明显比翼瓣和龙骨瓣长。荚果圆筒状，直或稍弯曲，无毛或微被柔毛，先端具约 2cm 细长喙。

11. 草木樨属（*Melilotus*）

（1）白花草木樨（*Melilotus alba* Medic. ex Desr.）：

别名：白香草木樨、白甜车轴草、金花草。

形态：茎直立，圆柱形中空，高 1～4m，无毛或育毛。全株有香味。叶为三出羽状复叶，中小叶有短柄，小叶叶缘全有锯齿，中、下层的叶子为倒卵形，上层的叶为长椭圆形，托叶针状。花序为长穗形的总状花序，花小，白色，旗瓣较翼瓣稍长。荚果卵圆形，无毛，上有网状纹，含一粒种子，长圆形，黄绿色。

（2）黄花草木樨［*Melilotus officinalis*（L.）Desr.］：

别名：欧草木樨、黄甜车轴草。

形态：与白花草木樨极相似，唯花为黄色，旗瓣与翼瓣近等长。

12. 野豌豆属（*Vicia*）

山野豌豆（*Vicia amoena* Fisch. ex DC.）：

别名：芦笛豆、落豆秧、蓿根巢菜。

形态：多年生蔓生草本，茎高 1m 左右，四棱形，植株各部具疏柔毛。小叶 8～12 组成偶数羽状复叶，长椭圆形或较狭，顶端圆钝或有较长的细尖。小叶下面灰白色，上面和下面有伏贴的疏柔毛，长 10～40mm，宽 3～16mm。托叶半边戟形，边缘有 3～4 裂齿，复叶总叶梗前部延长为卷须。总状花序叶腋生，具长总梗，有花 10～30 朵，紫色，长 10～14mm；旗瓣和翼瓣略等长，龙骨瓣稍短。荚稍扁，端尖，含数粒种子。

八、思考题

1. 列举你所熟悉的豆科牧草名称及用途，并对其形态学特征进行描述。
2. 简述豆科牧草花冠的结构和特点，并分析其原因。

九、参考文献

毛培胜，2015. 草地学［M］. 4 版 . 北京：中国农业出版社 .
中国科学院中国植物志编辑委员会，2006. 中国植物志［M］. 北京：科学出版社 .

李曼莉，毛培胜
中国农业大学

实验七　莎草科及杂类草的形态特征识别

一、背景

天然草地的饲用植物依照其经济价值分为禾本科草类、豆科草类、莎草科草类和杂类草类 4 种经济类群。

莎草科有 80 多个属，4 000 余种，分布于世界各地，我国有 30 多个属。莎草科植物多数生于池沼附近或潮湿地方。在低湿草甸以及高山、亚高山草甸中都有莎草科的建群种，其中分布最广、饲用价值最大的 2 个属是薹草属和嵩草属，而高大喜水的莎草科植物家畜多不采食。莎草科植物一般含钙和磷较少，含糖量也较低，缺乏芳香物质，味淡薄，适口性不佳。

除禾本科、豆科、莎草科外，天然草地上的饲用植物如菊科、藜科、百合科、蔷薇科、蓼科、伞形科、唇形科等，统称为杂类草。杂类草在天然草地上占有很大比重，一般占 10%～60%，如菊科蒿属植物在荒漠中常能成为建群种。杂类草对自然环境有多方面的适应性，分布区域极广，其饲用价值因种类不同而相差悬殊。有些种含有丰富的营养物质，如菊科中含有乳汁的菊苣族，百合科葱属中有许多种的粗蛋白质含量都很高。山地草原中的蓼科植物、荒漠地区的藜科植物营养价值都高于禾本科，是早春和秋季的“抓膘”植物。但是在利用方面，无论放牧或刈制干草，杂类草都不及禾本科和豆科牧草。有许多杂类草家畜根本不吃，有些种只在一定的时间内，如春季或晚秋才为家畜所采食。刈制干草时，杂类草的茎叶容易粉碎脱落，价值更低。杂类草分布广泛，在天然草地上占有相当的数量，有些种春季萌发较早，能提供早春放牧的青绿饲草。在我国天然草地还是以放牧利用为主的情况下，杂类草仍具有重要作用。

熟悉和了解重要莎草科草类及杂类草的形态学特征，对于科学利用牧草具有非常重要的意义。

二、目的

认识和了解莎草科草类以及菊科、藜科、蓼科、蔷薇科、伞形科、十字花科、百合科等杂类草的主要形态特征，掌握其识别方法；识别常见莎草科及杂类草。

三、实验类型

验证型。

四、内容与步骤

1. 材料 莎草科、菊科、藜科、蓼科、蔷薇科、伞形科、十字花科、百合科等杂类草植株及标本。

2. 器具 放大镜、显微镜、镊子、解剖针、游标卡尺等。

3. 测定内容与步骤

（1）形态结构观察：观测植株的茎、叶、花、果实等器官的形态结构特征，并对其种类进行识别。

（2）莎草科草类形态学特征及常见种类举例：

①形态特征：莎草科为多年生草本，较少为一年生。形态特征如下。

a. 茎：茎无节，通常为三棱形。多数具根状茎，少有兼具块茎。

b. 叶：单叶互生，3 列，基生和秆生，一般具闭合的叶鞘和狭长的叶片，或有时仅有鞘而无叶片。叶片多具平行叶脉。

c. 花：花序多种多样，有穗状花序、总状花序、圆锥花序、头状花序等；小穗单生、簇生或排列成穗状或头状，具 2 至多数花，或退化至仅具 1 花；花两性或单性，雌雄同株，少有雌雄异株，着生于鳞片（颖片）腋间，鳞片覆瓦状螺旋排列或二列，无花被或花被退化成下位鳞片或下位刚毛，有时雌花为先出叶所形成的果囊所包裹；雄蕊1～3 个，花丝线形，花药底着；子房一室，具一个胚珠，花柱单一，柱头 2～3 个。

d. 果实：果实为小坚果或瘦果，三棱形，双凸状、平凸状或球形。

②常见的莎草科牧草：

a. 薹草属：

寸草（*Carex duriuscula* C. A. Mey.）：多年生小草本，具细长的根状茎，匍匐。秆高 5～20cm，纤细，平滑，基部叶鞘灰褐色，细裂成纤维状。叶短于秆，宽 1～1.5mm，内卷，边缘稍粗糙。苞片鳞片状。穗状花序卵形或球形，长 0.5～1.5cm，宽 0.5～1cm；小穗 3～6 个，卵形，密生，长 4～6mm。雌花鳞片宽卵形或椭圆形，锈褐色，边缘及顶端为白色膜质，顶端锐尖，具短尖。果囊稍长于鳞片，宽椭圆形或宽卵形，革质，锈色或黄褐色，成熟时稍有光泽，两面具多条脉，基部近圆形，有海绵状组织，具粗的短柄，顶端急缩成短喙，喙缘稍粗糙，喙口白色膜质，斜截形。小坚果稍疏松包于果囊中，近圆形或宽椭圆形，长 1.5～2mm，宽 1.5～1.7mm。花柱基部膨大，柱头 2 个。

异穗薹草（*Carex heterostachya* Bge.）：多年生草本，根茎细长，茎直立，高 20～30cm，三棱形，基部有多数宿存叶鞘，棕褐色，叶数个生于基部，狭带形，两面均绿色，平滑，总苞呈叶状，长约 3cm。花序由 3～4 个花穗组成，顶端之一穗为雄性，下方 2～3 个穗雌性，长圆形，雄穗长有 3 个雄蕊，花丝白色，毛发状，伸于外方，苞椭圆状，披针形，先端尖，紫褐色，瘦果倒卵形。

乌拉草（*Carex meyeriana* Kunth）：株高 30～40cm，有丛生的根茎，茎秆丛生，软弱，三角形。叶较秆为短，极窄，有小刺。下部叶鞘褐色。小穗 2～3，顶生者为雄性小穗，长圆形，雌花小穗侧生，卵圆形或球状卵圆形，长 5～10mm，花密生。雌花鳞片卵圆形，顶端钝。果囊与鳞片等长，但较阔，近直立，革质，卵圆形，扁三角形，果实倒卵形，植株灰蓝绿色。

b. 藨草属（*Scirpus*）：

荆三棱（*Scirpus yagara* Ohwi）：多年生草本，根茎粗而长，秆高大粗壮，高 70～150cm，三棱形，平滑，茎部粗大，具秆生叶，叶扁平，线形，宽 5～10mm，稍坚挺。叶状苞片 3～4 枚，通常长于花序；聚伞花序，具 3～8 个辐射枝，每辐射枝有 1～4 小穗；小穗卵圆形锈褐色，长 1～2cm，宽 5～8mm，具多数花。鳞片密覆瓦状排列，膜质长圆形，外面被短柔毛，背面具中肋一条，顶端具芒，芒长 2～3mm；下位刚毛 6 条，与果约等长，上有倒刺。小坚果倒卵形，三棱形，黄白色。

c. 嵩草属（*Kobresia*）：

别氏嵩草［*Kobresia bellardii*（All.）Degl.］：多年生，植株矮，高 10～30cm，形成密丛，茎基部包有淡褐色革质的叶鞘；叶狭窄，丝毛状，比茎稍长或等长；花序顶生，线形穗状花序，长 1～2cm，由 7～15 小穗组成，雌雄同株，单性花，小穗，雄雌花各一，柱头高，小坚果长圆状、倒卵形、钝三棱形。

丝叶嵩草［*Kobresia filifolius*（Turcz.）C. B. Clarke］：植株较矮，高 10～40cm，叶片丝状，顶生穗状花序，椭圆形，能形成密的生草土。

（3）菊科牧草的形态学特征及常见种类：

①形态特征（图 1－7－1、图 1－7－2）：菊科牧草通常为一年生或多年生，有草本、半灌木或小灌木。主要形态特征如下。

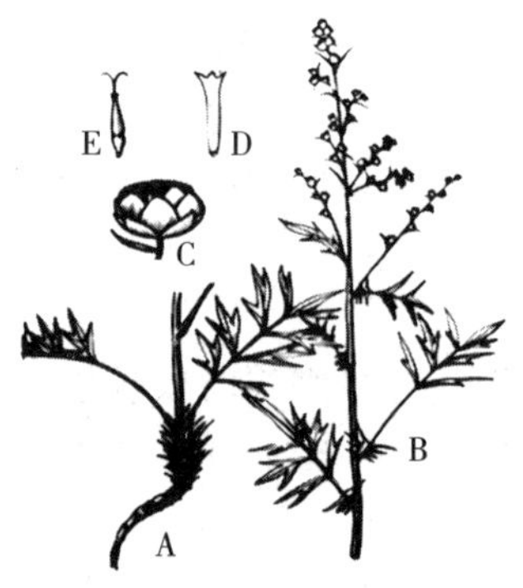

图 1－7－1　沙蒿
A. 根　B. 花枝　C. 头状花序
D. 管状花　E. 雌性缘花
（吴新安绘）

图 1－7－2　中华苦荬菜
（冯晋庸绘）

a. 茎：直立或匍匐，具中央髓部。

b. 叶：叶互生，稀对生或轮生，单叶或复叶，全缘或具齿或分裂，不具托叶，或有时叶柄基部扩大成托叶状。

c. 花：花无梗，花小，单性或两性，有时为中性；头状花序是菊科植物形态学上的明显特征，许多小花聚生在大型的总花托上，由多数绿色苞片构成总苞包围而成。合瓣花冠，由五花瓣联合而成舌状或筒状，花萼退化成冠毛状、鳞状或刺毛状，生在子房上部；雄蕊 5 个，花药结合为聚药雄蕊，花丝分离，子房下位。

d. 果实：瘦果。

②常见的菊科牧草：

a. 蒿属（*Artemisia*）：

冷蒿（*Artemisia frigida* Willd）：多年生低矮灌木，高 12～24cm，茎丛生，密生白色茸毛。叶为羽状深裂，裂片再 3～5 个小裂，小裂片狭线形，上下两面具密生银白色茸毛。头状花序球形集合为总状花丛，花梗细弱，长 3～4mm，有绒毛，总苞半圆形，苞片两轮，密生银白色茸毛，外轮披针形，先端尖，内轮阔卵形。花有两种，周围为雄花，中央为两性花，花托密生细长毛。冷蒿分布在内蒙古、西北、新疆的干草原及荒漠草原地带。

沙蒿（*Artemisia desertorum* Spreng.）：半灌木，高达 40～50cm，具有粗壮纤维木质化的根。自植株基部开张的分枝、茎木质，嫩枝的皮为鲜黄色或发白色。下部的叶三回羽状分裂，小裂片线形，中部的叶三半裂，上部的叶为全缘，暗绿色，嫩叶被有茸毛状短柔毛，老叶则无毛。头状花序非常小，集合成圆锥状。

大籽蒿（*Artemisia sieversiana* Ehrhart ex Willd.）：1～2 年生草本，高 50～150cm。下部与中部叶宽卵形或宽卵圆形，两面被微柔毛，长 4～8（～13）cm，宽 3～6（～15）cm，二至三回羽状全裂，稀为深裂，每侧有裂片 2～3 枚，裂片常再成不规则的羽状全裂或深裂，基部侧裂片常有第三次分裂，小裂片线形或线状披针形。头状花序大，多数半球形或近球形，直径（3～）4～6mm，具短梗，稀近无梗，基部常有线形的小苞叶，在分枝上排成总状花序或复总状花序，而在茎上组成开展或略狭窄的圆锥花序；总苞片 3～4 层，近等长，外层、中层总苞片长卵形或椭圆形，背面被灰白色微柔毛或近无毛，中肋绿色，边缘狭膜质，内层长椭圆形，膜质；花序托凸起，半球形，有白色托毛。瘦果长圆形。

铁杆蒿（*Artemisia sacrorum* Ledeb.）：多年生半灌木，茎直立或斜生，高 100～120cm，分枝较多，呈紫红色。叶大，5～10cm，宽 5～6cm，叶多回分裂，叶片甚狭，下部叶二回羽状分裂，叶片披针形，稍有锯齿，叶面绿色，背面被白茸毛。头状花序球形，直径 2mm，俯垂。

b. 蓍属（*Achillea*）：

云南蓍（*Achillea wilsoniana* Heimerl ex hand. - Mazz.）：多年生草本，具短的根状茎，茎直立，高 35～100cm，中部以上被较密的长柔毛。叶无柄，下部叶在花期凋落，中部叶矩圆形，二回羽状全裂，一回裂片多数，椭圆状披针形，二回裂片少数，下面的较大，披针形，有少数齿，上面的较短小，近无齿或有单齿。头状花序多数，集成复伞房花序；总苞宽钟形或半球形，直径 4～6mm；总苞片 3 层，覆瓦状排列，外层短，卵状披针形；托片披针形，舟状，长 4.5mm，具稍带褐色的膜质透明边缘，背部稍带绿色，上部疏生长柔毛。边花 6～8（16）朵；舌片白色，偶有淡粉红色边缘，顶端具深或浅的 3 齿，管部与舌片近等长；管状花淡黄色或白色。瘦果矩圆状楔形，长 2.5mm，宽约 1.1mm，具翅。

c. 紫菀属（*Aster*）：

阿尔泰紫菀（*Aster altaicus* Willd）：多年生草本，根分枝甚多，茎由基部分叉，斜生或直立，高 20～30cm，通常有稠密之叶，叶为单叶互生，细长呈倒披针形，无叶柄，全缘，先端钝，基部稍狭。头状花序单生于枝端，放射花舌状，雄性，排列为一层，浅丁香色，先端锐，不分裂；中心花筒状，两性，多数，黄色。

d. 蒲公英属（*Taraxacum*）：

蒲公英（*Taraxacum mongolicum* Hand. - Mazz）：多年生草本，含乳汁。根肥厚、圆锥形。叶为根出叶，匙形，叶常具倒生锯齿。花茎直立，一株可见 2～3 个花茎。头状花序顶生；花冠黄色，皆为舌状花，顶端具 5 齿；总苞呈钟状，苞片通常有两层，外层短，上部紫色有棉毛，内层长；雄蕊 5 个；柱头二裂，线形。瘦果扁平，椭圆形，暗棕褐色，有条棱，先端延伸而形成鸟嘴状柱，上生多数冠毛。

（4）藜科牧草的形态学特征及常见种类：

①形态特征：藜科为一年生草本、半灌木、灌木，较少为多年生草本或小乔木。主要形态特征如下。

a. 茎：茎和枝有时具有关节，具中央髓部。

b. 叶：单叶互生，无托叶，全缘、有齿或分裂，稀退化鳞片状，常为肉质。

c. 花：两性、单性或杂性，放射对称，通常具苞叶，簇生成穗状或再形成圆锥花序，稀单生，花被通常为 5，常为单被花，分离，绿色或灰色，革质，结果后发育为针刺状、翅状等附属物，变为富含水分或肉质。雄蕊 5 个，通常与花被对生；雄蕊 5 个，柱头 2 个。

d. 果实：胞果，很少为盖果。果皮膜质、革质或肉质，与种子贴生或贴伏。

②常见藜科牧草：

a. 藜属（*Chenopodium*）：

藜（*Chenopodium album* L.）：一年生草本，株高 60～80cm。茎直立、光滑，具沟槽及绿色条纹，斜向上或横生。叶上面绿色，下面灰白色，被粉粒，幼叶更多；叶生于下部者大，叶形底阔顶尖，叶为波状缘或具牙齿；上部叶为全缘，披针形，花小形两性，簇生于圆锥花序状枝上，排列甚密。萼 5 片，卵形，绿色，将胞果完全包于内；雄蕊 5，分离，柱头 2。种子黑色，光亮。

b. 地肤属（*Kochia*）：

木地肤［*Kochia prostrata*（L.）Schrad.］：多年生分枝的小半灌木，有发育强大的直根和上升的枝，高 30～60cm，全株灰白色，植株呈灰绿色。叶互生，狭线形，质稍软，灰绿色。穗状花序稀疏。

c. 猪毛菜属（*Salsola*）：

猪毛菜（*Salsola collina* Pall.）：一年生草本，株高 1m，茎从基部分枝，发育完全时植株外形呈卵圆形，茎枝绿色，有条纹，无毛。叶互生，线形圆柱状，先端有小尖，长 5cm，含水甚多，暗绿色，光滑。花两性，着生于枝端，排列为细长的穗状，有时单生于叶腋；苞片 2，狭披针形；萼片 5，透明状，锥形或长圆形，长 2mm。胞果球形，果实具翼状很短的革质突起。

d. 盐爪爪属（*Kalidium*）：

细枝盐爪爪（*Kalidium gracile* Fenzl）：多年生半灌木，高 20～50cm，茎直立，多分枝；老枝灰褐色，小枝纤细，黄褐色，易折断。叶不发育，瘤状，黄绿色，顶端钝，基部狭窄，下延。花序为长圆柱形的穗状花序，细弱，长 1～3cm，直径约 1.5mm，每一苞片内生一朵花；花被合生，上部扁平成盾状，顶端有 4 个膜质小齿。

e. 碱蓬属（*Suaeda*）：

碱蓬［*Suaeda glauca*（Bunge）Bunge］：一年生草本植物，直立，高 30～120cm，枝横生或斜生，绿色，肉质。叶互生，线形、半圆形，绿色光滑，含水分。花杂性，多数不等，簇生于短柄上，或成聚伞状。苞片 2，小形，白色；萼片 5，绿色或粉绿色。雌花所生的果实扁平，完全包于萼片内，两性花所生的果实球形，先端外露，种子扁豆形，暗黑色。

角碱蓬（*Suaeda corniculata* Bunge）：一年生草本，高 30～50cm，直立或匍匐。叶线形、半圆柱形，腋生聚伞花序，果实具小角状突起。植株浓绿色，多汁，秋后变红至黑色。

f. 角果藜属（*Ceratocarpus*）：

角果藜（*Ceratocarpus arenarius* L.）：一年生草本，高 10～20cm，强烈二分叉的分枝和形成球状的小丛。果实倒楔形，顶端现两角各有一针刺状附属物，两面密生星状毛。植株绿灰色。

（5）蓼科牧草形态学特征及常见种类：

①形态特征：蓼科植物为一年生或多年生草本，稀灌木或乔木，形态特征如下。

a. 茎：直立或平卧，节部通常膨大。

b. 叶：单叶，通常互生，全缘稀分裂；托叶鞘膜质、抱茎。

c. 花：花序由簇生于叶腋之花组成，为穗状、总状或圆锥花序。花小形，整齐、两性，稀为单性；花被 3～6 片，雄蕊 6～9，稀较少。花盘线状，环状，子房单一，花柱 2～3，分离或下部结合，胚珠一个直立。

d. 果实：小坚果，三棱形或两面凸起，被宿存的花被包着。

②常见蓼科牧草：

a. 蓼属（*Polygonum*）：

珠芽蓼（*Polygonum viviparum* L.）：多年生草本，具椭圆形块根，茎细长，直立，高 15～40cm，圆形或披针形，革质，每茎上有 3～4 片叶，茎生叶柄稍短，端尖，基部圆形，长 2～10cm，上面光泽，下面稍带白色。花粉红色，呈顶生单穗状花序。花白色；萼片 5，缺花瓣，雄蕊 8，花柱 3，瘦果卵圆形，常在母珠上发芽。

萹蓄（*Polygonum aviculare* L.）：一年生草本，茎干卧于地面，由基部分枝很多，长达 70cm，具纵沟纹。叶椭圆形，几无柄，端圆而钝，基部楔形，长 1～3cm，宽 6～10mm。花簇生于叶腋，每腋具 6～10 朵花；花梗短，顶部有关节，苞及小苞都为透明膜质与花梗等长；花被绿色，深 5 裂，裂片边缘白色，结果后边缘变为红色；雄蕊 8，花丝短，呈狭尖卵形，花柱 3，很短。瘦果三角形、卵形，黑色。

b. 酸模属（*Rumex*）：

酸模（*Rumex acetosa* L.）：多年生草本，株高 30～60cm。根生叶有柄，叶片长圆形顶端钝，基部箭形；茎生叶无柄，长 5～15cm。花为紧缩圆锥状总状花序，花被 6 片，排列为 2 层，内层 3 片，开花后增大，小坚果包藏于增大的花被内。

（6）蔷薇科牧草形态学特征及常见牧草种类：

①形态特征：蔷薇科为草本或灌木，形态特征如下。

a. 茎：有刺或无。

b. 叶：互生，通常有明显的托叶。

c. 花：花两性，稀单性，通常整齐，周位花或上位花；花轴上端发育成碟状、钟状、杯状、坛状或圆筒状的花托，在花托边缘着生萼片、花瓣和雄蕊；萼片和花瓣同数，通常 4～5，覆瓦状排列，稀无花瓣，萼片有时具副萼；雄蕊 5 至多数，稀 1 或 2，花丝离生，稀合生；心皮 1 至多数，离生或合生，有时与花托联合，每心皮有 1 至数个直立的或悬垂的倒生胚珠；花柱与心皮同数，有时联合，顶生、侧生或基生。

d. 果实：蓇葖果、瘦果、梨果或核果，稀蒴果。

②常见蔷薇科牧草：

a. 委陵菜属（*Potentilla*）：

翻白草（*Potentilla discolor* Bge.）：多年生匍匐植物，茎高10～60cm，具纤细的匍匐茎，在茎节上生根，根膨大粗壮，含大量淀粉。奇数羽状复叶，小叶缘具细齿，叶面绿色，背面灰白色，被绢毛，有光泽。花枝直立单生，花黄色，5花瓣。

二裂叶委陵菜（*Potentilla bifurca* L.）：多年生草木或亚灌木。植株不高，根圆柱形，纤细，木质。奇数羽状复叶，部分小叶端二裂，表面通常有散生的毛，背面有伏毛，呈绿色。花单生，黄色，花径8～15mm，或成聚伞花序；萼卵形，钝头，副萼片椭圆形；花托和花萼被密毛（图1-7-3）。

图1-7-3　二裂叶委陵菜
（萧运峰绘）

b. 地榆属（*Sanguisorba*）：

地榆（*Sanguisorba officinalis* L.）：多年生草本，高度可达1m，全株光滑。叶互生，奇数羽状复叶，具长柄，长圆形或卵圆形，端钝，叶缘具细锯齿。穗状花序，在枝端呈长卵形，暗红色；花小型，无瓣，萼4裂，暗紫红色，裂片广椭圆形；雄蕊4个，比萼短，花药黑色。

c. 绣线菊属（*Spiraea*）：

金丝桃叶绣线菊（*Spiraea hypericifolia* L.）：灌木，高可达1m以上，具帚状分枝。叶小，倒而长的广椭圆形。多数为无柄的伞形花序；花萼杯状或钟状，常5裂，裂片短；花瓣长圆，较萼片长；雄蕊15～60，着生于花盘与萼片之间；雌蕊5，分离。果实为蓇葖果，沿内逢线开裂。

（7）伞形科牧草形态学特征及常见牧草种类：

①形态特征：伞形科牧草为草本，形态特征如下。

a. 茎：茎直立或匍匐上升，通常圆形，稍有棱和槽，或有钝棱，空心或有髓。

b. 叶：单叶互生或复叶，分枝或细裂；叶柄基部通常扩张或成叶鞘。

c. 花：花整齐或不整齐，两性或杂性，排列为复伞形或单伞形花序；花为离瓣花冠，由5个整齐或不整齐的花瓣组成；雄蕊5个，与花瓣互生，雌蕊由2个结合的心皮而成；子房下位。

d. 果实：双悬果。

②常见的伞形科牧草：

柴胡属（*Bupleurum*）：

北柴胡（*Bupleurum chinensis* DC.）：多年生草本，茎光滑，直立，高达60cm以上，有分枝，基部膝状曲，有纵棱。叶光滑，基生叶长圆状披针形，通常具5条纵脉，茎生叶披针形，两端渐狭。小花黄色，具短梗，集成复伞形花序，伞梗5～6，基部具苞片1～2枚，不脱落。

（8）十字花科牧草形态学特征及常见牧草种类：

①形态特征：十字花科牧草通常为草本，可以合成较高浓度的芥子油。形态特征如下。

a. 茎：直立或铺散，有时茎短缩，茎形态变化较大。

b. 叶：互生，无毛或有毛，全缘或羽裂，茎生叶基部常抱茎，无托叶。

c. 花：总状花序；两性花，萼片4，花瓣4，常成十字形花冠。雄蕊6个，4长2短，成四强雄蕊，雌蕊为 2 个结合成心皮。

d. 果实：角果，通常由假隔膜隔成 2 室，按长与宽的比例分成长角和短角。

②常见的十字花科牧草：

a. 荠属（*Capsella*）：

荠［*Capsella bursa - pastoris*（L.）Medic.］：一年生或二年生草本，高 10～50cm，无毛或有单毛、分叉毛，茎直立，单一或从下部分枝（图 1-7-4）。基生叶丛生呈莲座状，大头羽状分裂，长可达 12cm，宽可达 2.5cm，顶裂片卵形至长圆形，长 5～30mm，宽 2～20mm，侧裂片 3～8 对，长圆形至卵形，长 5～15mm，顶端渐尖，浅裂或有不规则粗锯齿或近全缘，叶柄长 5～40mm；茎生叶窄披针形或披针形，长 5～6.5mm，宽 2～15mm，基部箭形，抱茎，边缘有缺刻或锯齿。总状花序顶生及腋生，果期延长达 20cm；花梗长 3～8mm；萼片长圆形，长 1.5～2mm；花瓣白色，卵形，长2～3mm，有短爪。短角果倒三角形或倒心状三角形，长 5～8mm，宽 4～7mm，扁平，无毛，顶端微凹，裂瓣具网脉；花柱长约 0.5mm；果梗长 5～15mm。种子 2 行，长椭圆形，长约 1mm，浅褐色。花果期 4～6 月。

图 1-7-4 荠（冯晋庸绘）

b. 独行菜属（*Lepidium*）：

独行菜（*Lepidium apetalum* Willd.）：一年或二年生草本，高 5～30cm，茎直立，有分枝，无毛或具微小头状毛。基生叶窄匙形，一回羽状浅裂或深裂，长 3～5cm，宽 1～1.5cm；叶柄长 1～2cm；茎上部叶线形，有疏齿或全缘。总状花序在果期可延长至 5cm；萼片早落，卵形，长约 0.8mm，外面有柔毛；花瓣不存或退化成丝状，比萼片短；雄蕊 2 或 4。短角果近圆形或宽椭圆形，扁平，长 2～3mm，宽约 2mm，顶端微缺，上部有短翅，隔膜宽不到 1mm；果梗弧形，长约 3mm。种子椭圆形，长约 1mm，平滑，棕红色。

（9）百合科牧草形态学特征及常见牧草种类：

①形态特征：百合科牧草通常为多年生草本植物，形态特征如下。

a. 茎：直立；有根茎、鳞茎或球茎。

b. 叶：基生或茎生，后者多为互生，较少为对生或轮生，通常具弧形平行脉，极少具有网状脉。

c. 花：整齐两性，辐射对称，花被花瓣状，通常分裂为 6；雄蕊 6。总状花序或伞形花序。

d. 果实：蒴果。

②主要百合科牧草种类：

葱属（*Allium*）：

蒙古韭（*Allium mongolicum* Rgl.）：多年生草本，高 10～20cm，鳞茎不显著，2～4 个丛生于水平的根茎上。从基部常有裂成纤维状的淡黄色被膜聚集。茎直立，圆形，光滑。叶根生，圆柱形，实心，多汁，具淡绿色薄膜是其特点。伞形花序疏松，花大，淡紫玫瑰色，花 15～25 朵。

多根葱（*Allium polyrhizum* Turcz.）：密丛，高 10～20cm，由许多互相紧贴的小鳞茎形成一簇群体，小鳞茎呈细圆柱形，外面被淡黄褐色叶鞘形成的纤维被膜所包围。丛径 3～10cm，有生命的鳞茎分布在单簇的周围，中间的鳞茎为枯老的茎。茎纤细，高达15～20cm，顶端有疏松的半球状伞形花序。花淡玫瑰或带白色。叶簇生在茎基部，花丛与花被片近等长，基部稍宽具二齿。

4. 结果记录 观察供试莎草科及杂类草茎、叶、花、果实的形态学特征并进行记录。

五、重点/难点

1. 重点 莎草科植物的主要形态特征。
2. 难点 常见莎草科及杂类草的识别要点。

六、思考题

1. 禾本科与莎草科牧草植株在形态特征上有何异同？如何区分？
2. 结合蒿属植物的形态特征，分析其生态适应性。

七、参考文献

毛培胜，2015. 草地学［M］. 4 版 . 北京：中国农业出版社 .
中国科学院中国植物志编辑委员会，2004. 中国植物志［M］. 北京：科学出版社 .

李曼莉，毛培胜
中国农业大学

实验八　草地植物标本（含牧草腊叶标本）的采集与制作

一、背景

植物标本往往包含着一个物种的形态特征、地理分布、生态环境和物候期等大量信息，它是植物分类学的物质基础，是科研实践的资料，也是专业课程学习的教学材料。草地植物是构成草地的主体，也是草地畜牧业生产利用的主要对象。

我国草地具有面积大、分布广、类型多及地带性强等特点，草地植物不仅种类丰富、形态多样，植物群落结构也复杂多变，为我国农牧业生产提供了丰富的物质基础。同时，需要科研与实践工作者掌握和认识草地植物的形态特征和生物学特性，准确科学进行草地植物分类是草地合理利用的基础。野外实地考察是认识草地植物最直接的方法，但许多草地植物的分布只局限于特定的生态条件下，并非任何地点都能轻易发现。此外，花、种子、果实等器官的形态特征是植物鉴别的重要依据，而草地植物开花结实是有季节性的，并非任何时候都能观察到。所以，结合野外工作，随时采集一些常见或需要的草地植物制成标本，可以长期保存，供学习和研究参考。

草地植物标本是草地植物分类工作的基础和永久性考查的资料，也是草学及相关专业科研生产和认识草地植物最生动直观的教材，在人类的生产和发展中发挥了关键性的作用。草地植物标本是指采集整株（包括根、茎、叶、花和果实）或植株某部分，采取压干、浸泡或其他方式保持其原形或基本形态，便于永久保存以供教学和科研之用。植物标本按制作方法可分为腊叶标本、浸制标本、风干标本、沙干标本、叶脉标本等，常见的为腊叶标本和浸制标本。

二、目的

掌握采集及制作草地植物腊叶标本和浸制标本的方法与流程。

三、实验类型

综合型。

四、内容与步骤

（一）腊叶标本的采集与制作

腊叶标本是指由专业人员将采集的植物经过整理压干、消毒后，装订在台纸上的植物标本。标本应贴上记录签和鉴定标签，并根据需要覆盖保护薄膜或保护性折页纸。

1. 材料与用具 标本夹、吸水纸、小铁铲、修枝剪、放大镜、指南针、GPS（全球定位系统）定位仪、野外记录本、标签、纸袋、铅笔、橡皮、钢卷尺、绳子等。

2. 方法与步骤

（1）植物采集：草地植物标本最好在其开花、结实期采集，根据草地植物的开花期选择在春、夏、秋季分别采集。采集路线的选择要兼顾采集地区的各种生态环境，以“不浪费时间、不遗漏生态环境、不走回头路”为原则。制作标本选择的草地植物要具有能代表该种的特征，每份标本要尽量包括根、茎、叶、花、果各部分，便于鉴定植物和分类。对于高大的草本植物应折成N、V或W形压起来，而对于太粗太高的植物应在记录全株的高度后，剪取上段带有花和果部分，再切下段带根部分，在中间切一段带上几片叶子，三段合成一份标本。

对于乔木和灌木，要选择具有花、果、叶的枝条剪下，其长度为25～32cm，花、果、叶太密时，可以疏去部分。雌雄异株的植物要注意分别采集，寄生植物要连寄主一起采集。

每种采集3～5份，珍奇、稀有种要多采几份，以便贮存、交换、赠送、寄出鉴定等，但也要本着爱护国家资源的态度，对原产地本来数量不多的植物，不要一次采完，以免绝种。

（2）野外记录：野外采集植物标本时应现场记录，主要记载生态环境、海拔，以便了解植物的生长环境。此外，制标本时花色易变，在现场要记录花、果颜色。对于植物名称、用途、适口性、利用季节，应尽量向当地群众了解收集。

草地植物相关信息需要现场记录，填写草地植物标本野外采集记录表，对每种标本要记录编号，同时填写记录签，标签上填写相同编号，用线穿好，拴在标本上，这样可按记录本上编号找到标本。野外记录要用铅笔，不可用圆珠笔或钢笔、签字笔，以免见水或日久褪色。

草地植物标本野外采集记录

采集号＿＿＿＿＿＿＿＿＿＿ 采集日期＿＿＿＿＿＿＿＿＿＿

中文名＿＿＿＿＿＿＿＿＿＿＿＿＿＿＿＿＿＿＿＿

别名＿＿＿＿＿＿＿＿＿＿＿＿＿＿＿＿＿＿＿＿

拉丁名＿＿＿＿＿＿＿＿＿＿＿＿＿＿＿＿＿＿＿＿

地点＿＿＿＿＿＿＿＿＿＿ 海拔＿＿＿＿＿＿＿＿＿＿

生境＿＿＿＿＿＿＿＿＿＿＿＿＿＿＿＿＿＿＿＿

叶丛高＿＿＿＿＿＿＿＿＿＿ 生殖枝高＿＿＿＿＿＿＿＿＿＿

根＿＿＿＿＿＿＿＿＿＿ 茎＿＿＿＿＿＿＿＿＿＿

叶＿＿＿＿＿＿＿＿＿＿＿＿＿＿＿＿＿＿＿＿

花＿＿＿＿＿＿＿＿＿＿＿＿＿＿＿＿＿＿＿＿

果＿＿＿＿＿＿＿＿＿＿ 生活型＿＿＿＿＿＿＿＿＿＿

多度＿＿＿＿＿＿＿＿＿＿ 盖度＿＿＿＿＿＿＿＿＿＿

用途＿＿＿＿＿＿＿＿＿＿＿＿＿＿＿＿＿＿＿＿

适口性及利用季节＿＿＿＿＿＿＿＿＿＿＿＿＿＿＿＿＿＿＿＿

＿＿＿＿＿＿＿＿＿＿＿＿＿＿＿＿＿＿＿＿

附记＿＿＿＿＿＿＿＿＿＿＿＿＿＿＿＿＿＿＿＿

＿＿＿＿＿＿＿＿＿＿＿＿＿＿＿＿＿＿＿＿

采集人＿＿＿＿＿＿＿＿＿＿＿＿＿＿＿＿＿＿＿＿

××××××牧草室

记录签

××××××牧草标本室
采集号＿＿＿＿＿＿＿＿＿＿
中文名＿＿＿＿＿＿＿＿＿＿
别名＿＿＿＿＿＿＿＿＿＿＿
拉丁名＿＿＿＿＿＿＿＿＿＿
＿＿＿＿＿＿＿＿＿＿
地点＿＿＿＿＿＿＿＿＿＿＿
采集人＿＿＿＿＿＿＿＿＿＿
年 月 日

（3）压制：预先将吸水纸折叠成与标本夹尺寸相同的双层纸，在野外将刚采集的新鲜标本夹在双层纸中间。由于刚采集的新鲜标本含水分多，经过不断地换吸水纸，直至压干才能避免标本发霉损坏。对于刚采回的新标本，前3d要每天换吸水纸2～3次，以后每天换一次，植物一般经3～7d即可全干。换纸过程，吸水纸上只放一株植物或同一种植物，换纸要注意检查标本的花瓣、叶片有无皱褶，如有则务必理平，此外还要把部分叶片翻转，使反面朝上，以便叶片的上下面都能被观察到。如果叶片过于拥挤或覆盖花朵，应拉开或除去部分。然后按份夹上纸叠起来，上面再盖上吸水纸，用标本夹捆绑起来。每次换下的吸水纸要及时晒干或烘干。标本干得愈快，就愈能保持原来的色泽，干燥太慢，特别是在湿热的夏季，很容易引起生霉和变色。

（4）装帧：把压制成的干标本放于洁白的台纸（白纸加厚而成）上，纸长约40cm，宽约27cm，每张纸上放置一株（种）植物。标本在装帧前先进行消毒，方法是将0.1％升汞酒精液盛放于浅瓷盘中（切忌与金属物接触），将经过整形的标本浸入溶液1～3min，取出后放于吸水纸上，使其干燥。升汞有剧毒，应带上胶皮手套操作，以防中毒。标本干燥后放在台纸的适当位置，花和叶不能靠近台纸的边缘，避免被碰坏，保持先端向上、基部向下。然后，可用针线沿枝干两侧及叶片两侧在台纸上穿孔缝合，并在台纸背面打结。还可用涂胶或透明胶带将标本固定在台纸上，纸条或胶带的长短、宽窄根据茎枝的粗细而定，以既能固定又美观大方为原则。在上台纸的过程中，如标本有小型花果、种子及叶片脱落时，可装入特制纸袋中，贴在台纸空隙处。最后，在台纸的右下角贴上鉴定标签，注明植物名称、产地、用途、采集人等。

鉴定标签

××××××牧草标本室
科名＿＿＿＿＿＿＿＿＿＿＿
中文名＿＿＿＿＿＿＿＿＿＿
别名＿＿＿＿＿＿＿＿＿＿＿
拉丁名＿＿＿＿＿＿＿＿＿＿
＿＿＿＿＿＿＿＿＿＿
产地＿＿＿＿＿＿＿＿＿＿＿
用途＿＿＿＿＿＿＿＿＿＿＿
采集人＿＿＿＿＿＿＿＿＿＿
鉴定人＿＿＿＿＿＿＿＿＿＿

（5）标本保存：标本装帧后即成为一份完整的草地植物腊叶标本，该标本应存入已消毒的干燥密闭标本柜，柜内应放有足够的防蛀防霉片剂，以防止虫蛀或发霉。

（6）标本室：植物标本室是专门收藏植物标本的地方，室内主要保存草地植物腊叶标本，此外还有部分果实、种子、浸制标本及标本照片等。

①标本入柜次序：标本柜内有多层搁板，制作好的标本需按一定的顺序存入标本柜中，以便查阅。科的排列一般按某分类系统的排列次序。在相同科内，属与种的顺序常按拉丁名的字母顺序排列。标本入柜前，每张标本需要盖或夹一张薄纸（普通报纸或牛皮纸），以免标本彼此磨损，同属或种的植物标本再用硬纸夹夹起来。属（种）夹用厚而长的纸做成，用以分清属种界限，同时保护标本。属（种）夹外面的左下方应写明属（种）名，以便排列和查阅。

②标本室编号：已制成的草地植物腊叶标本应进行编号，称为标本室编号。在不同时间或地点采集的同一种植物标本应分别编号，相同采集号标本可编为一个号码。

③建立标本室卡片式植物名录：每种已编号的标本根据印好的项目填写一张标本室卡片，卡片按科、属、种的拉丁名字母顺序排列，放在卡片柜内。

④防虫（鼠）：防虫灭鼠是标本室的重要工作。通常在夏季气温较高、害虫活跃时，进行每年一次的全室消毒，把门窗密封，打开标本柜，用药剂熏蒸消毒。如局部标本有虫害，可放入密闭的箱内用二硫化碳熏蒸消毒。在标本柜内放置防蛀防霉片剂或其他驱虫剂也可达到防虫效果。

⑤防潮、防火、防尘：标本室应保持一定温湿度条件，进行防潮处理；应定期打扫，保持干净整洁；标本室内应杜绝火灾隐患，备有灭火器。

⑥标本室管理制度：标本室的标本不能随意携带出室外；室内严禁吸烟，亦禁止一切易燃物带入室内；查阅标本时应注意爱护，不得损坏，如有部分花果、枝叶脱落，应及时装入小纸袋中，贴于原标本的一个角，并在纸袋上注明标本编号；对标本上的花果不可随意解剖，必须解剖时，应绘制解剖图，附于该标本上；不能在标签上涂改植物名，如需改正错误定名，另写一张鉴定标签，贴在原标签的上方或左方；取用标本后，应按原来顺序放回柜内。

（二）浸制标本的采集与制作

浸制标本是指由专业人员在适当时期采集植物的全株或某一部分，经过特定溶液浸泡处理后制成的植物标本。

1. 材料与用具　甲醛、乙醇、硫酸铜、醋酸铜、醋酸、硼酸、甘油、亚硫酸、氯化钠、石蜡或凡士林、烧杯、玻璃棒、酒精灯、注射器、广口瓶、量筒。

2. 实验操作步骤

（1）一般浸制标本的采集与制作：采集的材料如花、果或地下鳞茎、球茎等，一般浸泡在4%～5%甲醛水溶液（即福尔马林溶液）中，或浸泡在70%乙醇中。此法简便易行，价格便宜，但易于褪色。

（2）保色浸制标本的制作：如果想让浸制标本脱色慢，可采用保色溶液。保色溶液的配方较多，只有绿色较易保存，其余颜色的保色效果都不太稳定。

①绿色标本浸制法：绿色材料放入5%硫酸铜水溶液中，浸泡1～3d，取出后用水漂洗，

然后浸入福尔马林溶液中长期保存。

具体操作过程为：称取4g醋酸铜或硫酸铜粉末加入盛有100mL 10%醋酸的烧杯中，放在酒精灯上加热煮沸，并用玻璃棒不断搅拌，使其溶解，然后将材料浸入，继续加热使材料颜色由绿变褐，待恢复绿色时取出标本，并用水漂洗，然后浸入福尔马林溶液中长期保存。

②红色标本浸制法：取硼酸3g、福尔马林溶液4mL、水400mL混合成浸制液，将材料放入浸制液中浸泡1～3d，取出后立即放入由20mL甲醛、25mL甘油（丙三醇）和1 000mL水混合而成的保存液中长期保存。

③黄色标本浸制法：把标本直接浸入由6%亚硫酸268mL、80%～90%乙醇568mL和水450mL混合而成溶液中，便可长期保存。

④黑（紫）色标本浸制法：将福尔马林溶液50mL、10%氯化钠水溶液100mL、水870mL混合搅拌，过滤沉淀后制成保存液，可先用注射器往标本里注射少量保存液，再把标本放入保存液中保存。

浸泡标本的瓶子最好选用200mL或500mL的广口瓶。浸泡时药液不可过满，标本浸制好以后，即刻加盖，再用石蜡或凡士林等封口，以防药液挥发。并在瓶上贴标签，写明该植物的学名以及采集地点、时间等，然后按一定规律将标本瓶置于室温较低、无强光照射的陈列柜中存放。

五、重点/难点

1. 重点 草地植物标本的采集与压制方法。

2. 难点 不同颜色草地植物浸制标本的制作。

六、示例

达乌里黄芪腊叶标本的采集与制作

1. 达乌里黄芪标本的采集 2007年8月中旬采集于山西省沁源县王陶乡花坡亚高山草甸，选择结实期有花的达乌里黄芪［*Astragalus dahuricus*（Pall.）DC.］，将整株连根挖起，记录全株的高度。

2. 野外记录 记录生态环境、海拔、花、果、别名、用途、适口性、利用季节等，对标本记录进行编号，同时填写草地植物标本野外采集记录表和记录签，并用线缝系在标本上。

3. 压制 将野外采集的标本每天换纸2～3次，持续3d，然后每天换纸一次，经过3～7d，将植物压干，检查标本，确保标本的花瓣、叶片无皱褶，并把部分叶片翻转，使叶面上下都可看到。同时，把过于拥挤或覆盖花朵的叶片拉开或除去。然后盖上纸，并将标本夹捆绑起来。

草地植物标本野外采集记录

采集号 07002　　　　采集日期 2007年8月9日

中文名 达乌里黄芪

别名 驴干粮

拉丁名 *Astragalus dahuricus*（Pall.）DC.

地点 沁源县王陶乡花坡山　　海拔 1 650m

生境 向阳山坡的亚高山草甸

叶丛高 40cm　　生殖枝高 45cm

根 直根　　茎 茎多分枝，有细沟

叶 奇数羽状复叶，小叶长圆形

花 蝶形花冠，紫色

果 荚果膜状、线性圆柱形、呈镰刀状弯曲　　生活型 多年生草本植物

多度 5%　　盖度 8%

用途 良好的放牧兼割草型豆科牧草

适口性及利用季节 适口性好，放牧利用最好在夏、秋季

附记

采集人 ×××

××××××牧草室

记录签

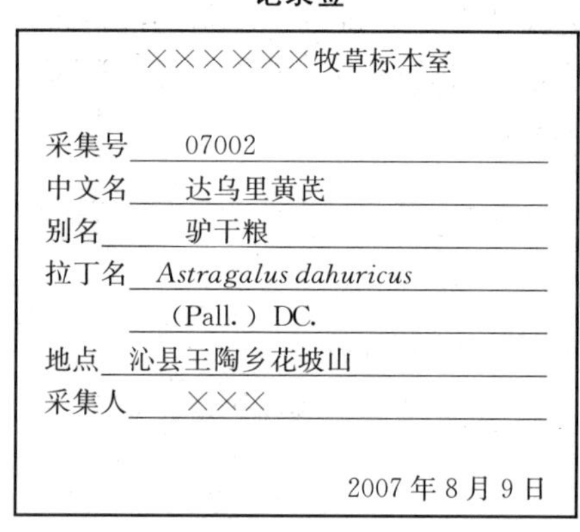

××××××牧草标本室

采集号 07002

中文名 达乌里黄芪

别名 驴干粮

拉丁名 *Astragalus dahuricus*（Pall.）DC.

地点 沁县王陶乡花坡山

采集人 ×××

2007年8月9日

4. 装帧 将压制成的干标本进行消毒，干燥后放在洁白台纸的适当位置，并确保先端向上、基部向下，然后用针线沿枝干和叶片的两侧在台纸上穿孔缝合，并在台纸背面打结，使标本固定在台纸上，最后在台纸的右下角贴上鉴定标签，注明植物名称、产地、用途、采集人、采集日期等。

5. 标本保存 将标本存入已消毒的干燥密闭的标本柜内，放置防蛀防霉片剂。

鉴定标签

××××××牧草标本室

科名 豆科

中文名 达乌里黄芪

别名 驴干粮

拉丁名 *Astragalus dahuricus*（Pall.）DC.

产地 沁源县王陶乡花坡山

用途 良好的放牧兼割草型豆科牧草

采集人 ×××

鉴定人 ×××

七、思考题

1. 草地植物腊叶标本制作过程中注意事项有哪些?
2. 腊叶标本和浸制标本各有何优缺点?

八、参考文献

玛尔孜亚，马丽，2014. 浅谈野生植物标本的采集与腊叶标本的制作［J］. 新疆畜牧业（10）：45－26.
牛亚玲，2016. 原色植物浸制标本制作方法创新［J］. 白城师范学院学报，30（5）：23－26.
王丽，关雪莲，2013. 植物学实验指导［M］. 北京：中国农业大学出版社.
张丹，2012. 浅谈植物标本的制作与保存技术［J］. 吉林农业科技学院学报，21（3）：60－62.
朱进忠，2009. 草业科学实践教学指导［M］. 北京：中国农业出版社.

夏方山
山西农业大学

实验九　天然草地划区轮牧方案的设计

一、背景

放牧是草地的主要利用方式之一，也是畜牧业生产较经济的家畜饲养方式之一。由于草地放牧制度不同，其生产效率，尤其是草地利用率差异很大。划区轮牧是一种科学利用草地的方式，根据草地生产力和放牧畜群的需要，将放牧场划分为若干分区，规定放牧顺序、放牧周期和分区放牧时间。划区轮牧一般以日或周为轮牧的时间单位。

连续放牧往往获得单位动物的高产量，而划区轮牧能获得单位面积的动物高产量。相对于连续放牧，划区轮牧具有以下优点：可获得更高的饲草生产潜力并维持稳定的饲草产量；连续获得高质量饲草及牲畜的高生长速率和收益；减少牲畜选择性采食机会，降低不可食饲草比例并维持稳定的种类组成；减少寄生虫感染概率；减少斑块状采食，分散牲畜排泄，降低土壤侵蚀风险，维持地力。其不足之处是需要花费划分区块所用的围栏及供水等成本。

划区轮牧是一种集约的草地放牧饲养方法和草地管理对策，针对一个畜群，将放牧草地划分成区块，在各个区块按时间顺序轮流放牧。划区轮牧的核心是让草地间隔性休牧，进行再生恢复，为牲畜采食提供最佳营养状态的饲草。设计划区轮牧方案包括季节牧场划分、分区数目、小区面积、放牧频率的确定等。

二、目的

通过对某一生产单位草地畜牧业生产情况的调查资料，设计一个合理的划区轮牧方案，掌握划区轮牧的设计原则，包括载畜量、开始放牧时间、轮牧周期、轮牧频率、小区面积等要素的确定依据，增强对草地合理利用的认识和解决实际问题的能力，初步掌握划区轮牧方案设计的技能。

三、实验类型

设计型。

四、内容与步骤

1. 材料　天然草地或人工草地。

2. 仪器设备　GPS定位仪、便携式电子天平、样方框、剪刀、枝剪、布草袋、钢卷尺、皮尺、干燥箱、写字板、记录表、铅笔等。

3. 测定内容与步骤

（1）前期准备工作：

①草场勘测和平面图绘制：利用测量工具勘察标定草场界线并计算面积，测出轮牧区内建筑物、水井等固定基础设施的准确位置，绘制出平面图。如划分季节牧场，则应该按季节牧场进行测量统计并绘图。

②草原群落调查：用同样方法描述植物群落特征，测定轮牧区可食牧草产量，确定草原类型和生产力。测定人工饲草料地和打草场的单位面积产草量，根据其面积计算饲草料总储量。

③农户饲养家畜情况调查：调查农户饲养家畜种类、畜群数量及幼畜、成年畜、母畜的数量等。

④草地载畜量计算：根据农户放牧草场、人工饲草料地等提供的饲草总产量划分季节放牧草场，计算草场总载畜量，并计算轮牧草场的载畜量，与牧户现有载畜量所需饲草进行比较，达到草畜平衡。

（2）划区轮牧设计：

①季节牧场的划分：按草原的季节适宜性划分出适于家畜在不同季节放牧的地段，称为季节牧场。划区轮牧一般是在季节牧场的基础上进行划分，其目的是为了达到各季节饲草供给的平衡。

$$\text{季节牧场所需面积}=\frac{\text{羊单位}\times\text{头日采食量}\times\text{放牧天数}}{\text{可食牧草产量}\times\text{草地利用率}}$$

②确定开始放牧和结束轮牧时期：牧草返青后，单位面积牧草产量达到单位面积草场产草量的15%～20%时为始牧期。牧草停止生长，单位面积草场现存量占单位面积草场产草量的20%～25%时为终牧期。

③轮牧小区的划分：首先，确定轮牧周期。划分轮牧小区首先要确定轮牧周期，同一块草地两次放牧间隔的时间即为轮牧周期。轮牧周期的长短取决于再生草生长的速度，一般再生草生长到8～20cm时就可进行再次放牧，而再生草生长的速度又因雨量、气温、土壤肥瘠和植物种类不同而异。在正常年景下各类草原的放牧周期为森林草原25d，湿润草原30d，高山草原10～45d，干旱草原30～40d。荒漠、半荒漠草原的主要影响因素是水分，在雨水少的年份，有时一个放牧季只能放牧一次，这时放牧周期就是一个放牧季或一年。

其次，确定小区数目和小区面积。小区数目通过轮牧周期和小区内放牧天数进行计算。

$$\text{小区数目}=\frac{\text{轮牧周期}}{\text{每小区内放牧的天数}+\text{后备小区数}}$$

每一小区内放牧的天数一般不应超过6d，在非生长季节或干旱地区则不受6d的限制。在第一轮牧周期内，由于牧草产量较低，前几个小区的牧草往往不能满足家畜6d的需要，因而放牧天数应缩短，之后逐渐延长至 6d。

另设 1～3 个后备小区，以备灾年放牧及平年、丰年放牧或打草，或用于草原改良。

小区面积＝季节牧场面积/小区数目

再次，确定小区放牧频率。一年内各小区能够放牧的次数就是放牧频率。一般牧草再生速度快，放牧周期短，放牧频率就高，反之亦然。不同草原类型适宜的放牧频率也不相同，森林草原为 3～5 次，湿润草原为 3～4 次，干旱草原为 2～3 次，高山草原为 2～3 次，亚高山草原为 3～4 次，高产人工草地为 4～5 次。

最后，确定轮牧小区的形状。在小区面积确定的前提下，轮牧小区的形状为长方形或正方形，其长宽比例为 3∶1、2∶1 或 1∶1。若受草地实际形状限制或一些特殊原因，可出现梯形或三角形。轮牧小区的宽度以家畜横队前进采食不发生拥挤为宜，一般按 1 个羊单位 0.5～1m 设计；轮牧小区的长度，大家畜应小于 1km，小家畜不超过 500m。

④轮牧小区布局：根据每个划区轮牧小区和整个轮牧区的形状确定轮牧小区布局，总的原则是利于家畜进出、饮水、缩短游走距离。

a. 牧道及门位：牧道宽度 5～15m，若与乡间路共用，可根据需要适当加宽，应尽量缩短牧道长度，提高草地利用率。门位设计应尽量不绕道，同时要考虑到畜群的游走习惯，尽量设在距离居民点和饮水点近的朝向牧道的一角。

b. 家畜饮水及其设施：水源地或饮水设施应遵循最小距离原则，尽量缩短各小区到饮水点的距离。使用地表水解决饮水时，要有专门的饮水设备与水源分开，防止污染水源。

c. 绘制轮牧小区设计图：利用地形图（1∶50 000）、GPS 定位仪或用其他测量工具确定草地边界及边界各拐点的方位并测出各拐点之间的距离，同时用交会法找出轮牧区内非放牧地（建筑物、水井、水域）等的准确位置，并在野外绘制草图。在室内用几何法等分各小区面积，并将非放牧地置于合理的位置并扣除面积。同时，绘制出大比例尺设计图。

d. 架设轮牧小区围栏：根据实际情况，架设网围栏、电围栏等。

⑤轮牧管理方案设计：

a. 编制划区轮牧规划表：根据放牧频率、小区放牧天数、轮牧周期等制定每个周期各小区轮牧始牧期、终牧期，编制划区轮牧规划表。

b. 补充矿物质：划区轮牧与自由放牧相比，矿物质饲料容易缺乏，在轮牧小区布设适量营养舔砖，对畜群及时补盐。根据实际情况及家畜数量，每小区内可设置擦痒架及遮阳棚。

c. 制订畜群保健计划：畜群保健要坚持预防为主、防治并重的原则，在春、秋季驱虫，按要求定期注射疫苗，平时发现疾病及时治疗。

d. 设施维护：对围栏及饮水设施要定期检查，围栏松动或损坏时及时维修，以防止畜群穿越小区围栏。饮水设施有破损时要及时检修。

e. 做好牧场轮换规划：划区轮牧中可通过牧场轮换避免年年在同一时间以同样方式利用同一块草地，以保持和提高草地生产能力。如果在划区轮牧中没有牧场轮换这一环，由于每一小区的利用都按一定的顺序严格进行，必然会形成每一小区每年于同一时期以同样方式反复利用。这样生长良好的优良牧草或正处于危机时期的牧草首先被淘汰，而品质较差的杂类草和毒害草反而日益旺盛。同样，可以把牧场轮换作为一种措施，通过改变利用时间来清除品质不良或有毒有害植物。

生产中，可根据小区实际放牧顺序进行轮换（表 1-9-1）。季节牧场间如果条件允许也应该按季候在年际间进行轮换。

表 1-9-1 轮牧牧场轮换方案

轮牧单元	小区号	第一年	第二年	第三年	第四年
1	1～8	正规放牧	第一补充牧场	第二补充牧场	第三补充牧场
2	9～16	第三补充牧场	正规放牧	第一补充牧场	第二补充牧场
3	17～24	第二补充牧场	第三补充牧场	正规放牧	第一补充牧场
4	15～32	第一补充牧场	第二补充牧场	第三补充牧场	正规放牧

4. 结果表示与计算 根据调查到的某一地区草原和家畜情况，进行划区轮牧设计，并编制划区轮牧规划表（参见示例）。

五、重点/难点

1. 重点 划区轮牧中小区数目及面积的确定。

2. 难点 划区轮牧方案受轮牧周期、分区数目、小区面积、放牧频率等多因素的影响，实践中需要考虑生产中的方便性，灵活制订划区轮牧方案。

草畜平衡的确定将是决定划区轮牧成功的关键。

六、示例

草甸草原绵羊划区轮牧设计

1. 放牧区域信息 设有幼年绵羊群 400 只，在草甸草原上放牧，可食牧草产量 1 200kg/hm^2（干草质量）。每只羊平均重 30kg，根据营养标准，每只羊需草 1.25kg/d，那么总需草量为 500kg/d。如放牧时期为 150d，第一放牧周期为 30d，放牧频率为 4 次，第一次放牧可食青草为全年总产量的 35%，第二次为 30%，第三次 20%，第四次为 15%，如折合为干草产量则分别为 420、360、240、180kg/hm^2。

2. 划区轮牧规划 第一次放牧持续期 30d，牧草需要量为 500×30=15 000（kg），而产草量为 420kg/hm^2，因此需草地面积为 15 000/420=35.7（hm^2）。需要分成 7.5 个轮牧小区（30/4=7.5），每个小区面积为 35.7/7.5=4.7（hm^2）。

在 35.7hm^2 草地上，第二次放牧时，它的产量是 360×35.7=12 852（kg），可供家畜采食 26d（12 825/500=25.7），第二次再生草为 240×35.7=8 568（kg），可供第三次放牧 17d（8 568/500），第三次再生草为 180×35.7=6 426（kg），可放牧 13d（6 425/500）。这样 400 只绵羊在 35.7hm^2 草地上总的放牧日数为 30+26+17+13=86（d）。

应该放牧 150d，而实际上只能供给 86d 的草地饲料，还差 64d，折合牧草 500×64=32 000（kg），需要用刈割草地再生草或其他来源加以补充。根据草地的再生草产量占总产量的一半，也就是 600kg，因此需要面积为 32 000/600=53.3（hm^2）。每一轮牧分区面积是 4.7hm^2，需要小区数量为 53.3/4.7=11.4（个），轮牧分区总数均为 19 个（7.5+11.4=

18.9)，其总面积为 53.5＋35.7＝89.2（hm^2）。

3. 编制轮牧规划 如果将 89.2hm^2 草地分为 19 个轮牧分区，其利用方式为：第一放牧周期（30d），利用 1～8 区，另外 9～19 区，当禾本科牧草抽穗时加以刈割，以后的放牧周期可利用全部草地的再生草，编制轮牧规划表（表 1-9-2）。

表 1-9-2 草甸草原划区轮牧规划

轮牧次序	第一组（1～8 区）	第二组（9～11 区）	第三组（12～15 区）	第四组（16～19 区）
1	放牧	休闲	割草	割草
2	放牧	放牧	割草	割草
3	放牧	休闲	放牧	割草
4	放牧	休闲	割草	放牧

七、思考题

北方某草原区有草甸草原 15hm^2，暖季放牧，从 5～9 月。8 月一次性测定鲜草产量为 1 200kg/hm^2，利用率为 75%，第一放牧周期为 36d，放牧频率为 3 次。根据测定，每只羊采食鲜草 5.4kg/d，第一次放牧可食青草为全年总产量的 45%，第二次为 30%，第三次为 25%。根据以上数据，设计该草原划区轮牧方案，并制定轮牧规划表。

八、参考文献

毛培胜，2015. 草地学［M］. 4 版 . 北京：中国农业出版社 .

任继周，2014. 草业科学概论［M］. 北京：科学出版社 .

张英俊，2009. 草地与牧场管理学［M］. 北京：中国农业大学出版社 .

周道玮，钟荣珍，孙海霞，等，2015. 草地划区轮牧饲养原则及设计［J］. 草业学报，24（2）：176-184.

马红彬，沈艳
宁夏大学

实验十　天然草地施肥实验的设计

一、背景

施肥是提高草地牧草产量和品质的重要技术措施。为了保持土壤肥力，就必须把植物带走的矿物养分和氮素以肥料的方式返还给土壤，合理的施肥可以改善草群成分和大幅度地提高牧草产量。肥料是牧草生长的主要限制因素，草地合理施肥后可以增加牧草产量、提高牧草品质、延长牧草寿命、增加利用次数和延长放牧时间。草地植物的正常生长需从土壤和空气中吸收营养元素，但土壤中存量很少，且常缺乏而应补充，特别是常年放牧或割草，必然要从土壤中取走一定量的养分，因此，需要恢复土壤肥力，增加产量，就应正确施肥，归还或补充牧草从土壤中吸收掉的养分，以保持土壤养分比例的平衡。

在牧草的不同生长发育时期，其营养特点也不同。因此，对同一植物不同生育期的营养需要，用合理有效的施肥手段调节和满足它们的营养供给。另外，牧草从土壤中吸取养分的数量随牧草的利用方式不同而异，放牧的青草比刈割的干草含有更多的氮、磷、钾。由于草地的过度利用，导致草地土壤肥力水平不断下降，造成草原生产力的下降和载畜能力的降低，因此采取科学合理的施肥措施，对于改善草地土壤营养供给、提高草地生产力水平具有重要作用。

二、目的

通过草地施肥的设计与实施，观察施肥对草地植物生长发育和牧草产量的影响，掌握一定条件下适宜的肥料种类、施肥量的方法，提高解决生产实际问题的技能，了解与掌握天然草地施肥的意义、施肥原则、牧草营养需求量和施肥方法与步骤。

三、实验类型

设计型。

四、内容与步骤

1. 材料及工具　肥料（氮肥、磷肥、钾肥和复合肥）、水桶、环刀、铁锹、土壤刀、普通剪刀、钢卷尺、标签、样方框、土壤铝盒、烘箱、托盘秤、记录表格等。

2. 方法与步骤

（1）施肥原则：

①根据肥料的种类、性质进行草地施肥：有机肥料是一种完全肥料，不但含有氮、磷、钾三要素，而且含有微量元素，主要作为基肥。无机肥料如尿素、过磷酸钙等，不含有机质，有效成分高但不完全，主要成分能溶于水，易被植物吸收利用，一般多用作追肥。微量元素如硼、钼、锰、铜、锌等，是植物生长发育必需的、不可代替的元素。微量元素肥料一般用于浸泡、叶面喷雾和根外追肥。

②根据牧草生长期的养分需要进行施肥：施肥时要区别牧草种类和需肥特点。基肥是在草地播种前施入土壤中的厩肥、堆肥、人粪尿等，目的是满足植物整个生长期对养分的需要；种肥以无机磷肥、氮肥为主，采取拌种或浸种方式在播种同时施入土壤，目的是满足植物幼苗时期对养分的需要；追肥是以速效无机肥料为主，在植物生长期内施用的肥料，目的是追加补充植物生长某一阶段出现的营养不足。

一般禾本科牧草需要多施些氮肥，豆科牧草需要多施磷、钾肥。在天然放牧地因经常有家畜的粪便等排泄物及分解的枯草有机物，各类放牧地通常不缺营养物质，因此一般很少大面积施肥。但利用过度、退化严重的个别放牧地需要结合其他改良培育措施进行施肥。

（2）施肥方法：通过土壤养分分析，确定土壤缺乏元素，依据草地利用方式和植物种类，采取沟施、撒施、叶面喷施等方法进行施肥。

（3）施肥时间：在牧草的整个生长时期施肥都是有效的，在牧草的分蘖期施肥效果更好。在湿润地区，早春植物生长以前施入肥料，能促进植物生长，放牧场利用时间可提前两周，天然草场施肥（不灌水）应在雨季。

（4）施肥量：施肥量的确定需根据牧草对营养物质的需要量以及经济投入的可能性，应进行科学施肥，施肥过量不仅增产幅度下降，而且牧草中硝酸盐积累过多不利于家畜的健康。

一般草地由于没有条件或没有时间进行小区试验来确定施肥量，通常采用较为粗放的方法估算施肥量（表 1-10-1）。

表 1-10-1 饲草及饲料作物地所需养分（kg/hm^2）

牧草及产量	从土壤中吸收养分的平均数量		
	氮（N）	磷（P_2O_5）	钾（K_2O）
生产豆科牧草 100kg 干草所需要的施肥量	2.90	1.40	2.61
生产禾本科牧草 100kg 干草所需要的施肥量	3.00	1.25	2.25

施肥量因草地植物和肥料种类不同而不同，一般根据土壤含量和作物需求来计算进行施肥。在土壤营养元素无法测定的时候，一般每公顷草地施尿素（利用率 46%）300～600kg、磷肥（利用率 40%）150～300kg 为宜。

禾本科牧草草地需要多施些氮肥，豆科牧草草地对磷、钾肥的需要多些。在豆科、禾本科混播草地，应施磷、钾肥，不应施氮肥，否则会抑制豆科牧草的生长。

五、重点/难点

1. 重点　天然草地上牧草营养需求量与不同肥料的供求关系。
2. 难点　草地多因子施肥试验的设计。

六、示例

高寒草甸施肥试验

1. 材料及用具　25%复混肥（人工合成有机肥，含氮10%，磷10%，钾10%，总含量≥25%）、尿素（含氮46%）、天平、样方框、烘箱等。

2. 试验方案　施肥前取样测定土壤营养成分，确定该土壤缺乏何种元素，确定施肥种类和水平。试验设3个水平：Ⅰ. 单施尿素，施肥量为200kg/hm²；Ⅱ. 复混肥与尿素按1∶1比例混施，施肥量为200kg/hm²；Ⅲ. 单施复混肥，施肥量为200kg/hm²。另设一个对照组（不施肥），共4个处理，小区面积为2m×10m，各小区间有1m的缓冲带，每个处理重复3次，共计12个小区。小区在田间布置好后，按施肥量在返青期（5月）施到草地上，在施肥当年草地植被生长旺盛期（8月中旬）进行施肥效果调查。

3. 测试指标　在不同处理的样地内随机选取5个样方，样方大小为1m×1m，进行植物盖度、高度、生物量（分可食草、杂类草）的测定。盖度采用目测法；选取样方群落高、中、低各类植物10～15株测其单株高度，取其平均值作为植物群落高度；可食草含禾草类、莎草类，其余均为杂类草，齐地面剪下后分装纸袋，称鲜重，之后各取50g装袋带回实验室置入烘箱内，105℃烘30min，80℃烘12h后称干重。

4. 结果分析　试验结果以试验组Ⅰ为例进行分析说明（表1-10-2），施肥对草地植被结构及生物量的影响明显，植被盖度、高度、可食草产量、杂类草产量增长率分别为12.5%、16.7%、44.4%、31.3%。

经济效益评价包括投入和产出，投入方面包括肥料、人工费、运输费等成本，产出效益包括直接效益和间接效益两个方面，直接效益主要为增加的草产量和所能饲养的家畜数量，间接效益主要为涵养水源、固持碳氮等生态价值，但估算较为复杂。

表1-10-2　试验组Ⅰ施肥效果

	盖度（%）	平均高度（cm）	可食草产量（kg/hm²）	杂类草产量（kg/hm²）
对照组	70.0	25.0	1 500	220
施肥组	80.0	30.0	2 700	320
变化率	12.5%	16.7%	44.4%	31.3%

注：各指标变化率$=\frac{施肥组-对照组}{施肥组}\times 100\%$。

七、思考题

1. 不同草地类型的施肥原则是什么？

2. 氮、磷、钾肥在土壤-植物系统中的循环利用特点是什么？

八、参考文献

陈文业，戚登臣，李广宇，等，2009. 施肥对甘南高寒草甸退化草地植物群落多样性和生产力的影响[J]. 中国农业大学学报，14（6）：31－36.

Xia J Y，Niu S L，Wan S Q，2009. Response of ecosystem carbon exchange to warming and nitrogen addition during two hydrologically contrasting growing seasons in a temperate steppe [J]. Global Change Biology，15：1 544－1 556.

孙飞达
四川农业大学

实验十一　人工草地的建植及管理

一、背景

人工草地是根据牧草的生物学、生态学特性和群落结构的特点，采用农业技术栽培多年生或一年生牧草建植而成的草地，目的是为获得高产优质的牧草，满足家畜的优质饲草需求。人工草地是现代化草地农业系统发展的重要条件，其价值主要体现在生态效益和农业生产经济效益两方面，其中人工草地具备水土保持、防风固沙、改善土壤以及保护生物多样性等多项生态功能。草地的生态价值越来越受到社会的普遍关注。

人工草地的建植管理需要采取播种、田间管理、收获及加工等一系列生产管理环节，每个环节的作业效果均对草地的产量水平和持续性具有影响。播种是将牧草种子按一定的株行距要求，在适当的时期内播种到土壤中的技术措施，播种技术是关系到牧草栽培成功与否的关键环节。人工草地在建植时，往往采用两种以上牧草混播，这是因为与单播相比，混播牧草不仅产量高而稳定、适口性好，而且营养价值完全，易于收获调制，可提高土壤肥力以及后作的产量品质。此外，合理的施肥、灌排水、除杂等管理措施是提高土壤肥力和牧草产量的有效措施。因此，掌握和应用科学合理的草地田间管理措施可提高牧草产量，改善牧草品质，延长牧草寿命。

二、目的

通过学习不同牧草的混播模式和主要牧草的播种技术，了解人工草地混播牧草的配合方法，掌握人工草地的建植要求及田间管理技术环节。

三、实验类型

设计型。

四、内容与步骤

1. 材料与仪器　禾本科和豆科牧草种子各 2～3 种，播种机，土壤温，湿度计，铁锹，耙子，开沟器，平磨机，测绳，钢卷尺，皮尺，标牌。

2. 方法与步骤

(1) 混播牧草种类的确定：根据当地的自然气象条件确定种植目标和生产计划任务，然后考虑牧草的生物学特性和生态学特性，选择适宜当地生长、产量高、品质好、抗病虫害的牧草种或品种。

（2）混播组合确定：根据各种牧草的生命周期和草地利用年限进行比较筛选。短期混播的草地成分比较简单，一般由2～3个牧草草种组成，包括1～2个生物学类群，如豆科与禾本科，在禾本科中还应考虑分蘖类型的搭配。中期的混播草地应包括3～4种牧草草种，2～3个生物学类群。长期混播草地，牧草种类和生物学类群适当增加，一般应包括豆科和禾本科两类牧草，当豆科草种缺乏或某些高寒地区无适宜豆科牧草参加混播时，几种禾本科草种也可以组成混播组合（表1-11-1）。

表1-11-1 根据草地利用年限确定草种配合比例（%）

利用年限	豆科牧草	禾本科牧草	禾本科牧草	
			根茎和根茎疏丛型	疏丛型
短期草地	65～75	25～35	0	100
中期草地	20～50	50～75	10～25	75～90
长期草地	20～40	60～80	50～75	25～50

混播草地因利用的方式不同，在组合上也应有所差异。如禾本科牧草根据其枝条的形状和株丛的高低，可分为上繁草和下繁草，利用方式不同的草地，其上繁草和下繁草的比例是不一样的（表1-11-2）。

表1-11-2 不同利用方式的混播牧草地上繁草和下繁草的比例（%）

利用方式	上繁草	下繁草
刈草用	90～100	0～10
刈牧兼用	50～70	30～50
放牧用	20～30	70～80

（3）混播播种量的计算：根据混播牧草的比例，计算混播牧草中各个草种的播种量。

一般按种子用价计算混播牧草的播种量。方法是用单播时牧草能正常生长发育的播种量（表1-11-3），乘以此种牧草在混播中所占的百分比，得出播种量。各个草种的播种量相加，就为混播的播种总量。

表1-11-3 常见牧草种子用价为100%的播种量（kg/hm^2）

牧草名称	播种量	牧草名称	播种量
多年生黑麦草	18	紫花苜蓿	15
一年生黑麦草	15	红三叶	15
梯牧草	15	杂三叶	21
鸭茅	18	白三叶	8
无芒雀麦	18	草木樨	15
红豆草	75	长柔毛野豌豆	60
箭筈豌豆	75	百脉根	15
黄花苜蓿	15	绛三叶	21

$$K = N \times \frac{H}{X}$$

式中：K 为混播中某一草种的播种量；N 为某种草在混播中所占的百分比；H 为某草种种子用价为100%时的播种量；X 为种子用价。

多种牧草所组成的混播草地，应考虑种间竞争的关系，为保持各类草地在混播草群中的应有比例，在进行混播时通常应适当增大牧草的单播量。对竞争力弱的种类，短期的混播草地应增加单播量的25%，中期增加30%，长期增加100%。

（4）豆科牧草根瘤菌接种：大多数豆科牧草与根瘤菌有一定的互利共生关系，通过根瘤菌接种可提高豆科牧草产量、质量。针对种植的豆科牧草选择可以进行接种的根瘤菌，在播种前进行种子拌种。

（5）播种技术：用于播种的种子要求净度高、籽粒饱满、生命力强、无病虫害和含水量低。

播种时间因栽培制度、栽培方式、牧草种类、当地自然和生产条件进行确定。

混播牧草通常可以采用机械条播的方法进行播种。

（6）田间管理：

①物候期观测：从播种后田间观察种子出苗、幼苗生长、分蘖分枝以及开花结实特性，具体信息填入相关表格（表1-11-4和表1-11-5）。

表1-11-4 禾本科牧草田间观察记录

出苗期	分蘖期	拔节期	孕穗期	抽穗期	开花期	成熟期	生育天数	枯黄期	株高	越冬率	抗逆性

表1-11-5 豆科牧草田间观察记录

出苗期	分枝期	现蕾期	开花期	结荚期	成熟期

②施肥管理：豆科牧草施肥以磷肥（过磷酸钙、磷酸氢二铵、磷酸二氢铵）为主；禾本科牧草对氮肥（尿素、硝酸铵）需求较高；缺水地方和旱作农业以有机肥料为主，施少量氮肥；施肥与浇水或下雨相结合。

施肥时先进行土壤养分分析，确定缺素水平、施肥水平，设计施肥方案。

③灌溉管理：草地灌溉应根据牧草种类、草地类型、产量、土壤和气候条件来决定灌溉

制度。一般多以产量作为指标来确定需水量。

$$E = K \cdot y$$

式中：E 为牧草田间需水量（m^3/hm^2）；y 为牧草计划产量（kg/hm^2）；K 为牧草需水系数，即每生产 1kg 牧草所消耗的水量（m^3/kg）。

④杂草防除：生产上杂草防除常用化学防除法、生物防除法和机械防除法。

五、重点/难点

1. 重点 不同地区混播牧草组合的筛选。

2. 难点 人工草地的水肥调控管理技术。

六、示例

（一）扁穗牛鞭草人工草地的建植与管理——以四川雅安为例

1. 材料及用具 扁穗牛鞭草种茎、田间播种工具、所需肥料等。

2. 播种建植 采用营养繁殖，扁穗牛鞭草的结实率极低，均采用生长健壮的茎段作母体，在秋季进行扦插繁殖。建植 1hm^2 草地需扦插 75 万株（株行距为 10cm×15cm），即需种茎约 2 250kg，1hm^2 种茎可扦插建植 40hm^2 左右。

种植前，土壤要耕翻耙平，按行距开沟，沟深 8cm 左右，扦插种茎后覆土，使种茎一节入土，一节露出土表即可。行距因利用目的不同而不同，刈割饲喂则行距为 40cm，制种则行距为 60cm。

抢在雨前扦插或插后浇定根水，成活率可达 95%以上。气温在 15～20℃时，7d 生根，10d 出苗。扦插以后必须注意要保持土壤的湿度。

3. 田间管理

（1）水肥管理：在播种（扦插）后 15d 追肥一次，施用尿素 150kg/hm^2，以后每刈割一次都要追施同量的尿素。

春季施肥宜在 3 月初施用，可显著提高产草量。在 7 月底前后再施氮肥，可促进此后两个月内草的生长而增加冬季草的积累。在冬季需施用有机肥，以利产草量的提高并延长利用年限。

（2）虫害防治：扁穗牛鞭草所需环境为温热湿润气候，因而容易滋生虫害，主要虫害为蝗虫类和黏虫类，一般采用药物防治，也可采用生态防治法，如草地灌水与晒地相结合，建植多年生刈割型草地，轮流刈割利用，在虫害发生前除杂草时要进行深耕，在其虫卵孵化期进行刈割、灌水等。

（3）杂草防除：杂草防除的常用做法为在春季和秋季当杂草开花结实以前必须进行除杂，对一年生杂草可减少其竞争能力和阻止其开花结实；对多年生杂草防除，阻止其地上部分的生长，并使其因萌发新芽而迅速耗尽贮藏在地下器官的养分；块根肥厚型的杂草应人工或机械挖除；部分高大的杂草应齐地表刈割。扁穗牛鞭草草地常见杂草防除见表 1-11-6。

表 1-11-6 扁穗牛鞭草草地常见杂草防除

杂草种类	生物学特性	防治方法	防治时间及效果
空心莲子草	别名水花生，繁殖力极强，多年生宿根，水旱两地都适应，匍匐茎发达，节外生根成为再生株	幼苗期可人工拔除；群落密度较大时，可用甲磺·氯氟吡（水花生净）	空心莲子草生长盛期，防治效果较好，甲磺·氯氟吡作为一种双子叶除草剂，对扁穗牛鞭草是安全的
酸模	根部贮存很多营养根，在须根上可长出新的幼苗，再生能力强	面积较小时，可人工挖除；面积大时，使用内吸传导型除草剂，如草甘膦等	最好在建植人工草地前喷施土壤，灭杀酸模的萌发条件

（二）多花黑麦草人工草地的建植与管理——以四川雅安为例

1. 播种材料及用具 多花黑麦草种子、田间播种工具、所需肥料等。

2. 播种建植 采用种子繁殖，播前需要精细整地，施足底肥，选用农家肥30 000kg/hm^2、尿素 75kg/hm^2、磷肥 225kg/hm^2。南方地区雨水多，要开好排水沟。

适期播种，8 月下旬至 11 月上旬均可，但以 9 月中旬至 10 月上旬为最佳播期。播种过早，农时紧张，冬前旺长，易受冻害；播种过晚，气温低，苗小苗弱，对越冬和春季萌不利。播前要对种子进行筛选，除去杂物。筛选后晒种 1～2d，以增强种子吸水萌发力，并利用太阳光中的紫外线杀死病原菌，达到促苗灭病的目的。条播为佳，便于管理，也有利于增产。条播行距为 25～30cm，播种量为 30～37.5kg/hm^2；留种田播种量以22.5kg/hm^{2}为宜，播后覆土 1～2cm。

3. 田间管理

（1）水肥管理：生长期合理追肥，提高青草产量和质量。要求每刈割一次，追施速效氮肥一次，一般每次施尿素 75～90kg/hm^2。土壤水分不足时，氮肥宜对水均匀泼施。施肥结合中耕松土，效果更好。

多雨地区要配套排水沟；若长时间持续干旱，会严重影响鲜草产量，特别是留种田，在植株抽穗期过于干旱，对种子产量和品质影响较大，要及时灌溉补水。

（2）病虫害防治：多花黑麦草的主要虫害是金龟子，金龟子一般在开春后开始为害，发现成虫或虫卵，应及时用低毒、低残留、高效的杀虫剂防治。病害主要有冠锈病，一旦发病可用三唑酮防治，按照说明配比喷施即可。

（3）混播管理：多花黑麦草与其他冬季绿肥作物混播，可以提高产量，改善牧草品质，使饲料价值得以提高。多花黑麦草与豆科牧草白三叶、红三叶或紫云英混播比例大致为：多花黑麦草占 60%～70%，紫云英（或其他豆科牧草）占 30%～40%，将两种籽粒混匀后条播。

七、思考题

1. 人工草地建植的意义是什么？
2. 混播草地的优势有哪些？

3. 人工草地施肥与灌溉技术要点有哪些?

八、参考文献

李凌浩，路鹏，顾雪莹，2016. 人工草地建设原理与生产范式 [J]. 科学通报，61 (2)：193 - 200.

Foley J A，Ramankutty N，Brauman K A，et al，2011. Solutions for a cultivated planet [J]. Nature，478：337 - 342.

孙飞达
四川农业大学

实验十二　草田轮作方案的设计

一、背景

轮作是一种在同一田地上有顺序地轮换种植不同作物或轮换采用不同复种方式的种植方式，是农田用地和养地相结合、提高作物产量和改善农田生态环境的一项农业技术措施。草田轮作，就是将饲用作物与粮食作物（或经济作物）在一定的地块、一定的年限内，按照规定好的顺序进行轮换种植的一种合理利用土地的耕作制度。草田轮作具有提高土壤肥力、增加作物产量、减少病虫危害、保持水土以及提高单位面积土地经济收益等一系列优点。轮作对农业可持续发展具有重要的理论意义和实践意义。

我国草田轮作在春秋战国时期开始，20 世纪 50 年代初，学习苏联经验推广草田轮作，在“六五”和“七五”期间，国家启动了一系列草田轮作研究与技术推广项目，针对不同地区提出了不同的粮草轮作模式。1984 年，由中国农业科学院土壤肥料研究所完成的中国绿肥区划，将草田轮作作为粮肥轮作的内容之一列入。1997 年任继周院士提出的草地农业理论，特别强调“引草入田、草田轮作是草地农业的重要技术环节”。20 世纪 90 年代，中山大学的杨中艺等开始进行多花黑麦草-水稻草田轮作系统研究。

在农业种植结构调整过程中，草田轮作是满足饲料粮需求和养地作用的最佳耕作制度，也是实现由传统的粮经二元结构，向粮经饲三元结构转变的重要措施。任继周院士提出了中国食物构成的“2＋5”模式，指出建立草地农业系统，将人食与畜食分开，走节粮型、非粮型饲料道路是减小粮食生产压力、优化中国人口食物结构、确保粮食安全的一项有效措施，藏粮于草，发展草地农业是必由之路。

二、目的

通过学习和实践草田轮作的思路与方法，掌握和运用我国不同区域草田轮作的具体方法，在结合收集所在特定区域的草田轮作相关资料的基础上，进行草田轮作方案的设计与实施，使学生学习和初步掌握草田轮作设计的基础理论、基本方法和步骤，通过此实验，提高学生的专业知识运用能力、实践能力和创新能力。

三、实验类型

设计型。

四、内容与步骤

1. 材料

（1）自然资源信息收集：收集实验区域自然条件资料，包括气候、地形、土壤、水利水文等信息。

（2）社会经济信息收集：收集实验地区社会经济情况资料，包括人口、劳动力资料，农、牧、林等第一、第二、第三产业生产经营资料，栽培种植制度，适宜栽培的粮食、经济和饲用植物种类、面积、产量及畜牧业生产等资料，第一、第二、第三产业社会产值与效益资料等。

2. 仪器设备 草田轮作所需各种作物的种子（种子材料），划分实验小区用的测绳、皮卷尺、钢卷尺，计算机以及各种纸张表格、记号笔、小区标牌等。

3. 设计内容与步骤

（1）原则：草田轮作的实施一旦启动，需要多年长期的坚持，才能达到轮作的效果和目标。因此，轮作方案的设计应科学严谨，遵循一定的原则。

草田轮作设计应遵守的原则包括市场需求原则、生态适应性原则、经济效益原则、主栽作物原则、简单化原则、充分利用自然资源原则、可持续发展原则、茬口适宜性原则。

（2）内容和步骤：

①草田轮作基本信息调查：通过查阅资料、走访、座谈和现场勘察等方式进行。调查研究的具体内容包括：各种农产品市场供需状况，当地经济、社会发展水平及其发展规划，当地区域经济特点，当地相关产业政策，当地农牧业生产及相关工业历史与现状，当地农牧业生产条件以及自然条件。

②草田轮作牧草与作物筛选：确定轮作组合及轮作方式，选择牧草、作物种类。轮作组合及轮作方式是草田轮作方案设计的关键环节。首先依据前期调查初步确定备选牧草、作物种类和利用年限，然后设计若干轮作组合及轮作方式，并依据草田轮作设计的8条基本原则，进行综合比较分析，最后选定最优轮作组合及轮作方式，同时确定牧草、作物种类。

③轮作分区：轮作通常要通过对耕地进行分区种植来实现，轮作体系中各种作物或饲用植物每年的种植面积或种植比例都需相对固定一致。然而轮作组合中的各种作物或饲用植物的种植面积并不相同，而且轮作组合中的部分饲用作物的生长年限超过一季或一年。因此，为了满足社会和市场的要求和种植者自己的种植计划，需要对耕地划分轮作分区。轮作分区的数量依据轮作体系中作物和饲用植物的种数、种植比例来确定。假定某轮作体系含有甲、乙和丙3种牧草和作物，种植比例为甲∶乙∶丙＝5∶2∶1，则轮作分区的数量应为5＋2＋1＝8。

④制作轮作周期表：一个轮作体系在一个完整的轮作周期中，各个轮作分区、各年（或茬）种植的作物或牧草种类，按照一定格式制成汇总表，即为轮作周期表。轮作周期表可使整个轮作体系，包括参与轮作的牧草、作物以及各种牧草和作物的种植比例、轮作方式、轮作分区和轮作周期等一目了然。

假定某轮作体系含有甲、乙和丙3种牧草、作物，种植比例为甲∶乙∶丙＝5∶2∶1，根据轮作方式设计其轮作周期表（表 1-12-1）。

表 1-12-1　某轮作体系的轮作周期

周　期	分　区							
	一	二	三	四	五	六	七	八
第一年（或茬）	甲	甲	乙	乙	甲	甲	甲	丙
第二年（或茬）	甲	乙	乙	甲	甲	甲	丙	甲
第三年（或茬）	乙	乙	甲	甲	甲	丙	甲	甲
第四年（或茬）	乙	甲	甲	甲	丙	甲	甲	乙
第五年（或茬）	甲	甲	甲	丙	甲	甲	乙	乙
第六年（或茬）	甲	甲	丙	甲	甲	乙	乙	甲
第七年（或茬）	甲	丙	甲	甲	乙	乙	甲	甲
第八年（或茬）	丙	甲	甲	乙	乙	甲	甲	甲

⑤编写轮作计划书：轮作计划书是草田轮作设计的执行文件。其包括内容：生产单位或家庭的基本情况、经营方向，轮作组合中作物和饲用植物的种类、各种作物和饲用植物的种植面积和预计产量、轮作分区数目和面积、轮作方式、轮作周期、轮作周期表和轮作区分布图，劳动力、农机、水、电、肥、农药和种子的使用计划及经济效益估算等。

4. 结果表示与计算　根据所在区域（点）的自然环境和社会生产相关资料，按照草田轮作的原则、内容和步骤要求，收集草田轮作所需资料，进行草田轮作实验方案设计，编写轮作计划书。

五、重点/难点

1. 重点　根据实验区域条件，遵照草田轮作原则，正确选定草田轮作所用的牧草、作物种类是轮作体系设计的重点。

2. 难点　草田轮作设计不但要求学生运用学过的理论、实验原理和各种知识来设计实验方案，而且要在实验中发现、分析和解决实际问题，学生在掌握和理解草田轮作设计和实践运用方面具有一定的难度。

六、示例

牧草种植合作社草田轮作方案

1. 实习地点信息　实习地点位于黑龙江省哈尔滨市双城区某牧草种植合作社。

地区自然状况：该地区是典型薄层黑土农业区，属于温带大陆性季风气候，春季风多，少雨干旱，夏季高温多雨，秋季凉爽早霜，冬季严寒少雪。年平均气温 3.5～4.5℃，年降水量为 400～600mm，有效积温 2 700～2 900℃，无霜期 142d。试验地土壤类型为黑土，质地壤土。0～20cm 土壤理化性质为：pH 5.36，有机质含量为 23.70g/kg，有效氮含量为 121.80mg/kg，有效磷含量为 11.20mg/kg，速效钾含量为 137.50mg/kg。

2. 实习内容与步骤

（1）调查实际生产情况：该种植合作社与奶牛场长期合作，为奶牛场产奶量保持日产30kg的100头高产奶牛提供饲草，包括青贮玉米、紫花苜蓿、饲用大豆和燕麦。

（2）饲草料的需求量分析：根据奶牛养殖和饲草管理要求，确定奶牛场100头奶牛对饲草料的饲喂需求和全年需要量，确保奶牛产奶量达到30kg/d。

按照奶牛每日营养需求，确定每日每头奶牛所需的青贮玉米、紫花苜蓿干草和燕麦干草的量，然后根据100头奶牛所需的日食量和饲草单产水平，计算所需要种植的面积（表1-12-2）。

表1-12-2　饲草需求量和种植面积记录

项　目	饲草料			精饲料
	青贮玉米	紫花苜蓿干草	燕麦干草	
每头奶牛日食量（kg）	12	3	3	—
100头奶牛日食量（kg）	1 200	300	300	
100头奶牛360d需要量（kg）	432 000	108 000	108 000	
饲草单产（kg/hm^2）	75 000	8 250	12 000	
需要种植面积（hm^2）	6	14	9	

（3）草田轮作计划制订：根据饲草料需求量和对土地种养结合的要求，设计专门的草田轮作方案。考虑紫花苜蓿和一年生青贮玉米、燕麦种植年限以及种植面积的差异，设计6年的轮作周期计划（表1-12-3），依次进行种植生产，满足奶牛饲养的营养需求和土地的合理利用。

表1-12-3　草田轮作计划表

项　目	第一年	第二年	第三年	第四年	第五年	第六年
地块A（$6hm^2$）	青贮玉米	燕麦	燕麦	青贮玉米	青贮玉米	紫花苜蓿
地块B（$14hm^2$）	紫花苜蓿	紫花苜蓿	紫花苜蓿	紫花苜蓿	紫花苜蓿	青贮玉米+燕麦
地块C（$9hm^2$）	燕麦	青贮玉米+燕麦	青贮玉米+燕麦	燕麦	燕麦	紫花苜蓿

七、思考题

1. 你认为今后的草田轮作体系还会朝哪些方面发展和完善？
2. 为什么不同区域草田轮作的特点有所不同？在设计草田轮作方案时需注意哪些方面？

八、参考文献

鲁鸿佩，孙爱华，2003. 草田轮作对粮食作物的增产效应［J］. 草业科学，20（4）：10-13.

田福平，师尚礼，洪绂曾，等，2012. 我国草田轮作的研究历史及现状［J］. 草业科学，29（2）：320-326.

邢福，周景英，金永君，等，2011. 我国草田轮作的历史、理论与实践概览［J］. 草业学报，20（3）：245－255.

周禾，董宽虎，孙洪仁，等，2004. 农区种草与草田轮作技术［M］. 北京：化学工业出版社.

朱梅芳，李仕坚，申晓萍，2010. 南方地区草田轮作黑麦草饲养奶水牛的探索与实践［J］. 饲料工业，31（13）：57－60.

祝廷成，李志坚，张为政，等，2003. 东北平原引草人田、粮草轮作的初步研究［J］. 草业学报，12（3）：34－43.

干友民，孙飞达

四川农业大学

实验十三　牧草化学组分的测定

一、背景

牧草的化学组分评定是了解其利用价值的基础，根据牧草的化学组分或营养成分，开发优良种质资源，优化牧草生产管理，是实现牧草资源的开发和合理利用的重要前提。同时，对于确定家畜日粮配方和建立牧草合理的市场价值体系具有重要意义。

常见的牧草化学组分评定指标主要包括粗蛋白质、粗脂肪、粗灰分、中性洗涤纤维、酸性洗涤纤维、酸性洗涤木质素及钙、磷等的含量。粗蛋白质是含氮物质的总称，除蛋白质外，还包括氨、游离氨基酸、酰胺、生物碱等含氮化合物。粗脂肪是可溶于无水乙醚的一部分，粗脂肪除了包括脂肪外，还含有部分麦角固醇、胆固醇、脂溶性纤维素、叶绿素及其他有机物质。粗纤维主要包括纤维素、半纤维素、木质素、果胶以及不溶性非淀粉多糖类。饲草中的灰分是指饲草中的矿物质或称无机盐，主要是钾、钠、钙、镁、硫、磷、铁及其他微量元素。钙、磷对畜禽的生长有重要的作用，是一种必需的常量元素。饲草中钙、磷含量的测定是饲草品质检测中不可或缺的步骤。

实验室检测牧草化学组分方法很多，粗蛋白质的测定主要采用凯氏定氮法，粗脂肪的测定采用索氏抽提法，粗纤维的测定采用 Weende 法，这些方法已沿用了一个多世纪，对饲料工业和畜牧业发展起到了非常重要的作用。但粗纤维的测定不能给出纤维素成分的准确信息，也不能反映家畜利用纤维素成分的真实情况。1970 年 Goering 和 Van Soest 提出了中性洗涤纤维测定方法、酸性洗涤纤维测定方法以及木质素的测定方法，1991 年经 Van Soest 改进的范式法得到广泛应用。钙的测定采用高锰酸钾法，而磷的测定采用分光光度法。随着动物营养学和分析检测技术的不断发展，许多新仪器逐渐被用于草地植物的化学组分分析中，如脂肪测定仪、纤维测定仪、原子吸收反射光谱仪、近红外反射光谱仪等，提高了分析的效率和准确度，并拓宽了分析范围。

本实验对牧草样品化学组分的常规评定方法进行介绍，主要包括粗蛋白质、粗脂肪、中性洗涤纤维、酸性洗涤纤维、酸性洗涤木质素、钙和磷的含量测定。

二、目的

了解和掌握牧草的粗蛋白质、粗脂肪、粗灰分、中性洗涤纤维、酸性洗涤纤维、酸性洗涤木质素、钙、磷的测定原理及方法。

三、实验类型

综合型。

四、内容与步骤

(一) 粗蛋白质的测定

1. 材料 牧草风干样。

2. 仪器设备和试剂

(1) 仪器设备：实验室用样品粉碎机或者研钵、分析天平（感量 0.000 1g)、消煮炉或电炉；凯氏烧瓶（250mL)、容量瓶（100mL)、消煮管（250mL)、凯氏蒸馏装置（常量直接蒸馏式或半微量水蒸气蒸馏式)、定氮仪（以凯氏原理制造的各类型半自动、全自动定氮仪)。

(2) 试剂：

硫酸：化学纯，含量为 98%。

硼酸：化学纯。

硫酸铵：分析纯，干燥。

氢氧化钠：化学纯。

蔗糖：分析纯。

硼酸吸收液Ⅰ：称取 20g 硼酸，用水溶液稀释至 1 000mL。

硼酸吸收液Ⅱ：1%硼酸水溶液 1 000mL，加入 0.1%溴甲酚绿乙醇溶液 10mL，0.1%甲基红乙醇溶液 7mL，4%氢氧化钠水溶液 0.5mL，混匀，室温保存期为 1 个月（全自动程序用)。

氢氧化钠溶液：称取 40g 氢氧化钠，用水溶解，待冷却至室温后，用水稀释至 100mL。

甲基红乙醇溶液：称取 0.1g 甲基红，用乙醇溶解并稀释至 100mL。

溴甲酚绿乙醇溶液：称取 0.5g 溴甲酚绿，用乙醇溶液稀释至 100mL。

混合催化剂：0.4g 硫酸铜（$CuSO_4 \cdot 5H_2O$)，6g 硫酸钾或硫酸钠，均为化学纯，磨碎混匀。

混合指示剂：甲基红乙醇溶液和溴甲酚绿乙醇溶液，两溶液等体积混合，室温避光保存，有效期 3 个月。

盐酸标准滴定溶液：c（HCl）=0.02mol/L，配制方法为将 1.67mL 盐酸（分析纯）注入 1 000mL 蒸馏水中。

3. 测定步骤

(1) 试样制备：取具有代表性牧草风干试样，用四分法缩减取样，粉碎后过 0.42mm 的孔筛，混匀，装入样品瓶中，密闭，保存备用。

(2) 试样消煮：

①凯氏烧瓶消煮：平行做两份试验。称取 0.5～2g 试样（含氮量 5～80mg)，精确至 0.000 1g，放入凯氏烧瓶中，加 6.4g 混合催化剂，混匀，加入 12mL 硫酸，顺着瓶壁缓慢

加入，再加两个玻璃球。将凯氏烧瓶置于电炉上加热。开始 200℃低温加热，待试样焦化、泡沫消失后，再调高温度至 400℃，直至呈透明的蓝绿色，然后继续加热至少 2h。取出，冷却至室温。

②消煮管消煮：平行做两份试验。称取试样 0.5～2g（含氮量 5～80mg，准确至 0.000 1g），放入消煮管中，加入 6.4g 混合催化剂，加入 12mL 硫酸，于 420℃消煮炉上消化 1h。取出，冷却至室温。

（3）氨的蒸馏：

①半微量法：待试样消煮液冷却，加入 20mL 水，转入 100mL 容量瓶中，冷却后用水稀释至刻度，摇匀，作为试样分解液。将半微量蒸馏装置的冷凝管末端浸入装有 20mL 硼酸吸收液Ⅰ和两滴混合指示剂的锥形瓶中。蒸汽发生器的水中应加入甲基红指示剂数滴、硫酸数滴，在蒸馏过程中保持此液为橙红色，否则需补加硫酸。准确移取试样分解液 10～20mL 注入蒸馏装置的反应室中，用少量水冲洗进样入口，塞好入口玻璃塞，再加 10mL 氢氧化钠溶液，小心提起玻璃塞使之流入反应室，将玻璃塞塞好，且在入口处加水密封，防止漏气。蒸馏 4min 降下锥形瓶使冷凝管末端离开吸收液面，再蒸馏 1min，至流出液为中性。用水冲洗冷凝管末端，洗液均需流入锥形瓶内，然后停止蒸馏。

②全量法：待试样消煮液冷却，加入 60～100mL 蒸馏水，摇匀，冷却。将蒸馏装置的冷凝管末端浸入装有 25mL 硼酸吸收液Ⅰ和两滴混合指示剂的锥形瓶中。然后小心地向凯氏烧瓶中加入 50mL 氢氧化钠溶液，摇匀后加热蒸馏，直至馏出液体积约为 100mL。降下锥形瓶，使冷凝管末端离开吸收液面，再蒸馏 1～2min，至流出液为中性。用水冲洗冷凝管末端，洗液均需流入锥形瓶内，然后停止蒸馏。

采用半自动凯氏定氮仪时，将带消煮液的消煮管插在蒸馏装置上，以 25mL 硼酸吸收液Ⅰ为吸收液，加入两滴混合指示剂，蒸馏装置的冷凝管末端浸入装有吸收液的锥形瓶中，然后向消煮管中加入 50mL 氢氧化钠溶液进行蒸馏，至流出液为中性。蒸馏时间以吸收液体积达到约 100mL 时为宜。降下锥形瓶，用水冲洗冷凝管末端，洗液均需流入锥形瓶内。

采用全自动凯氏定氮仪时，按仪器操作说明书进行测定。

（4）蒸馏步骤的检验：精确称取 0.2g 硫酸铵（精确至 0.001g），代替试样，按照上述步骤进行操作，测得硫酸铵的含氮量为 21.19%，上下浮动 0.2%，否则应检查蒸馏和滴定各步骤是否正确。

（5）滴定：用 0.02mol/L 的盐酸标准滴定溶液滴定吸收液，溶液由蓝绿色变成灰红色为终点，准确读取盐酸用量 V_2。同样，滴定空白消化蒸馏液，所需要盐酸标准溶液体积 V_1。

4. 结果表示与计算 粗蛋白质含量的计算公式如下：

$$粗蛋白质含量 = \frac{(V_2 - V_1) \times c \times 0.014 \times 6.25}{m \times \frac{V'}{V}}$$

式中：V_2 为滴定试样时所需盐酸标准滴定溶液的体积（mL）；V_1 为滴定空白时所需盐酸标准滴定溶液的体积（mL）；C 为盐酸标准滴定溶液浓度（mol/L）；m 为试样质量（g）；V 为试样消煮液总体积（mL）；V' 为蒸馏用消煮液体积（mL）；0.014 为每毫克当量氮的克

数；6.25 为氮换算成蛋白质的平均系数。

每个试样取两个重复平行测定，以算术平均值为最终测定结果，计算结果保留小数点后两位。

（二）粗灰分的测定

1. 材料 牧草风干样。

2. 仪器设备 通风柜、马弗炉、分析天平（精确至 0.001g）、电热板、干燥器、瓷质坩埚、坩埚钳、药匙、分样筛（孔径 0.42mm）等。

3. 测定步骤 取具有代表性试样至少 2kg，用四分法缩分至 250g，粉碎后过 0.42mm 的孔筛，混匀，装入样品瓶中，密闭，保存备用。

将干净带盖坩埚放入马弗炉，在（550±20）℃下灼烧至少 30min，取出，在空气中冷却约 1min，放入干燥器中冷却 30min，称其质量。再重复灼烧冷却至恒重（精确至 0.001g）。

称取 2g（精确至 0.001g）试样放置于已恒重的坩埚中，在电炉上小心炭化，在炭化过程中，应将试样在较低温度状态加热灼烧至无烟，之后升温灼烧至样品无炭粒，再放入预先加热好的（550±20）℃马弗炉中，锅盖打开少许，灼烧 2h。灼烧完毕，观察灼烧情况。待到炉温降至 200℃以下，打开高温马弗炉取出坩埚，在空气中冷却约 1min，放入干燥器冷却 30min，称取质量。再同样灼烧 1h，至恒重（精确至 0.001g），直至两次质量差值为 0.001g。

对同一试样取两个重复平行测定。

4. 结果表示与计算 粗灰分含量的计算公式如下：

$$粗灰分含量 = \frac{m_2 - m_0}{m_1 - m_0} \times 100\%$$

式中：m_0 为恒重空坩埚质量（g）；m_1 为坩埚加试样后质量（g）；m_2 为灰化后坩埚加灰分的质量（g）。

取两次测定的算术平均值为最终结果，所得结果应表示至 0.1%。

（三）粗脂肪的测定

1. 材料 牧草风干样。

2. 仪器用具和试剂

（1）仪器用具：索氏提取器、电子分析天平、电热恒温水浴锅、0.42mm 的孔筛、恒温烘箱、提取套管、脱脂棉、金刚砂或玻璃珠、干燥器等。

（2）试剂：无水乙醚、丙酮、凡士林等。

3. 测定步骤 取具有代表性试样至少 2kg，用四分法缩分至 250g，粉碎后过 0.42mm 的孔筛，混匀，装入样品瓶中，密闭，保存备用。

称取 5g（m_1）制备的试样，准确称至 1mg。将试样移至提取套管，并用一小块脱脂棉覆盖。

将一些金刚砂转移至干燥烧瓶中，称量（m_2），准确至 1mg。如需定性测量，则应将金刚砂换成玻璃珠。将烧瓶与提取器连接，收集石油醚提取物。

将套管置于索氏提取器中，用石油醚提取 6h，并调节加热装置，每小时循环 10 次以上。

蒸馏至烧瓶中几乎无溶剂，在烧杯中加入 2mL 丙酮，转动烧瓶并在加热装置上缓慢加温以除去丙酮，吹去痕量丙酮。残渣在 103℃的恒温烘箱内干燥 10min，在干燥器中冷却，称量（m_3），准确至 0.1mg。

4. 结果表示与计算 脂肪含量的计算公式如下：

$$脂肪含量 = \frac{m_3 - m_2}{m_1} \times f$$

式中：m_1 为试样的质量（g）；m_2 为装有金刚砂的烧瓶质量（g）；m_3 为盛有金刚砂的烧瓶和石油醚提取干燥残渣的质量（g）；f 为校正因子单位（f=1 000g/kg）。

结果表示准确至 1g/kg。

（四）中性洗涤纤维的测定

1. 材料 牧草风干样。

2. 仪器设备和试剂

（1）仪器设备：样品粉碎机、0.42mm 孔筛、分析天平（精确至 0.000 1g）、电热恒温箱、高温电阻炉、消煮器（配置有冷凝球的 600mL 高型烧杯或有冷凝管的三角烧瓶）、玻璃砂漏斗、干燥器、抽滤装置（抽滤瓶和真空泵）、100mL 量筒。

（2）试剂溶液：正辛醇（$C_8H_{18}O$）。丙酮（CH_3COCH_3）。中性洗涤剂（3%十二烷基硫酸钠溶液）：称取 18.6g 乙二胺四乙酸二钠（$C_{10}H_{14}N_2O_8Na_2 \cdot 2H_2O$）和 6.8g 四硼酸钠（$Na_2B_4O_7 \cdot 10H_2O$），放入 100mL 烧杯中，加适量蒸馏水溶解（可加热），再加入 30g 十二烷基硫酸钠（$C_{12}H_{25}NaSO_4$）和 10mL 乙二醇乙醚（$C_4H_{10}O_2$）。称取 4.56g 无水磷酸氢二钠（Na_2HPO_4）置于另一烧杯中，加蒸馏水加热溶解。冷却后将上述两溶液转入 1 000mL 容量瓶，并加水定容，pH 为 6.9～7.1。

3. 测定步骤

（1）样品处理：取具有代表性试样至少 2kg，用四分法缩分至 250g，粉碎后过 0.42mm 的孔筛，混匀，装入样品袋中，密闭，保存备用。

（2）消煮：称取 0.4～1.0g（m）粉碎过筛后的试样（精确至 0.000 2g），于 600mL 高型烧杯中用量筒加入 100mL 中性洗涤剂和 2～3 滴正辛醇。将烧杯放在消煮器上，盖上冷凝球，开冷却水，快速加热至沸，并调节功率保持微沸状态，从开始沸腾计时，消煮时间为 1h。

（3）洗涤：玻璃砂漏斗预先放在 105℃烘箱中烘干至恒重（m_2），将消煮好的试样趁热倒入并抽滤。用 90～100℃的热水冲洗烧杯和剩余物，直至滤出液清澈无泡沫为止。抽干后用丙酮冲洗剩余物 3 次，确保剩余物与丙酮充分混合，至滤出液无色为止。

（4）测定：将玻璃砂漏斗和剩余物放于 105℃烘箱内烘干 3～4h 至恒重，转入干燥器中冷却称量。再烘干 30min，冷却，称量（m_1），直至两次称量结果之差小于 0.002g。

每个试样取两个重复平行测定。

4. 结果表示与计算 中性洗涤纤维含量的计算公式如下：

$$中性洗涤纤维含量 = \frac{m_1 - m_2}{m} \times 100\%$$

式中：m_1 为玻璃砂漏斗和剩余物的总质量（g）；m_2 为玻璃砂漏斗质量（g）；m 为试样质量（g）。

试验结果为两个重复的算术平均值，结果保留一位小数。

（五）酸性洗涤纤维的测定

1. 材料 牧草风干样。

2. 仪器设备和试剂

（1）仪器设备：样品粉碎机、0.42mm 孔筛、分析天平（精确至 0.000 1g）、电热恒温箱、高温电阻炉、消煮器（配置有冷凝球的 600mL 高型烧杯或有冷凝管的三角烧瓶）、30mL 烧结玻璃过滤坩埚、干燥器。

（2）试剂溶液：硫酸。丙酮。酸性洗涤剂（2%十六烷基三甲基溴化铵溶液）：称取 20g 十六烷基三甲基溴化铵（$C_{19}H_{42}NBr$）溶解于 1 000mL 的 1.00mol/L 硫酸溶液中，搅拌溶解。因十六烷基三甲基溴化铵对黏膜有刺激，使用时需戴口罩。

3. 测定步骤 取具有代表性试样至少 2kg，用四分法缩分至 250g，粉碎后过 0.42mm 的孔筛，混匀，装入样品袋中，密闭，保存备用。

将洁净的 30mL 烧结玻璃过滤坩埚预先放在 105℃烘箱中烘干 4h 后，放在干燥器中冷却 30min 后称量（m_2），直至恒重。

称取约 1g 试样（m）（精确至 0.000 2g）放入烧杯中，加入热的酸性洗涤剂 100mL，盖上冷凝球，打开冷却水，快速加热试样至沸，并调节功率保持微沸状态，持续消煮 60min。如果试样沾在烧杯壁上，用少于 5mL 的酸性洗涤剂冲洗。

将试样消煮液倒入烧结玻璃过滤坩埚，抽真空过滤，用玻璃棒搅拌并滤出试样残渣，用 90～100℃的热水冲洗坩埚壁和试样残渣 3～5 次，再用约 40mL 的丙酮冲洗滤出物 2 次，每次浸润 3～5min，抽滤，若滤出物有颜色，则需要重复冲洗、抽滤。

将过滤坩埚置于通风橱，待丙酮挥发完全后放在 105℃烘箱中烘干 4h，放在干燥器中冷却 30min 后称量（m_1），直至恒重。

每个试样取两个重复平行测定。

4. 结果表示与计算 酸性洗涤纤维含量的计算公式如下：

$$\text{酸性洗涤纤维含量} = \frac{m_1 - m_2}{m} \times 100\%$$

式中：m_1 为过滤坩埚和剩余物的总质量（g）；m_2 为过滤坩埚质量（g）；m 为试样质量（g）。

试验结果为两个重复的平均值，结果保留一位小数。

（六）酸性洗涤木质素的测定

1. 材料 牧草风干样。

2. 仪器设备与试剂

（1）仪器设备：植物样品粉碎机、0.42mm 孔筛、分析天平（精确至 0.000 1g）、电热恒温箱、高温电阻炉、30mL 玻璃砂漏斗、干燥器、抽滤装置、50mL 烧杯、消煮器。

（2）试剂：硫酸，正辛醇，酸性洗涤剂；酸洗石棉（将购买的酸洗石棉在 800℃高温电阻炉内灼烧 1h，冷却后用 12.0mol/L 硫酸洗涤溶液浸泡 4h，过滤，用水洗至中性，于 105℃烘干备用）。

3. 测定步骤

（1）试样制备：取具有代表性试样至少 2kg，用四分法缩分至 250g，粉碎后过 0.42mm 的孔筛，混匀，装入样品瓶中，密闭，保存备用。

（2）消煮：称取 1.000～2.000g 试样（m）于 600mL 高型烧杯中，用量筒加入 100mL 酸性洗涤剂和 2～3 滴正辛醇。将烧杯放在消煮器上，盖上冷凝球，开冷却水冷却，快速加热至沸，并调节功率保持微沸状态，持续消煮 60min。

（3）酸洗：将玻璃砂漏斗内铺 1.000g 酸洗石棉，预先在 105℃烘箱中烘干，趁热将消煮液倒入抽滤，抽干后将玻璃砂漏斗放在 50mL 烧杯中，加入 15℃ 12.0mol/L 的硫酸洗涤溶液至半满，用玻璃棒打碎结块，搅成均匀糊状，随时补充 12.0mol/L 的硫酸洗涤溶液，保持在 20～25℃消解 3h，立即抽滤，并用热水洗至中性。

（4）干燥与称量：将玻璃砂漏斗和残余物放入 105℃烘箱中干燥 4h 至恒重，在干燥器中冷却 30min 后称量（m_1）。再将玻璃砂漏斗移至 500℃高温电阻炉内灼烧 3～4h 至无炭粒为止。冷却至 100℃放入干燥器内冷却 30min 再称量（m_2）。再将玻璃砂漏斗移至 500℃高温电阻炉内灼烧 30min，冷却称量直至两次称量之差小于 0.002g 为恒量。

（5）空白测定：按同样步骤称取 1.000g 酸洗石棉测定空白值（m_0）。如果空白值小于 0.002g，则该批酸洗石棉的空白值可以不再测。

每个试样取两个重复，平行测定。

4. 结果表示与计算 酸性洗涤木质素含量的计算公式如下：

$$\text{酸性洗涤木质素含量} = \frac{m_1 - m_2 - m_0}{m} \times 100\%$$

式中：m_1 为硫酸洗涤后玻璃砂漏斗和残余物质的总质量（g）；m_2 为灰化后玻璃砂漏斗和灰分质量（g）；m_0 为 1.000g 酸洗石棉空白值（g）；m 为试样质量（g）。

测定结果为两次重复的平均值。

（七）钙的测定

1. 材料 牧草风干样。

2. 仪器设备与试剂

（1）仪器设备：实验室用样品粉碎机或者研钵、分样筛、电子分析天平（精确至 0.000 1g）、马弗炉、瓷质坩埚（50mL）、容量瓶（100mL）、酸式滴定管（25mL 或 50mL）、玻璃漏斗（直径 6cm）、定量滤纸、移液管（10mL、20mL）、烧杯（200mL）、凯式烧瓶（250mL 或 500mL）等。

（2）试剂：硝酸、盐酸溶液（1∶3 水溶液）、硫酸溶液（1∶3 水溶液）、氨水溶液（1∶1 水溶液）、氨水溶液（1∶50 水溶液）、草酸铵水溶液（42g/L）、甲基红指示剂（1g/L）、高锰酸钾标准溶液[$c(1/5KMnO_4)=0.05mol/L$]。

3. 测定步骤

（1）试样制备：取具有代表性试样，用四分法缩减取样，粉碎后过 0.42mm 的孔筛，混匀，装入样品瓶中，密闭，保存备用。

（2）试样的分解：称取试样 0.5～5g（m，精确至 0.000 2g）于坩埚内，在电炉上小心炭化，再放入马弗炉内，在 550℃条件下灼烧 3h。在坩埚中加入盐酸溶液 10mL 和浓硝酸数滴，小心煮沸，将此溶液转入 100mL 容量瓶内，冷却降至室温，用蒸馏水稀释至指定刻度，摇匀，为试样分解液。

（3）草酸钙的沉淀：准确移取试样分解液 10～20mL（V_2）于 200mL 的烧杯中，加蒸馏水 100mL、甲基红指示剂 2 滴，滴加 1∶1 氨水溶液使溶液由红色变成橙色，若滴过量，可加盐酸溶液调至橙色，再多加两滴使其呈粉红色，小心煮沸，慢慢滴加热草酸铵溶液 10mL，且不断搅拌，如溶液变橙色，则应补加盐酸溶液使其呈红色，煮沸 2～3min，放置过夜使沉淀陈化（或在水溶上加热 2h）。

（4）草酸钙沉淀的洗涤：用定量滤纸过滤，用 1∶50 的氨水溶液洗沉淀 6～8 次，至无草酸根离子（接滤液数毫升，加 1∶3 硫酸溶液数滴，加热至 80℃，再滴高锰酸钾溶液 1 滴，呈微红色，且 30s 不褪色）。

（5）滴定：将沉淀和滤纸转入原烧杯中，加硫酸溶液 10mL，蒸馏水 50mL，加热至 75～80℃，立即用高锰酸钾标准溶液滴定，溶液呈粉红色且 30s 不褪色为终点（V）。

（6）空白测定：在干净的烧杯中加滤纸一张，加硫酸溶液 10mL，蒸馏水 50mL，加热至 75～80℃，立即用高锰酸钾标准溶液滴定，溶液呈粉红色且 30s 不褪色为终点（V_1）。

每个试样取两个重复平行测定。

4. 结果表示与计算　钙含量的计算公式如下：

$$钙含量 = \frac{(V - V_1) \times c \times 0.02}{m \times \frac{V_2}{100}}$$

式中：V 为试样消耗高锰酸钾标准溶液的体积（mL）；V_1 为空白消耗高锰酸钾标准溶液的体积（mL）；V_2 为滴定时试样分解液的体积（mL）；m 为试样的质量（g）；c 为高锰酸钾标准溶液的浓度（mol/L）。

试验结果为两个重复的算术平均值，结果保留三位小数。

（八）总磷的测定

1. 材料　牧草风干样。

2. 仪器设备与试剂

（1）仪器设备：实验室用样品粉碎机、电子分析天平（精确至 0.000 1g）、紫外-可见分光光度计、马弗炉、电热干燥箱、可调温电炉等。

（2）试剂：盐酸（1∶1 水溶液）、硝酸、高氯酸。

钒钼酸铵显色剂：称取偏钒酸铵 1.25g，加水 200mL 加热溶解，冷却后再加入硝酸 250mL，另称取钼酸铵 25g，加水 400mL 加热溶解，在冷却的条件下，将两种溶液混合，用水定容成 1 000mL。避光保存，若生成沉淀，则不能继续使用。

磷标准贮备液（50μg/mL）：将磷酸二氢钾在 105℃ 干燥 1h，在干燥器中冷却后称取 0.219 5g 溶解于水，定量转入 1 000mL 容量瓶中，加入硝酸 3mL，用水稀释至指定刻度，摇匀。置于聚乙烯瓶中 4℃下可贮存 1 个月。

3. 测定步骤

（1）试样制备：取具有代表性牧草干试样，用四分法缩分至 250g，粉碎后过 0.42mm 的孔筛，混匀，装入样品瓶中，密闭，保存备用。

（2）试样的分解：称取试样 2～5g（m，精确至 0.000 1g）于坩埚内，在电炉上小心炭化至无烟，再放入马弗炉内，在 550℃条件下灼烧 3h（或测粗灰分后继续进行）。取出冷却，在盛灰坩埚中加入盐酸溶液 10mL 和浓硝酸数滴，小心煮沸 10min，将此溶液转入 100mL 容量瓶内，冷却降至室温，用蒸馏水稀释至刻度，摇匀，为试样分解液（V）。

（3）标准曲线的绘制：准确移取磷酸标准液，分别取 0、1、2、4、8、16mL 于 50mL 容量瓶中，各加钒钼酸铵显色剂 10mL，用水稀释至刻度，摇匀，常温下放置 10min 以上，以 0mL 溶液为参比，用 1cm 比色皿，在 400nm 波长下，用分光光度计测定各溶液的吸光度。以磷含量为横坐标，吸光度为纵坐标绘制标准曲线。

（4）试样的测定：准确移取试样分解液 1～10mL（V_1）于 50mL 容量瓶中，加入钒钼酸铵显色剂 10mL，用水稀释至刻度，摇匀，常温下放置 10min 以上，用 1cm 比色皿，在 400nm 波长下，用分光光度计测定各溶液的吸光度，在工作曲线上计算试样分解液的磷含量（m_1）。

每个试样取两个重复平行测定。

4. 结果表示与计算 总磷含量的计算公式如下：

$$总磷含量 = \frac{m_1 \times V}{m \times V_1 \times 10^6} \times 100\%$$

式中：m 为试样的质量（g）；m_1 为由标准曲线计算出试样溶液磷的含量（μg）；V_1 为移取试样溶液的体积（mL）；V 为试样溶液的总体积（mL）。

试验结果为两个重复的平均值，结果保留两位小数。

五、重点/难点

1. 重点 牧草各化学组分的测定原理，各化学组分测定程序及步骤。

2. 难点 常见牧草的化学组分含量。

六、示例

紫花苜蓿样品粗灰分含量测定

1. 试样的制备 取具有代表性的紫花苜蓿干草样品至少 2kg，用四分法缩分至 250g，粉碎后过 0.42mm 的孔筛，混匀，装入样品瓶中，密闭，保存配用。

2. 坩埚烘至恒重 将干净带盖坩埚放入马弗炉，在（550±20）℃下灼烧至少 30min，取出，在空气中冷却约 1min，放入干燥器冷却 30min，称其质量。再重复灼烧冷却至恒重（精确至 0.001g）。

3. 试样的测定 取两个重复平行测定。每个重复称取 2g（精确至 0.001g）试样放置于已恒重的坩埚中，放置电炉上，在较低温度状态加热灼烧至无烟，后升温灼烧至样品无炭粒，再放入预先加热好的（550±20）℃的马弗炉中，锅盖打开少许，灼烧 2h。灼烧完毕，观察灼烧情况。待到炉温降至 200℃以下，打开马弗炉取出坩埚，在空气中冷却约 1min，放入干燥器冷却至 30min，称取质量。再同样灼烧 1h，至恒重（精确至 0.001g），直至两次质量差值为 0.001g。

4. 结果表示与计算 将两次重复所测数值分别代入以下公式：

$$粗灰分含量=\frac{m_2-m_0}{m_1-m_0}\times 100\%$$

重复 1 粗灰分含量：(22.309－22.305)/(24.317－22.305) ×100%≈0.2%

重复 2 粗灰分含量：(22.312－2.305)/(24.325－22.305) ×100%≈0.3%

样品粗灰分含量：(0.2%＋0.3%)/2＝0.25%

七、思考题

1. 1kg 的饲草中含有 25g 的粗蛋白质，则 1kg 饲草中含有多少氮？
2. 如何计算饲草干物质中的粗灰分、有机物的含量？

八、参考文献

全国饲料工业标准化技术委员会，2006. 饲料中粗脂肪的测定：GB/T 6433—2006 [S]. 北京：中国标准出版社.

全国饲料工业标准化技术委员会，2007. 饲料中粗灰分的测定：GB/T 6438—2007 [S]. 北京：中国标准出版社.

全国饲料工业标准化技术委员会，2007. 饲料中酸性洗涤木质素（ADL）的测定：GB/T 20805—2006 [S]. 北京：中国标准出版社.

全国饲料工业标准化技术委员会，2007. 饲料中中性洗涤纤维（NDF）的测定：GB/T 20806—2006 [S]. 北京：中国标准出版社.

全国饲料工业标准化技术委员会，2018. 饲料中粗蛋白的测定　凯氏定氮法：GB/T 6432—2018 [S]. 北京：中国标准出版社.

全国饲料工业标准化技术委员会，2018. 饲料中钙的测定：GB/T 6436—2018 [S]. 北京：中国标准出版社.

全国饲料工业标准化技术委员会，2018. 饲料中总磷的测定　分光光度法：GB/T 6437—2018 [S]. 北京：中国标准出版社.

中华人民共和国农业部，2008. 饲料中酸性洗涤纤维的测定：NY/T 1459—2007 [S]. 北京：中国农业出版社.

李曼莉，毛培胜

中国农业大学

实验十四　牧草消化率的评定

一、背景

牧草营养价值不仅包括牧草营养物质含量，还包括其可消化性。牧草消化率的高低，影响家畜对牧草营养物质的吸收，从而影响家畜的生产性能和经济效益。牧草中可消化的营养物质含量越多，表明其营养价值越高。消化率是决定牧草营养价值的重要因素，也是影响草畜关系变化的关键指标。

影响牧草消化率的因素很多，牧草的种类、生长阶段、牧草的部位、加工调制方法以及动物种类和年龄等，均会导致消化率的差异。牧草中不同成分的消化率和消化方式差异很大，蛋白质、脂肪、中性洗涤可溶物、淀粉、可溶性糖类都与内源性分泌物质有关，而纤维物质没有内源性损失物质，牧草总干物质消化率则主要受细胞壁纤维影响。

牧草消化率的评定方法有全收粪法、食道瘘管法、内源指示剂法、饱和烷烃法、外源指示剂法、两级离体消化法、体外产气法等。测定消化率的传统方法——全收粪法，工作量大，所需时间长，而且受到各种因素的影响。对于粗饲料而言，体内法测定还受到粗、精饲料搭配比例的影响。因此，人们愈来愈倾向于应用体外的方法对消化率进行测定。1963 年，英国营养学家 Tilley 和 Terry 首次提出的反刍家畜两级离体消化试验法，经过不断改进和完善，被认为是间接测定饲草常规体外消化率比较可靠的方法。该方法简单易行，且所测得的结果与体内消化法有高度的相关性，被广泛应用于大批量牧草样品消化率的测定。而 Maye 于 1986 年创立采用链烷技术测定牧草消化率，该方法仅仅是个化学过程，不需离体消化法校正体内的消化率，操作过程简便，结果重复性好，且克服了瘘管测定消化率时动物个体差异大、费时长的问题。

本实验主要选取目前应用最为广泛的评定牧草干物质消化率方法进行介绍，即反刍家畜两级离体消化试验法。

二、目的

采用反刍家畜两级离体消化试验法，评定牧草干物质消化率，学习和了解该方法测定的原理，掌握测定方法及步骤。

三、实验类型

综合型。

四、内容与步骤

1. 材料　烘干粉碎后过 0.42mm 孔筛的牧草干样。

2. 仪器设备和试剂

（1）仪器设备：容积为 100mL 的消化管、过滤袋、离心机、水浴锅、电子天平、烘箱等。

（2）试剂：盐酸（分析纯）、蒸馏水、饱和 $HgCl_2$ 溶液、KH_2PO_4、$MgSO_4 \cdot 7H_2O$、NaCl、$CaCl_2 \cdot 2H_2O$、Na_2CO_3、$Na_2S \cdot 9H_2O$、胃蛋白酶等。

3. 测定内容与步骤

（1）溶液的配制：

A 缓冲液成分：10g/L KH_2PO_4、0.5g/L $MgSO_4 \cdot 7H_2O$、0.5g/L NaCl、0.1g/L $CaCl_2 \cdot 2H_2O$。

B 缓冲液成分：150g/L Na_2CO_3 和 1g/L $Na_2S \cdot 9H_2O$。

Kansas 缓冲营养液的配制：使用前将 1 000mL A 缓冲液与 20mL B 缓冲液混合即可。

酸性胃蛋白酶溶液：每 100mL HCl（3mol/L）中溶解胃蛋白酶 30g。

（2）瘤胃液的采集与处理：选用 5 头健康状况良好、日粮一致且安装有永久性瘤胃瘘管的荷斯坦奶牛作为瘤胃液供体。于晨饲前 1h 通过瘤胃瘘管分别采集每头奶牛的瘤胃液约 400mL，混合后，经 4 层纱布过滤，迅速加入装有缓冲液（热水浴中预热至 39～40℃）的玻璃瓶中，并向溶液中通 CO_2（20～30min）使 pH 在 6.5～7.0，配制成混合培养液（瘤胃液与缓冲液的配比为 1∶1）。

（3）体外培养：

①加入混合培养液：准确称取 0.5g 的干草试样（每个试样 3 个重复），置于放有过滤袋的 100mL 玻璃培养管，加入预热好的混合培养液 50mL。混合培养液应边加热边用磁力搅拌器进行搅拌，并充 CO_2，使溶液和试管内空间全部充满 CO_2，然后旋紧带有放气阀门的橡皮塞，密封，使管内达厌氧状态，置于 39～40℃的水浴振荡培养器中培养 48h。

②振荡：发酵开始 6h 内每小时摇动一次，以后每 2h 摇动一次，12h 后每 4h 摇动一次。

③冲洗：发酵 48h 后倒去全部培养液，取出过滤袋，迅速用冷水冲洗，以终止微生物发酵反应。

④加入胃蛋白酶溶液：在每个培养管加入 50mL 的胃蛋白酶溶液，不充入 CO_2，在 39℃水浴锅继续培养 48h，并且每天振动两次。再取出培养管，每管加入 1mL 的饱和 $HgCl_2$ 溶液，以 3 000r/min 离心 10min，倾倒出上清液。

⑤烘干：培养结束后，取出培养管，用蒸馏水 30mL，洗涤残渣，再离心，倾倒出洗液，将离心管放入 105℃的烘箱中烘干，取出后置于干燥器中冷却，准确称至恒重。测定每批样品的同时设置空白管（只加缓冲液和瘤胃液），和样品同时进行培养与测定。称量和计算样品干物质消化率。

4. 结果表示与计算

牧草干物质消化率=[样品干重－(消化残渣干重－空白)]/样品干重×100%

3 个重复平均值作为样品最终消化率测定结果，结果保留两位小数。

五、重点/难点

1. 重点 牧草消化率的测定原理、程序和步骤。
2. 难点 牧草样品的均匀性和瘤胃液的采集保存。

六、示例

紫花苜蓿样品干物质消化率测定

1. 试样的准备 取具有代表性的紫花苜蓿干草样品至少 2kg，用四分法缩分至 250g，粉碎后过 40 目的孔筛，混匀，装入样品袋中，密闭，保存配用。

2. 瘤胃液的采集与处理 选用 5 头健康状况良好、日粮一致且安装有永久性瘤胃瘘管的荷斯坦奶牛作为瘤胃液供体。于晨饲前 1h 通过瘤胃瘘管分别采集每头奶牛的瘤胃液约 400mL，混合后，经 4 层纱布过滤，迅速加入装有缓冲液（热水浴中预热至 39～40℃）的玻璃瓶中，并向溶液中通 CO_2（20～30min）使 pH 在 6.5～7.0，配制成混合培养液（瘤胃液与缓冲液的配比为 1∶1）。

3. 体外培养

（1）加入混合培养液：准确称取 0.5g 的紫花苜蓿干草试样（每个试样 3 个重复），置于放有过滤袋的 100mL 玻璃培养管，加入预热好的混合培养液 50mL（同时将不加入紫花苜蓿干草试样的缓冲液和瘤胃液作为空白，同时进行测定）。混合培养液，边加热边用磁力搅拌器进行搅拌，并充 CO_2，使溶液和试管内空间全部充满 CO_2，然后旋紧带有放气阀门的橡皮塞，密封，使管内达厌氧状态，置于 39～40℃的水浴振荡培养器中培养 48h。

（2）振荡：发酵开始 6h 内每小时摇动一次，以后每 2h 摇动一次，12h 后每 4h 摇动一次。

（3）冲洗：发酵 48h 后倒去全部培养液，取出过滤袋，迅速用冷水冲洗，以终止微生物发酵反应。

（4）加入胃蛋白酶溶液：在每个培养加入 50mL 的胃蛋白酶溶液，不充入 CO_2，在 39℃水浴锅继续培养 48h，并且每天振动两次。再取出培养管，每管加入 1mL 的饱和 $HgCl_2$ 溶液，以 3 000r/min 离心 10min，倾倒出上清液。

（5）烘干：培养结束后，取出培养管，用蒸馏水 30mL，洗涤残渣，再离心，倾倒出洗液，将离心管放入 105℃的烘箱中烘干，取出后置于干燥器中冷却，准确称至恒重。称量和计算样品干物质消化率。

4. 结果表示与计算 将所测数据代入公式，计算紫花苜蓿样品各重复干物质消化率。

重复 1 紫花苜蓿干物质消化率=[0.500 9－(0.486 5－0.298 3)]/0.500 9×100%≈62.43%

重复 2 紫花苜蓿干物质消化率=[0.500 3－(0.486 2－0.298 3)]/0.500 3×100%≈62.44%

重复 3 紫花苜蓿干物质消化率=[0.500 6－(0.485 9－0.298 3)]/0.500 6×100%≈62.52%

样品　紫花苜蓿干物质消化率=(62.43%+62.44%+62.52%)/3=62.46%

七、思考题

1. 使用反刍家畜两级离体消化试验法测定牧草消化率有何优点?

2. 使用反刍家畜两级离体消化试验法测定牧草消化率，有哪些关键点及操作步骤易造成误差?

八、参考文献

Tilley J M A，Terry R A，1963. A two-stage technique for the in vitro digestion of forage crops [J]. Journal of British Grassland Society，18：104-111.

李曼莉，毛培胜
中国农业大学

实验十五　干草品质的鉴定

一、背景

干草是指将鲜草刈割后自然或人工干燥，使其含水量保持在18%以下而能长期保存的草产品。干草具有营养价值较高、耐贮存的优点，成为饲喂家畜和开展草地畜牧业生产的主要饲草料。

草地上的牧草通常以放牧或刈割的方式来供给家畜利用，特别是为食草动物提供了大量的饲草，在牧草利用过程中，传统上以牧草收获后的散干草为主要形式，由于散干草运输过程中的局限，以及随着家畜饲养数量增加、规模化集约化养殖、草产品市场需求的扩大和机械加工制造业的发展，需要将干草初步加工制成草捆进行运输和销售。干草是草产品市场生产和贸易的主要产品，其质量状况对于满足家畜营养需求、规范市场贸易以及实现优质、优价具有积极的意义。干草品质鉴定是依据干草质量分级标准，利用各种检测技术，对干草质量进行相应等级的判断。

干草品质将决定家畜的自由采食量及生产性能。尤其是随着家畜饲养集约化程度和市场贸易规范化水平的提高，干草质量成为草牧业生产关注的焦点。生产实践证明，干草的植物学组成、颜色、气味、含叶量等外观与饲用价值、适口性及营养价值存在密切的联系。在生产实践中，通常根据干草的外观特征鉴定干草的饲用价值。

干草品质鉴定可以科学评价干草的营养价值和饲喂价值，为管理人员在饲喂家畜的过程中合理搭配日粮提供科学依据，同时也有助于规范草产品市场，为生产者、经营者确定合理的干草产品价格。基于不同品质干草价格的差异，可通过科学栽培管理、加工、贮藏促进生产优质的干草产品。

二、目的

掌握干草品质的感官评价和化学鉴定方法，熟悉干草品质鉴定的操作方法，具备评价干草品质优劣的技术能力。

三、实验类型

综合型。

四、实验内容与步骤

（一）感官和物理鉴定指标

1. 根据植物组成鉴定　植物种类不同，营养价值差异较大。按植物组成，牧草一般有豆科、禾本科及其他科可食牧草、不可食牧草和有毒有害牧草。天然草地刈割调制的干草，豆科牧草所占比例较大的为优等草；禾本科和其他科可食牧草所占比例较大的为中等牧草；不可食牧草所占比例较大的为劣等草；有毒有害牧草植株超过10%的不可作为饲用牧草。人工栽培的单播草地，只要混入杂草不多，就不必进行植物学组成鉴定。

2. 根据草的颜色和气味鉴定　干草绿色程度越深，表明胡萝卜素和其他营养成分含量越高，品质越优。此外，芳香气味也可作为干草品质优劣的标志之一。按绿色程度可把干草品质分为4类。

①鲜绿色：表示干草刈割适时，调制过程未遭雨淋和阳光强烈曝晒，贮藏过程未遇高温发酵，较好地保存了青草中的成分，属优良干草。

②淡绿色：表示干草的晒制和保藏基本合理，未遭雨淋发霉，营养物质无重大损失，属良好干草。

③黄褐色：表示青草刈割过晚，或晒制过程遭雨淋或贮藏期内经过高温发酵，营养成分虽受到重大损失，但尚未失去饲用价值，属次等干草。

④暗褐色：表示干草的调制与贮藏不合理，不仅受到雨淋，而且发霉变质，不宜再作为饲草利用。

3. 根据干草的含叶量鉴定　一般情况下，叶片所含的蛋白质和矿物质比茎多1～1.5倍，胡萝卜素多10～15倍，粗纤维少50%～100%，因此干草含叶量是评定其营养价值高低的重要指标。

4. 根据牧草的刈割期鉴定　刈割期对干草的品质影响很大，一般栽培豆科牧草在现蕾期至开花期适宜刈割，禾本科牧草在抽穗至开花期比较适宜刈割。天然草原由多种牧草组成，一般按禾本科、豆科牧草确定刈割期。禾本科牧草花期刈割时，小穗中只有花没有种子；刈割过晚时大多数小穗含种子或落粒。豆科牧草花期刈割时，在茎下部的2～3个花序中有花；刈割过晚则种子大量形成或脱落。

5. 根据干草的含水量鉴定　一般干草的含水量在18%以下，可长期贮藏的干草含水量要求低于14%。

除了上述指标外，干草中有比例较大的不可食牧草和混杂物，需要经过适当处理或加工调制后，才能作为饲喂家畜或贮藏的合格干草。对于严重变质发霉，有毒有害植物超过1%以上，或泥沙杂质过多的，属于不合格干草，不适于作为饲草饲用或贮藏。

6. 豆科牧草干草品质的感官和物理鉴定评价　根据农业行业标准《豆科牧草干草质量分级》（NY/T 1574—2007）规定，豆科牧草干草质量的感官和物理指标有色泽、气味、收获期、叶量、杂草、含水量、异物（前3项为感官指标），并且根据各项指标分为4个等级（表1-15-1）。

7. 禾本科牧草干草品质的感官和物理鉴定　根据农业行业标准《禾本科牧草干草质量分级》（NY/T 728—2003）规定，禾本科牧草干草质量的感官和物理指标有色泽、气味、收获期、杂物和霉变、杂草，并且根据各项指标分为 4 个等级（表 1－15－2）。

表 1－15－1　豆科牧草干草质量感官和物理指标及分级

指　标	等　级			
	特级	一级	二级	三级
色泽	草绿色	灰绿色	黄绿色	黄色
气味	芳香味	草味	淡草味	无味
收获期	现蕾期	开花期	结实初期	结实期
含叶量（%）	50～60	30～49	20～29	6～19
杂草含量（%）	＜3.0	＜5.0	＜8.0	＜12.0
含水量（%）	15～16	17～18	19～20	21～22
异物含量（%）	0	＜0.2	＜0.4	＜0.6

表 1－15－2　禾本科牧草干草质量感官性状评价指标及分级

指　标	等　级			
	特级	一级	二级	三级
色泽	鲜绿色或绿色	绿色	绿色或浅绿色	淡绿色或浅黄色
气味	浓郁的干草香味	草香味	草香味	
收获期	抽穗前	抽穗前	抽穗初期或抽穗期	结实期
杂草（人工草地及改良草地）%	＜1.0	＜2.0	＜5.0	＜8.0
杂草（天然草地）%	＜3.0	＜5.0	＜7.0	＜8.0
杂物和霉变	无	无	无	无

（二）化学指标鉴定

1. 样品的采集　采集干草样品，应用采样器对干草进行取样，设 15～20 个取样点，每个取样点采集干草样品 200～250g，均匀混合后作为平均样品。然后再从平均样品中抽取 500g 进行品质鉴定。

2. 豆科牧草干草品质　根据农业行业标准《豆科牧草干草质量分级》（NY/T 1574—2007）规定，豆科牧草干草质量的化学指标有粗蛋白质、中性洗涤纤维、酸性洗涤纤维、粗灰分等指标，并且根据各项指标分为 4 个等级（表 1－15－3）。

表 1－15－3　豆科牧草干草质量的化学指标及分级

指　标	等　级			
	特级	一级	二级	三级
粗蛋白质（%）	＞19.0	＞17.0	＞14.0	＞11.0
中性洗涤纤维（%）	＜40.0	＜46.0	＜53.0	＜60.0
酸性洗涤纤维（%）	＜31.0	＜35.0	＜40.0	＜42.0
粗灰分（%）	＜12.5	＜12.5	＜12.5	＜12.5

注：各项指标均以 86%干物质为基础计算。

3. 禾本科牧草干草品质　根据农业行业标准《禾本科牧草干草质量分级》（NY/T 728—2003）规定，禾本科牧草干草质量的理化指标包括干草粗蛋白质和水分含量，并且根据各项指标分为4个等级（表1-15-4）。

表1-15-4　禾本科牧草干草质量分级

指　标	等　级			
	特级	一级	二级	三级
粗蛋白质（%）	≥11.0	≥9.0，<11.0	≥7.0，<9.0	≥5.0，<7.0
水分（%）	≤14.0	≤14.0	≤14.0	≤14.0

注：粗蛋白质含量以绝对干物质为基础计算。

4. 测定指标及方法

（1）水分含量的测定：

仪器：电热鼓风干燥箱、盛样器、分析天平（精确至0.000 1g）等。

方法步骤：将干草样品放入干燥清洁的盛样器中称量，然后放入65℃的电热鼓风干燥箱中鼓风干燥12h，烘干后取出盛样器和样品放入干燥器内，冷却后及时称量。减少的部分为水分含量。

$$含水量=\frac{(W_2-W_3)}{(W_2-W_1)}\times 100\%$$

式中：W_1为烘干盛样器的质量（g）；W_2为试样+盛样器质量（g）；W_3为烘干样品+盛样器质量（g）。

（2）粗蛋白质的测定：

仪器：全自动凯氏定氮仪、分析天平（精确至0.000 1g）等。

药品：配制方法如下。1% 硼酸溶液：10g硼酸（分析纯）溶于1 000mL蒸馏水（用稀碱调节pH至4.5）；40%氢氧化钠溶液：400g氢氧化钠（分析纯）溶于1 000mL蒸馏水；盐酸标准溶液：25mL的盐酸（分析纯）注入3 000mL的蒸馏水中制备0.1mol/L的盐酸标准溶液，再用无水碳酸钠溶液标定，本试验中标定的盐酸浓度为0.096 5mol/L；定氮混合指示剂：0.1g溴甲酚绿溶于100mL 95%乙醇，0.1g甲基红溶于100mL 95%乙醇，然后在每1L 1%硼酸溶液中加入10mL的溴甲酚绿溶液和7mL甲基红溶液。

方法步骤：①消化：准确称取0.2g左右样品（精确至0.000 1g），无损失地放入消解管的底部，加入10mL浓硫酸和6.4g硫酸铜与硫酸钠的混合催化剂，摇匀，放置过夜，将消解管放在消解炉上以290℃炭化15min，然后升高至420℃进行消解3h（以温度420℃开始计时），将消解完的样品从消解炉上取下冷却至室温，待测。②蒸馏：设定定氮仪的工作程序和工作参数，蒸馏过程中添加的试剂有蒸馏水、40%氢氧化钠、1%硼酸，本试验中的滴定终点以体积计算，在定氮仪的控制面板上输入所称样品的质量数据，放下安全门，定氮仪开始对消解液蒸馏并自动滴定，最后定氮仪直接输出粗蛋白质的含量，记录读数即可。每次正式试验前先用0.1g硫酸铵测回收率来检查参数的设定。

（3）中性洗涤纤维的测定：

仪器：纤维分析仪、滤袋、封口机、干燥器、电热鼓风干燥箱、分析天平（精确至0.000 1g）等。

药品：中性洗涤剂（3%十二烷基硫酸钠）。配制方法为：准确称取 18.68g 乙二胺四乙酸二钠（$C_{10}H_{14}-N_2O_8Na_2 \cdot 2H_2O$）和 6.8g 硼酸钠（$Na_2B_4O_7 \cdot 10H_2O$），一同放入 1 000mL 的烧杯中，加入少量蒸馏水，加热溶解后，再加入 30g 十二烷基硫酸钠和 10mL 乙二醇乙醚（$C_4H_{10}O_2$）；称取 4.56g 无水磷酸氢二钠（Na_2HPO_4）置于另一烧杯中，加少量蒸馏水，微微加热，溶解后倾入第一个烧杯中，在容量瓶中稀释至 1 000mL。此溶液的 pH 在 6.9～7.1。

方法步骤：称取 0.5g（±0.001g）饲料样品（W_2）直接装入滤袋中（W_1），同时称取 2 个空白袋，用以测定空白袋的校正系数（C_1）。在距袋口 0.5cm 处用封口机封口，设法使样品在袋中均匀分布。将样品袋平放在样品盘上，除了最顶层的样品盘不放样品，其余 8 层样品盘每层放 3 个滤袋，各滤袋间呈 120°摆放。样品盘放入洗涤容器中，然后注入 1 900～2 000mL中性洗涤剂，拧紧容器盖。按下振荡和加热的按钮，计时 90min。当 90min 以后，关闭加热和振荡开关，先打开废液阀，将废液排尽，关闭排液阀，打开容器盖，加入 1 900～2 000mL热的蒸馏水（90～100℃），盖好盖，按下振荡按钮，持续振荡滤袋 3～5min，重复冲洗 3 次。将样品架从容器中取出，取出样品放在搪瓷盘中，轻轻挤压，用吸水纸吸收滤袋中的水分。再将样品置于 250mL 烧杯中，加入丙酮没过样品，浸泡 3min，取出，吸去丙酮，在通风橱晾干。将风干后的样品于 105℃的烘箱中烘至少 3h，取出后放入干燥器中，30min 后称量（W_3）。每份样品取两个平行样测定，以其算术平均值为结果。

$$\text{中性洗涤纤维含量} = \frac{W_3 - (W_1 \times C_1)}{W_2} \times 100\%$$

式中：W_1 为滤袋质量（g）；W_2 为样品质量（g）；W_3 为提取过程后的质量（g）；C_1 为空白滤袋校正系数（提取后烘干的空白袋质量/空白袋质量）。

（4）酸性洗涤纤维的测定：

仪器：纤维分析仪、滤袋、封口机、干燥器、电热鼓风干燥箱、分析天平（精确至 0.000 1g）等。

药品：酸性洗涤剂（2%三甲基十六烷基溴化铵）。配制方法为：称取 20g 三甲基十六烷基溴化铵溶于 1 000mL 1.0mol/L 的硫酸中，搅拌溶解，必要时过滤。

方法步骤：操作步骤同中性洗涤纤维的测定，每份样品取两个平行样测定，以其算术平均值为结果。

$$\text{酸性洗涤纤维含量} = \frac{W_3 - (W_1 \times C_1)}{W_2} \times 100\%$$

式中：W_1 为滤袋质量（g）；W_2 为样品质量（g）；W_3 为提取过程后的质量（g）；C_1 为空白滤袋校正系数（提取后烘干的空白袋质量/空白袋质量）。

（5）粗灰分的测定：

仪器：样品粉碎机或研钵、分样筛（孔径 0.45mm）、分析天平（精确至 0.000 1g）、高温电炉［可控温度在（550±20）℃］、瓷坩埚（Φ30mm）、干燥器等。

样品：选取有代表性的试样，粉碎后过孔径为 0.45mm 的分样筛，用四分法缩分至 200g，于密封容器中保存以防止成分变化和变质。

方法步骤：首先将空坩埚灼烧至恒重（W_0），将干净坩埚放入高温电炉，在（550±20）℃下灼烧 30min，取出，在空气中冷却约 1min，然后移入干燥器冷却 30min，称量。

再同样灼烧，冷却，称量，直至两次称量之差小于0.000 5g为恒重。称样（W），在已恒重的空坩埚中称入2g左右试样，准确至0.000 1g。将盛有试样的坩埚放入高温电炉中，先在300℃下炭化20min左右，然后温度升至（550±20）℃下灼烧3h，取出，在空气中冷却约1min，移入干燥器冷却30min，称量。再同样灼烧1h，冷却，称量，直至两次称量之差小于0.001g为恒重（W_1）。每个试样至少取两个平行样测定，以其算术平均值为结果。

$$\text{粗灰分含量} = \frac{\text{无机物质量}}{\text{试样质量}} \times 100\% = \frac{W_1 - W_0}{W} \times 100\%$$

式中：W_1 为坩埚＋试样灼烧至恒重（g）；W 为样品质量（g）；W_0 为空坩埚灼烧至恒重（g）。

5. 干草品质的等级判定

（1）豆科牧草干草品质的等级判定：可采用综合判定、分类别判定和单项指标判定3种方式。综合判定是指样品的感官指标和物理指标均同时符合某一等级时，则判定所代表的干草等级；当有任意一项指标低于该等级标准时，则按单项指标最低值所在等级定级。任意一项低于三级标准时，则判定所代表的该批次产品为等级外产品或不合格产品。分类别判定是指按感官或理化指标单独判定等级。单项指标判定是指判定干草某一项指标所在的等级，则判定为该干草在该项指标的质量等级。

（2）禾本科牧草干草品质的等级判定：根据禾本科干草粗蛋白质和水分含量测定结果确定相应的质量等级，对于合格干草产品进行外部感官判定，对于特级、一级、二级的干草样品，其叶色发黄、发白的降低一个等级。天然草地有毒、有害草不超过1%时，保留原来的等级；达到1%时，降低一个等级；超过1%时，如果无法剔除，不能饲喂家畜，为不合格产品，有明显霉变或异物的样品为不合格产品。

五、重点/难点

1. 重点 掌握干草品质的鉴定方法。

2. 难点 天然草地干草产品的品质鉴定。

六、示例

紫花苜蓿干草捆的品质鉴定

1. 取样方法 采用标准取样器采20个重复样代表一批干草捆。对于大批次的干草或差异性较大的干草，应提高取样重复数。在干草捆两端扎口线之间取样，避开草捆边缘15cm以上，用取样器钻取样品的方向与牧草加压方向相同，取样不能达到干草所有的部位时，应随机地在可达到的部位取样。从草捆中抽出取样器时，不应在草捆刈割面和顶部表面采样，同一批样品应在2d内取完。取样结束后将混合在一起的20个样品密封后，放在密闭性能良好的聚乙烯塑料袋中，可在低温、避光、隔热条件下保存，并及时在实验室进行分析鉴定。

2. 感官评价 首先观察感官指标，发现紫花苜蓿干草无异味、色泽为绿色、干草形态基本一致、无霉变、无结块，则判断该干草为合格干草产品。评价结果填入记录表（表 1-15-5）。

表 1-15-5 干草捆质量感官和物理指标评价记录

评价指标	评价结果
色泽	灰绿色
气味	草味
收获期	初花期
含叶量（%）	40
杂草含量（%）	4.0
含水量（%）	14
异物含量（%）	0.1

3. 化学指标鉴定 对所取样品进行处理以达到化学分析的要求，分别对分析样品进行化学分析测定，分析数据填入记录表（表 1-15-6）。

表 1-15-6 紫花苜蓿干草捆的化学指标测定记录（%）

质量指标	分析结果
粗蛋白质	18.0
中性洗涤纤维	41.0
酸性洗涤纤维	32.0
粗灰分	11.0

4. 等级判定 采用分类别判定方式。依据农业行业标准的感官评价分级指标（表 1-15-1），确定该干草的等级为“一级”产品。根据农业行业标准的化学指标分级指标（表 1-15-3）进行鉴定，所测干草的等级为“一级”。

采用综合判定方式。依据农业行业标准的感官评价分级指标（表 1-15-1），确定该干草的等级为“一级”产品。根据农业行业标准的化学指标分级指标（表 1-15-3）进行鉴定，所测干草的等级为“一级”。综合各项评价指标，判定此次收获的紫花苜蓿干草等级为“一级”。

七、思考题

1. 干草品质测定时，如何进行取样以保证其代表性？
2. 豆科干草和禾本科干草品质鉴定等级评价指标的差异比较。

八、参考文献

董宽虎，沈益新，2015. 饲草生产学［M］. 北京：中国农业出版社.

顾洪如，2002. 优质牧草生产大全［M］. 南京：江苏科学技术出版社.
贾慎修，1995. 草地学［M］. 北京：中国农业出版社.
毛培胜，2012. 草产品质量与安全检测［M］. 北京：中国农业出版社.
毛培胜，2015. 草地学［M］. 4 版. 北京：中国农业出版社.
玉柱，贾玉山，2010. 饲草加工与贮藏技术［M］. 北京：中国农业大学出版社.

王明君，胡国富，殷秀杰
东北农业大学

实验十六　青贮饲草及半干青贮饲草的调制与品质鉴定

一、背景

青贮饲草是食草家畜饲养和草产品生产加工的一种重要产品。青贮饲草由于具有许多优点，在饲草生产实践中得到迅速推广和应用。第一，青贮饲草能有效地保存营养成分，由于在封闭的容器中发酵调制，所以营养价值只降低3%～10%，尤其是粗蛋白质和胡萝卜素的损失很少，比干草优势明显。第二，青贮饲草适口性好、消化率高，可以保持鲜嫩多汁、质地柔软，并且产生大量的乳酸和少部分醋酸，具有酸甜清香味，从而提高了家畜的适口性。有些植物如菊芋、向日葵茎叶和一些蒿类植物风干后，具有特殊气味，而经青贮发酵后，异味消失，适口性增强。第三，扩大饲料来源，有利于养殖业集约化经营，对于农作物秸秆等废弃物以及畜禽不喜采食或不能采食的野草、野菜等无毒害植物，适时收割并进行青贮，均可变成柔软多汁的青贮饲草，并且青贮饲草单位容量大，每立方米青贮饲草的质量为450～700kg，干物质占1/3左右，节约贮存空间，贮存环境密闭，不受环境影响，便于长期贮存，可实现饲草料的周年供应。第四，青贮饲草安全性高，减少病菌的摄入以及寄生虫、消化道疾病的发生，因水分含量较大而有效避免火灾。

调制青贮饲草比晒制干草具有更大的优越性，它可以缓解青饲料的季节性供需矛盾，均衡青饲料供应，满足反刍动物冬、春季的营养需要等。全年饲喂青贮饲草，可使家畜终年保持高水平的营养状态和生产水平。青贮饲草已经成为奶牛饲养维持和提高产奶量必备饲草料。

二、目的

掌握青贮饲草及半干青贮饲草发酵的基本原理和加工工艺，了解提高青贮饲草品质的添加剂种类与作用。通过实验操作熟练掌握青贮饲草品质鉴定的方法。

三、实验类型

综合型。

四、实验内容与步骤

（一）常规青贮饲草的调制

1. 青贮原理　青贮的基本原理是将新鲜牧草或饲料作物切碎后，在密闭环境中，利用植物细胞和好气性微生物的呼吸作用，耗尽氧气，造成厌氧条件，促使乳酸菌繁殖活动，通过厌氧呼吸过程，将青贮原料中的碳水化合物，主要是糖类变成以乳酸为主的有机酸，在青贮原料中积聚起来。当有机酸积累到0.65%～1.30%（在优质青贮原料中可达1.5%～2.0%）时，或当pH降至4.2～4.0时，大部分微生物停止繁殖。由于乳酸不断累积，随之酸度增强，最后连乳酸菌本身也受到抑制而停止活动，从而使饲草得以长期保存。

2. 青贮原料 可根据不同地区、不同季节来选择饲草作物或农业副产品一种或按比例混合作为青贮原料，如带穗青玉米、甜玉米青绿秸秆、水稻秸秆、紫花苜蓿、草木樨、秣食豆、青燕麦、苏丹草、马铃薯秧、向日葵花盘、各种菜叶和糠麸等。

3. 仪器设备 青贮设备（包括青贮罐、聚乙烯塑封袋等）、切碎机及揉丝机、真空塑封机、电子天平等。

4. 方法与步骤

（1）青贮容器的准备：一般在实验室内操作通常选用容量较小的容器，如青贮罐、塑封袋等，操作比较方便。

（2）适时刈割：刈割时期也直接影响其品质。禾本科牧草的最适宜刈割期为抽穗期，而豆科牧草以初花期最好。专用青贮玉米（即带穗整株玉米），多在蜡熟末期收获；兼用玉米（即籽粒作粮食或精料，秸秆作青贮饲料的玉米），在蜡熟末期及时收获果穗后，抢收茎秆进行青贮。

（3）调节水分：常规青贮的原料，含水量一般控制在70%左右，水分过多的饲料，青贮前应晾晒控水，室内实验时可通过低温鼓风干燥去除多余水分。水分不足的原料可以采用与高水分原料混贮的形式控制水分含量。

判断水分高低的方法，除实测外，在生产中主要是靠经验来判断。手挤法：抓一把铡碎的青贮原料用力挤30s，伸开手后有水流出或手指间有水，含水量为75%～85%，应该晒一下，或与较干的秸秆一起青贮。扭弯法：在铡碎前，扭弯秸秆的茎时不折断，叶片柔软带绿而不干燥，这时的含水量最合适。

（4）切碎和装填：切碎程度直接影响青贮饲草质量，切碎的程度取决于原料的粗细、软硬程度、含水量、饲喂家畜的种类和铡切的工具等。对牛、羊等反刍动物来说，禾本科和豆科牧草及叶菜类等植物切成2～3cm，玉米和向日葵等粗茎植物切成0.5～2cm，柔软幼嫩的牧草也可不切碎或切长一些。在室内操作时可采用铡刀或小型揉丝机来处理材料。切碎后称量，装入塑封袋中。

（5）压实和密封：填充时要装匀和压实，并用真空塑封机进行抽真空后塑封。

（6）发酵管理：在塑封之后放在室温下进行发酵，定期检查塑封袋是否有漏气现象，发酵30～45d后可开封进行发酵品质和营养品质鉴定。

5. 调制青贮饲草时注意事项

（1）保持青贮容器的封闭环境：减少袋内含氧量，抑制呼吸作用和糖分消耗，避免形成高温发酵，产生较多的丁酸而影响青贮品质，并使pH升高，导致霉菌和氨的产生。

（2）控制青贮原料水分：一般水分在60%～75%，适宜乳酸菌繁殖。水分过多会使糖类被稀释，发酵延长，并会导致青贮原料养分在压挤过程中随汁液渗漏流失；如果水分过少，原料难以压实而滞留过多空气，导致青贮腐败霉烂。

（3）控制适宜含糖量：一般可溶性糖含量在1.5%以上，可保证乳酸菌的正常发酵，以生成乳酸，降低 pH，从而抑制丁酸菌的发酵及防止蛋白质降解为氨。

（二）半干青贮饲草的调制

1. 半干青贮原理 半干青贮也称低水分青贮，是利用原料含水量相对低（40%～55%）、牧草细胞的水势达－60.79～－55.72Pa，并在厌氧条件下，对腐败菌、丁酸菌以至乳酸菌均造成生理干旱状态，使其生长繁殖受到抑制。微生物在青贮过程中发酵微弱，其活动亦很快停止，蛋白质不被分解，有机酸形成数量少。半干青贮饲草具有干草和青贮饲草两者的优点，这种方式特别适合于一般青贮法不易成功的青贮原料，如紫花苜蓿、草木樨和豌豆等豆科牧草。

2. 青贮原料及仪器设备 实验所用青贮原料和仪器设备与常规青贮方法相同。

3. 方法与步骤

（1）半干青贮的调制方法：制作半干青贮的方法步骤与常规青贮方法基本相同，但含水量、长度和装填等环节要求更高。制作时原料应迅速风干，要求在刈割后 24～30h，豆科牧草含水量达到 50%，禾本科牧草达 45%。半干青贮原料必须短于一般青贮，装填必须更紧实，才能造成厌氧环境以提高青贮品质。

（2）原料含水量测定：

田间观测：禾草经晾晒后，茎叶失去鲜绿色，叶片卷成筒状，茎秆基部尚保持鲜绿状态；豆科牧草晾晒至叶片卷成筒状，叶片易折断，压迫茎秆能挤出水分，茎表面可用指甲刮下，这时的含水量约 50%。

原料质量测定：通过直接测量的方法评价含水量的变化。刈割时测定每 100kg 青贮饲料初始含水量 W（%），若青贮时每 100kg 青贮饲料应达到的含水量 X（%），依据公式 $R=(100-W)/(100-X)\times100$ 即可算出每 100kg 青贮原料晒干至要求含水量 X 时的质量 R（kg）。因此，通过青贮原料质量的变化可以判断其含水量的下降情况。

（三）青贮饲草的品质鉴定

1. 青贮饲草的感官评价 青贮结束后，可开袋对青贮饲草进行感官评定，依照德国农业协会青贮饲草质量感官评分标准（表 1－16－1）进行评分。根据青贮饲草的气味、质地、色泽 3 项指标进行评分，将青贮饲草分为优良、良好、中等、腐败 4 个等级。

表 1－16－1 青贮饲草质量感官评定标准

评分标准		得分
气味	无丁酸臭味，有芳香果味或明显的面包香味	14
	有微弱的丁酸臭味，较强的酸味、弱芳香味	10
	丁酸味颇重，或有刺鼻的焦煳臭味或霉味	4
	有很强的丁酸臭味或氨味，或几乎无酸味	2
质地	茎叶结构保持良好	4
	叶子结构保持较差	2
	茎叶结构保持极差或发现有轻度霉菌或污染	1
	茎叶腐烂或污染严重	0

（续）

	评分标准	得分
色泽	与原料相似，烘干后呈淡褐色	2
	略有变色，呈淡黄色或带褐色	1
	变色严重，墨绿色或褪色成黄色，有较强的霉味	0

总分	16～20	10～15	5～9	0～4
等级	优良	良好	中等	腐败

2. 青贮饲草评价的化学指标

（1）pH 测定：

仪器：锥形瓶、精密酸度计。

方法步骤：称取青贮样品 20g 于锥形瓶中，加入 180mL 蒸馏水后，搅拌均匀，用保鲜膜将瓶口封严，置于 4℃冰箱中浸泡，静置 24h，将青贮料浸出液用纱布、滤纸和漏斗过滤至锥形瓶中，采用精密酸度计测定滤液 pH。

（2）铵态氮（NH_3-N）测定：

仪器：离心管、高速离心机、水浴锅、分光光度计。

药品：苯酚显色剂、次氯酸钠试剂。

方法步骤：利用苯酚-次氯酸钠比色测定法。取经过过滤的青贮料浸出液 6mL 于 10mL 离心管中，经过高速离心机离心，取上清液 40μL 或标准液 40μL 加入标好标签的试管中。再向每支试管中加入苯酚显色剂 2.5mL 和次氯酸钠试剂 2.0mL，充分混合均匀。将混合均匀的试管放置在 37℃水浴锅中水浴显色 30min，待试管冷却后，在 550nm 波长的分光光度计下测定样品吸光度。利用吸光值计算铵态氮含量。

（3）乳酸测定：

仪器：高效液相色谱仪、锥形瓶、离心管、高速离心机。

药品：磷酸二氢钾溶液。

方法步骤：利用高效液相色谱仪进行测定。称取青贮样品 10g 于锥形瓶中，加入 900mL 蒸馏水后，搅拌均匀，用保鲜膜将瓶口封严，置于 4℃冰箱中浸泡，静置 48h，将青贮料浸出液用纱布、滤纸和漏斗过滤至锥形瓶中。将移取的滤液 5mL 放到 10mL 离心管中，在 4 000r/min 速度下离心 10min 后，吸取的上清液经 0.2μL 滤膜过滤后上机测定。

测定条件：流动相为 0.1mol/L 的磷酸二氢钾溶液，流速 1.0mL/min，进样量 10μL，柱温 22℃，紫外检测波长 217nm。

（4）挥发性脂肪酸的测定：

仪器：气相色谱仪、锥形瓶、离心管。

药品：偏磷酸、乙酸标样、丙酸标样、丁酸标样。

方法步骤：利用气相色谱仪测定乙酸、丙酸、丁酸的含量。称取青贮样品 10g 于锥形瓶中，加入 900mL 蒸馏水后，搅拌均匀，用保鲜膜将瓶口封严，置于 4℃冰箱中浸泡，静置 48h，将青贮料浸出液用纱布、滤纸和漏斗过滤至锥形瓶中。移取上清液 1mL 和 0.2mL 的

25%偏磷酸加入到 1.5mL 离心管，混匀，冰水浴中放置 30min 后离心，吸取上清液用网孔直径为 0.45μm 滤膜过滤后上机测定。

测定条件：汽化室、检测器温度为 230℃；载气：N_2；柱流量：0.60mL/min，吹扫流量：3.0mL/min；柱温：150℃。

（5）青贮发酵品质的综合评价（等级评定）：采用 V－Score 评分体系（表 1－16－2），以青贮料中的铵态氮/总氮和乙酸、丙酸、丁酸等挥发性脂肪酸作为评定指标，对青贮发酵品质进行评定，满分是 100 分。根据这一评分标准，青贮品质分为良好（>80 分）、尚可（60～80 分）、不良（<60 分）3 个等级。

表 1－16－2　V－Score 分数分配计算式（鲜样重）

氨态氮/总氮（%）		乙酸和丙酸		丁酸等挥发性脂肪酸		V－Score（Y）
X_N	Y_N	X_A	Y_A	X_B	Y_B	
≤5	$Y_N=50$	≤0.2	$Y_A=10$	0～0.5	$Y_B=40-80X_B$	
5～10	$Y_N=60-2X_N$	0.2～1.5	$Y_A=(150-100X_A)/13$	0.5<	$Y_B=0$	
10～20	$Y_N=80-4X_N$	1.5<	$Y_A=0$			$Y=Y_N+Y_A+Y_B$
20<	$Y_N=0$					

注：X_N、X_A、X_B 分别为氨态氮/总氮、乙酸＋丙酸和丁酸等的百分比；Y_N、Y_A、Y_B 分别为氨态氮/总氮（%）、乙酸和丙酸（%）、丁酸等挥发性脂肪酸（%）的得分，Y 为总得分。

（6）青贮饲草的腐败鉴定：如果青贮饲草腐败，其中含氮物质分解形成游离氨，检查有氨的存在可知青贮饲料腐败。

方法步骤：在粗试管中加 2mL 盐酸、乙醇、乙醚混合液，取中部有一铁丝的软木塞，铁丝的尖端弯成钩状，钩一块青贮饲草，伸入试管中，距离液面 2cm，然后塞紧软木塞。如饲草中有氨存在，与混合液中的挥发物质反应生成氯化氨，因而在钩上的青贮饲草四周出现白雾。

（7）青贮饲草的污染鉴定：根据氨、氯化物及硫酸盐的存在来判定青贮饲草的污染程度。

青贮饲草水浸液的制备：称取青贮饲草 25g，剪碎装入 250mL 容量瓶中，加入一定容积的蒸馏水（浸透即可），仔细搅拌，再加蒸馏水至标线，在 20～25℃下放置 1h 左右，在放置过程中经常振荡，而后过滤备用。

氯化物的测定：取上述过滤液 5mL，加 5 滴浓硝酸酸化，然后加 3%硝酸银溶液 10 滴，如果出现白色凝乳状沉淀，就证明存在氯化物，说明青贮饲草已被氯化物污染。

硫酸盐的测定：取滤液 5mL，加 5 滴 1∶3 稀释的盐酸进行酸化，再加 10%氯化钡溶液 10 滴，如果出现白色混浊，就证明青贮饲草已被硫酸盐污染。

（四）半干青贮饲草的品质鉴定

半干青贮饲草的品质鉴定可以参照青贮饲草的评价方法，感官评价时参照青贮饲草质量感官评分标准（表 1－16－1）进行评分，根据青贮的气味、质地、色泽指标将青贮饲料分为优良、良好、中等、腐败 4 个等级。

半干青贮饲草的化学指标评价时，除 pH 指标外，采用 V－Score 评分体系（表 1－16－2），以青贮料中的氨态氮/总氮、乙酸和丙酸、丁酸等挥发性脂肪酸作为评定指标，对青贮发酵品质进行评定，满分是 100 分。

五、重点/难点

1. 重点 掌握常规青贮饲草及半干青贮饲草的调制方法。

2. 难点 常规青贮饲草及半干青贮饲草的品质鉴定。

六、示例

紫花苜蓿和无芒雀麦混播青贮试验

1. 试验材料 紫花苜蓿与无芒雀麦混播草地，播种量为 $9kg/hm^2$ 紫花苜蓿＋$30kg/hm^2$ 无芒雀麦。

2. 刈割时间 在紫花苜蓿达到初花期时刈割。

3. 青贮饲料的制作及取样 将紫花苜蓿与无芒雀麦混播鲜草，用铡刀切成 2～3cm 长的小段，装入聚乙烯塑料袋中，每袋 1kg 左右，用抽真空机抽真空后封口，室温避光保存，青贮期 40d。

4. 品质鉴定 通过试验分析测定，pH 为 4.21，铵态氮/总氮为 4.11％，乳酸含量为 3.37％，乙酸含量为 1.36％，丙酸和丁酸含量为 0，青贮的粗蛋白质含量为 16.35％，中性洗涤纤维含量为 60.53％，酸性洗涤纤维含量为 46.93％，粗脂肪含量为 4.01％，可溶性糖含量为 0.99％。

依照表 1－16－1 所示青贮质量感官评分标准进行评分，综合得分为 16 分，处于 16～20，表明青贮品质优良。采用 V－Score 评分体系（表 1－16－2），综合得分为 100 分，说明青贮发酵品质良好。

七、思考题

1. 描述常规青贮调制的原理以及操作步骤。
2. 说明半干青贮的原理以及操作步骤。
3. 比较常规青贮和半干青贮的异同点。
4. 分析说明青贮饲草或半干青贮饲草品质鉴定的指标。

八、参考文献

董宽虎，沈益新，2015. 饲草生产学 [M]. 2 版. 北京：中国农业出版社.

顾洪如，2002. 优质牧草生产大全 [M]. 南京：江苏科学技术出版社.

贾慎修，1995. 草地学 [M]. 北京：中国农业出版社.

毛培胜，2012. 草产品质量与安全检测 [M]. 北京：中国农业出版社.

毛培胜，2015. 草地学［M］. 4版．北京：中国农业出版社．
徐柱，2004. 中国牧草手册［M］. 北京：化学工业出版社．
玉柱，贾玉山，2010. 饲草加工与贮藏技术［M］. 北京：中国农业大学出版社．

胡国富，殷秀杰，王明君
东北农业大学

实验十七 我国主要草地类型的划分

一、背景

草地类型是指在一定的时空范围内，具有相同自然和经济特征的草地单元，是对草地各种特征的高度抽象和概括。草地分类是草地类型学理论的具体实践。草地分类将草地特征进行抽象类比，找出量、质的区别，划分为不同的类型，分析其发生学的关系，确定其发生系列。通过草地分类，人们可更加深刻认识草地的发生、发展和演替规律，更好地指导人类的草地经营活动和草地资源管理工作。因此，草地分类是认识草地的基本方法，是合理开发、利用与保护草地的重要理论基础，是改良、利用和研究草地的基础性工作。

世界上草地类型纷繁复杂，由于草业科学理论研究时间短，因此各国学者对于草地类型的划分存在着诸多差异，并产生了许多各具特色的草地分类系统。国外的草地分类系统可以分为植物群落学分类法、土地-植物学分类法、植物地形学分类法、气候-植物学分类法、农业经营分类法 5 个大类。我国草地分类学的研究工作起步较晚，20 世纪 50 年代中期，我国著名草地学家王栋根据草地分布的地势、气候、土质和牧草生长状况，首先提出我国天然草地的“雨量地形学”分类法。60 年代初期，先后有许多学者提出过各自不同的草地分类原则和分类方案。经过不断的实践与发展，最终形成具有代表性和广泛应用的两大草地分类法，即植物-生境分类法和综合顺序分类法。1979 年农业部确定采用植物-生境分类法开展全国草地资源调查。此后，植物-生境分类法经多次修订完善，最终形成了用于全国草地资源调查汇总的草地分类法。

二、目的

通过划分不同的草地类型，学生可以深入了解草地资源的多样性，掌握我国草地类型的分类依据和划分方法。

三、实验类型

综合型。

四、内容与步骤

1. 材料 天然草地。

2. 仪器设备 GPS定位仪、便携式电子天平、皮尺、样方框、钢卷尺、剪刀、枝剪、样圆、标本夹、采集桶、采集杖、手持计数器、步度计、点测仪、干燥箱、望远镜、照相机、塑料袋、铅笔、橡皮、记录表格等。

3. 测定内容与步骤

（1）准备工作：收集调查区近30年以上气温、降水等资料，收集或调查该区域群落物种组成、数量特征、外貌和结构等植被特征以及地形、土壤基质等。

（2）草地类型划分：按我国草地分类方法，分为类、亚类、组、型、变型等级。根据调查收集资料，计算≥10℃的天数，依据我国热量带确定分类区热量带；计算确定分类区草原植物群落优势种，判断植物生活型，分析植物层片结构，明确优势层片、建群种等。然后根据以下分级指标进行逐步划分。

①类的划分及命名：

a. 划分指标：气候特征和植被特征。

气候特征：以我国热量带为基础，划分为4个热量指标，温性包括寒温带、温带，暖性包括暖温带，热性包括亚热带、热带，高寒包括青藏高原和高山、亚高山带。

植被特征：在《中国植被》提出的植被型、亚型基础上，根据我国地带性和大范围内生态条件隐域性植被的特征（草本植物为主的群落，郁闭度<0.3），划分出地带性草地类植被7个，非地带性草地类植被3个。其中，地带性类别有草甸草原、草原（也称干草原或典型草原）、荒漠草原、草原化荒漠、荒漠（典型荒漠）、草丛、灌草丛。非地带性类别有草甸、沼泽、稀树灌草丛。

b. 类的命名：类的命名按照区域热量+类的植被型或亚型名称进行。

c. 类的特性：以气候与植被组合起来，共计18个类。

温性草甸草原类：分布在温带半湿润地区，主要由中旱生丛生或根茎禾草与中旱生、旱中生杂类草组成，并混生少量中生草本植物。

温性草原类：分布在温带半干旱气候区，以典型旱生多年生草本为主，丛生禾草常占据优势，有时为旱生小半灌木。

温性荒漠草原类：分布在温带干旱气候区，以多年生强旱丛生小禾草为主，并有一定数量的旱生、强旱生小半灌木及小灌木参与组成。

高寒草甸类：分布在高山（原）带、寒带半湿润地带，以耐寒旱中生、中旱生草本为建群种、优势种。

高寒草原类：分布在西部高山和青藏高原寒冷、干旱气候条件地区，主要由耐寒冷、干旱的多年生草本及垫状小半灌木组成。

高寒荒漠草原类：分布在高山（原）亚寒、寒带寒冷干旱气候地区，由耐寒、强旱生多年生草本和小半灌木组成。

温性草原化荒漠类：分布在温带干旱地区，以强旱生、超旱生小灌木、小半灌木为优势种，并混生一定数量强旱生多年生草本和一年生草本。

温性荒漠类：分布在温带极端干旱气候区，由耐旱性甚强的超旱生半灌木、灌木、小乔木组成，有时混生一年生草本植物。

高寒荒漠类：分布在高山（原）亚寒、寒带，由耐寒、超旱生垫状小半灌木及垫状、莲座状草本组成。

暖性草丛类：分布在暖温带山地温暖湿润、半湿润气候地区，在森林遭受破坏后，形成由暖性多年生耐旱中生草本（中型禾草为主，少数高大禾草、小型莎草、矮禾草、蒿类半灌木）组成的次生草本植被，处于演替的一个阶段。

暖性灌草丛类：分布在暖温带山地温暖半湿润气候地区，在森林遭受连续破坏后，形成以暖性多年生耐旱中生草本为主，并散生旱中生灌木或零星乔木的次生类型。

热性草丛类：分布在亚热带、热带湿润气候地区，森林遭受破坏（砍伐、烧荒、过牧）、水土侵蚀或耕地多年撂荒后形成的以热性耐旱中生多年生草本为主体，混生少量乔木、灌木（郁闭度＜0.1）的次生植被。

热性灌草丛类：分布在热带、亚热带湿润气候地区，原有森林被破坏后形成的以热性耐旱中生多年生草本为主，并散生乔木、灌木（郁闭度＜0.4）的次生植被。

干热稀树灌草丛类：分布在热带和具有热带干热气候的亚热带河谷底部，极端干热气候地区，森林破坏后形成的喜阳、耐旱的热性中生、旱中生次生草本植被。

低地草甸类：分布在土壤湿润，地下水丰富条件下，以中生、旱中生、盐生多年生（有时为一年生）草本为主的隐域性类型。

山地草甸类：分布在山地温带气候带、降水充沛地区，以多年生中生草本（包括禾本科、莎草科、豆科、杂类草）为主的、种类丰富的一种草原类型。

高寒草甸类：分布在高原（山）亚寒带、寒带，寒冷湿润气候下，以耐寒中生多年生草本为主，以矮草占优势，并间生寒中生灌丛的类型。

沼泽类：分布在地表终年或季节性积水的地方，由多年生湿生（沼生）植物形成的隐域性类型。

除上述 18 个类外，还有垫状植被、撂荒地、农林隙地、可利用森林和灌丛林（郁闭度＜0.3）草地等附带利用的草地。

②亚类的划分及命名：亚类是类的补充。不同类型划分依据不同，需要则划分，不需要则不划分。18 个类中只有 7 个类划分亚类。

a. 划分指标：根据大地形、土壤基质、植被等的变化划分。

根据大地形和土壤基质划分：对于温性草甸类、温性草原类和温性荒漠类，根据大地形和土壤基质划分出平原丘陵亚类、山地亚类和沙地亚类。

根据土壤基质理化性质划分：将温性荒漠类划分为砾质温性荒漠亚类、沙质温性荒漠亚类、盐土温性荒漠亚类；将低地草甸类划分为低地典型草甸亚类、低地盐化草甸亚类、低地沼泽化草甸亚类；将高寒草甸类划分为典型高寒草甸亚类、盐化高寒草甸亚类、沼泽化高寒草甸亚类。

根据中地形划分：将山地草甸分为低山草甸亚类和亚高山草甸亚类。

b. 亚类的命名：按照大地形单元（土壤基质，植被）名＋草地类名进行命名。

③组的划分及命名：

a. 划分指标：在草地类和亚类范围内，以组成建群层片的草地植物的经济类群进行划分。各组之间具有生境条件和经济价值上的差异，是草地经营的基本单位。在统一全国草场调查方案时，统一使用 11 个经济类群。

高禾草类群：高度＞1m 的禾本科植物。

中禾草类群：高度为 30～1m 的禾本科植物。

矮禾草类群：高度＜30cm 的禾本科植物。

豆科草本类群：豆科草本植物。

大莎草类群：高度＞20cm 的莎草科、灯心草科和黑三棱科的草本植物。

小莎草类群：高度≤20cm 的莎草科、灯心草科和黑三棱科的草本植物。

杂类草类群：泛指禾本科、豆科、莎草科以外的草本植物。

蒿类半灌木类群：包括蒿属和绢蒿属的半灌木与小半灌木植物。

半灌木类群：除蒿属和绢蒿属外的各种半灌木、小灌木。

灌木类群：无主干的木本植物。

小乔木类群：高 3～5m，有明显主干的木本植物。

b. 组的命名：确定类或亚类中群落的建群层片的优势种，确定其所属经济类群，把相同的经济类群划分一组，不同的划分为不同的组。组的名称同经济类群名称。

④型的划分及命名：在草地组的范围内进行划分，型是分类的基本单位。

a. 划分指标：以主要层片的优势种相同、生境条件相似、利用方式一致来划分。同一个草地型应该是主要层片的优势种相同、生境条件相似、草地利用方式一致。

主要层片的优势种相同：优势层片和次优势层片的优势种相同。

生境条件相似：中地形相同。

草地利用方式一致：放牧、割草、牧刈兼用。

b. 型的命名：以主要层片的优势种命名。若优势层片和次优势层片各有一个优势种，型名是两个优势种名的联合，中间用"、"，如白草型，冰草、冷蒿型。

2016 年农业部颁布了行业标准《草地分类》（NY/T 2997—2016）。该标准将具有相同气候带和植被型组的草地划分为相同的类，将全国的草地划分为 9 个类（表 1-17-1）。在草地类中，按优势种、共优种相同或优势种、共优种为饲用价值相似的植物划分为相同的草地型，将全国草地共划分为 175 个草地型。

表 1-17-1　标准《草地分类》（NY/T 2997—2016）中划分的草地类

草地类	范　围
温性草原类	主要分布在伊万诺夫湿润度（以下简称湿润度）0.13～1.0、年降水量 150～500mm 的温带干旱、半干旱和半湿润地区，以多年生旱生草本植物为主，有一定数量旱中生或强旱生植物的天然草地
高寒草原类	主要分布在湿润度为 0.13～1.0、年降水量 100～400mm 的高山（或高原）亚寒带与寒带半干旱地区，以耐寒的多年生旱生、旱中生或强旱生禾草为优势种，有一定数量旱生半灌木或强旱生小半灌木的草地
温性荒漠类	主要分布在湿润度＜0.13、年降水量＜150mm 的温带极干旱或强干旱地区，以超旱生或强旱生灌木和半灌木为优势种，有一定数量旱生草本或半灌木的草地
高寒荒漠类	主要分布在湿润度＜0.13、年降水量＜100mm 的高山（或高原）亚寒带与寒带极干旱地区，以极稀疏低矮的超旱生垫状半灌木、垫状或莲座状草本植物为主的草地

（续）

草地类	范 围
暖性灌草丛类	主要分布在湿润度>1.0、年降水量>550mm的暖温带地区，以喜暖的多年生中生或旱中生草本植物为优势种，有一定数量灌木、乔木的草地
热性灌草丛类	主要分布在雨季湿润度>1.0、旱季湿润度0.7～1.0、年降水量>700mm的亚热带和热带地区，以热性多年生中生或旱中生草本植物为主，有一定数量灌木、乔木的草地
低地草甸类	主要分布在河岸、河漫滩、海岸滩涂、湖盆边缘、丘间低地、谷地、冲积扇扇缘等地，受地表径流、地下水或季节性积水影响而形成的，以多年生湿中生、中生或湿生草本为优势种的草地
山地草甸类	主要分布在湿润度>1.0、年降水量>500mm的温性山地，以多年生中生草本植物为优势种的草地
高寒草甸类	主要分布在湿润度>1.0、年降水量>400mm的高山（或高原）亚寒带与寒带湿润地区，以耐寒多年生中生草本植物为优势种，或有一定数量中生灌丛的草地

4. 结果表示与计算 根据相关气候、植被、土壤及地形特征，按我国草地分类法可将调查区草原类型划分出来并给予命名，并将结果填入草地类型划分记录表（表1-17-2）中。

表1-17-2 草地类型划分记录

调查地点名称________ 经纬度________ 时间________ 类型划分人（组）________

指 标	内 容
≥10℃的天数	
群落主要层片及其优势物种	
大地形，土壤基质，中地形	
草地利用方式	
草地类型名称	

五、重点/难点

1. 重点 需要重点掌握我国植被中有关植被型及亚型划分标准，了解我国植被类型中与草地相关的类型、群落以及建群种等特征。

2. 难点 我国草地分类法实践性强，一些分类指标没有量化且存在不同分类级别指标重复情况，初学者需要多进行分类实践才能较好掌握。

六、示例

草原类型划分

1. 实验草原区信息 根据调查统计，某地区草原≥10℃的天数为136d，优势层片为多年生草本，通过计算优势层片物种优势度，发现优势种为短花针茅，高度多在20～30cm，亚优势层片为半灌木，优势种为牛枝子；大的地形单元为平原丘陵，地形较为一致，起伏小，草原处于禁牧状态。请对该地区草原进行类型划分并命名。

2. 类的划分及命名 ≥10℃的天数为136d，属于中温带，因此热量指标属于温性，优势层片的优势种为短花针茅，按我国植被类型划分及类型特征，属于荒漠草原植被。类的名称为温性荒漠草原。

3. 亚类的划分及命名 大的地形单元为平原丘陵，按我国草地分类系统，温性荒漠可以进行亚类划分，因此可进一步划分出平原丘陵荒漠草原亚类。亚类的名称为平原丘陵荒漠草原亚类。

4. 组的划分及命名 优势层片的优势种为短花针茅，属于矮禾草组，组的名称为矮禾草组。

5. 型的划分及命名 根据优势层片的优势种为短花针茅，亚优势层片优势种为牛枝子，中地形条件较为一致，草地利用方式一致，划分为短花针茅、牛枝子型，型的名称为短花针茅、牛枝子型。

6. 信息汇总 根据上述信息填报草地类型划分记录表（表1-17-3），该区草地类型为温性荒漠草原类平原丘陵荒漠草原亚类矮禾草组短花针茅、牛枝子型。

表1-17-3 草地类型划分记录

调查地点名称________ 经纬度________ 时间________ 类型划分人（组）________

指标	内容
群落主要层片及其优势物种	优势层片为多年生草本，优势种为短花针茅，高度多在20～30cm，亚优势层片为半灌木，优势种为牛枝子
大地形，土壤基质，中地形	平原丘陵，地形较为一致，起伏小
草地利用方式	草原处于禁牧状态
草地类型名称	温性荒漠草原类平原丘陵荒漠草原亚类矮禾草组短花针茅、牛枝子型

注：≥10℃的天数有136d。

七、思考题

选择所在地区的一个乡（村）或农场，收集或调查气候和草地植物群落相关信息，对草地类型进行划分，并将划分结果填入草地类型划分记录表（表1-17-1）中。

八、参考文献

胡自治，1997. 草原分类学概论［M］. 北京：中国农业出版社，1997.

毛培胜，2015. 草地学［M］. 4版. 北京：中国农业出版社，2015.

全国畜牧业标准化技术委员会，2016. 草地分类：NY/T 2997—2016［S］. 北京：中国农业出版社.

马红彬，沈艳

宁夏大学

实验十八　草地植物物种多样性的指数计算与分析

一、背景

生物多样性是指一定范围内多种多样活的有机体（动物、植物、微生物）有规律地结合所构成稳定的生态综合体，主要包括动物、植物、微生物物种多样性及物种的遗传与变异的多样性、生态系统的多样性3个层次。其中，物种的多样性是生物多样性的关键，它既体现了生物之间及环境之间的复杂关系，又体现了生物资源的丰富性。因此，物种多样性是生物多样性组成的基部单元和最主要的研究对象。

生物多样性的概念于1943年被提出，1949年Simpson在数学统计的基础上提出了多样性的反面，即集中性的概率度量方法，为Simpson指数，现已成为最常用的多样性指标之一。1958年，Shannon等把信息论中的熵理论引入生态学，设计了Shannon - Wiener多样性指数，用来描述物种个体出现的紊乱和不确定性，现已在物种多样性的计算评价工作中得到广泛应用。

20世纪60～80年代，多样性的定义和测量问题成为广泛关注的一个基本问题，数量分析方法被更多地应用到生态学领域中，各种生物多样性的定义和多样性测定指数相继出现，并在20世纪末期形成了各种分析评价方法和数学模型。从20世纪90年代起，国际上开始逐步重视生物多样性评价指标的研究。目前提出的大量生物多样性指数可分为3类：α多样性指数、β多样性指数和γ多样性指数。为了建立地方、国家、区域和全球水平生物多样性现状评价的框架，1993年Reid等提出了一套由20多个指标组成的指标体系。2004年召开的《生物多样性公约》第七次缔约方大会初步确定了8个生物多样性评价指标。欧盟也于2004年首次确定了由15个指标组成的一套指标体系。

我国从20世纪90年代起针对生物多样性评价指标开展了相关研究，但由于生物多样性的监测数据局限，需要在评价指标的科学性、可操作性等方面深入系统研究，对于建立国家级生物多样性评价指标体系具有重要意义。

二、目的

实验采用Simpson和Shannon - Wiener多样性指数来计算和分析植物群落多样性，掌握测定物种多样性的方法，比较不同群落多样性的差异，熟悉多样性指数在植物群落中的应用以及认识物种多样性指数的生态学意义。

三、实验类型

综合型。

四、内容与步骤

1. 材料 准备不同类型草地资源野外调查的样方资料，该样方资料至少涉及两种不同草地的植物群落（如灌草丛、荒漠、草原、草甸、沼泽或南方农林隙地植物群落等），样方资料里具有植物的种类和每种植物密度记录数据，同一群落（类型）调查的样方重复数一般为 3～10（进行该实验时，若校区附近具有 1～2 种不同的以草本植物群落为主的地段，且植物种类不单一，能满足教学班分组布局样方以及进行样方测定的要求来进行，则教学效果更好）。

2. 仪器设备 笔记本计算机或计算器、实验报告纸等。若能开展野外样方测定，还需多种面积不等的样方框（如 0.1～4m^2）、手持 GPS 定位仪、钢卷尺（2m）、测绳（50m）、铅笔、野外调查记录表格和纸张等。

3. 测定内容与步骤

（1）植物群落样地的选取：若在室内利用已有样方资料进行实验，可忽略步骤（1）和步骤（2）的内容，直接进入步骤（3）。

根据植物群落的具体情况，选取 1～2 种不同的草地植物群落所处的中心地段，避免选在两个类型的过渡地带，同一群落中各类植物成分多样并且分布地比较均匀，生境条件基本一致。

（2）用巢式样方确定的最小取样面积：每 4～5 个学生为一组（取样至少 3 次重复，学生至少要分为 3 组），按照 CEPE 巢式样方取样（图 1－18－1），开始使用小样方（如 0.1m^2），随后用一组逐渐成倍扩大面积的巢式样方，逐一统计每个样方面积内的植物总数，以种的数目为纵坐标，样方面积为横坐标，绘制种-面积曲线。曲线开始平伸的一点即群落最小取样面积，它可以作为确定该群落样方大小的初步标准。通常草本植物取样面积为

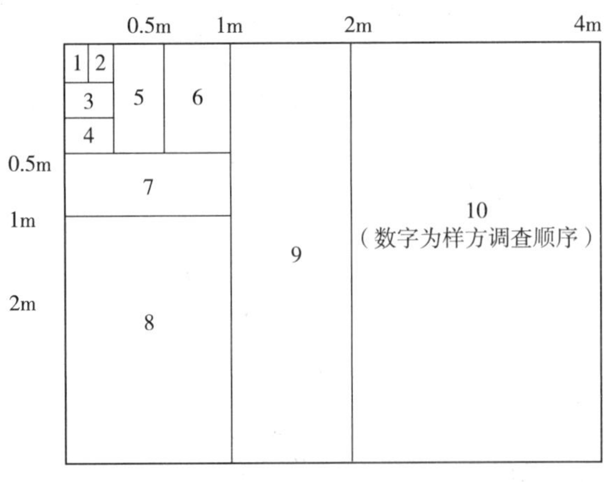

图 1－18－1 巢式样方布置示意

$1m^2$，学生分组在上述的群落类型里分别按照最小取样面积（或用 $1m^2$ 样方）测定植物种数及每个种的个体数，记入巢式样方记录表（表 1－18－1），汇总全班各组资料，并将结果绘制种-面积曲线图。

表 1－18－1　巢式样方记录

面积	序号	植物名称	面积	序号	植物名称
	1			11	
	2			12	
	3			13	
	4			14	
	5			15	
	6			16	
	7			17	
	8			18	
	9			19	
	10			20	

（3）计算群落的植物多样性指数：根据提供（或学生自己调查）的不同类型草地植物群落的野外调查样方里植物种类和密度数据的资料，每人（或每组）利用 Simpson 和 Shannon－Wiener 多样性指数公式，分别计算各类型群落的植物多样性指数，填入记录表（表 1－18－2），并按各类型群落计算平均的植物多样性指数。

表 1－18－2　随机取样样方（××层）植物株数原始数据记录（样方面积×m^2，株）

种　名	样方号									
	1	2	3	4	5	6	7	8	9	10
种类合计										
数量合计（N）										
Simpson 多样性指数										
Shannon－Wiener 指数										

Simpson 多样性指数 $D=1-\frac{\sum_{i=1}^{s}n_i(n_i-1)}{N(N-1)}$。

Shannon－Wiener 多样性指数 $H=-\sum p_i\ln p_i$。

式中：N 为所有种的个体总数；n_i 为第 i 种的个体数；$p_i=n_i/N$。

4. 结果表示与计算

（1）样方面积确定：确定该调查群落的最小取样面积，利用数据资料制作种-面积曲线图（仅室内实验可不做此内容）。

（2）植物多样性计算：按群落类型整理合并数据，并分别计算 Simpson 和 Shannon-Wiener多样性指数，绘制 Simpson 多样性指数的平均控制图，以此平均控制图判断不同群落中或样方中种的多样性的差别（同理，也可绘制 Shannon-Wiener 多样性指数平均控制图）。

（3）结果总结：每人（或每组）汇总全班资料完成实验报告，比较不同群落类型的种多样性指数，并给以生态学意义上的解释。讨论多样性指数在群落分析中的作用，比较不同组之间的结果，分析相同或相异的原因。

五、重点/难点

1. 重点　选择适宜开展巢式样方取样的草地植物群落地段，确定植物群落样方最小取样面积；正确区分和统计样方里植物的种及种的数量。

2. 难点　正确运用植物分类学和统计学等相关知识，便于植物多样性指数公式的正确计算和分析，并用生态学相关知识来正确解释实验结果。

六、示例

1. 草地植物群落物种多样性取样面积确定　参照杨利民等（1997）在东北松嫩草原植物群落物种多样性取样强度研究结果，以羊草（*Leymus chinensis*）-杂类草群落和狼针草（*Stipa baicalensis*）-线叶菊（*Filifolium sibiricum*）群落为代表，在 2 个群落中选择 10 个比较均匀一致的地段作为巢式样方，由 1/64m^2 以几何级数增至 64m^2，并用每一面积单位种数平均值绘种-面积曲线。在此基础上选择 3 个不同的取样面积——1m^2、1/4m^2、1/64m^2 的正方形样方，取样数分别为 30、40、40 个。

巢式样方种-面积曲线结果表明，2 个群落的最小面积均为 1/4～1/ 2m^2。3 种取样面积的结果趋于一致，并在概率 95%水平差异不显著。赞成小面积大数目的取样策略。

2. 物种多样性测定　利用南京紫金山植被样方调查的原始数据（表 1-18-3）进行多样性分析，计算多样性指数。

表 1-18-3　随机取样样方（乔木层）原始数据记录（样方面积 25×20m^2，株）

种　名	样方号									
	1	2	3	4	5	6	7	8	9	10
黄檀（*Dalbergia hupeana*）	4	3	1	5	15	3	4	5	15	
马尾松（*Pinus massoniana*）	3		9	2				11	8	10
枫香（*Liguidambar formosana*）	4		4		1		7		10	14
黄连木（*Pistacia chinensis*）	1					3	1	4		
栓皮栎（*Quercus variabilis*）	31	3	5		32		3			2
四蕊朴（*Celtis tetrandra*）						4				

（续）

种　名	样方号									
	1	2	3	4	5	6	7	8	9	10
榔榆（*Ulmus parvifolia*）	1	2	1		3			1	2	
黑松（*Pinus thunbergii*）		37	30	37			45			
白栎（*Quercus fabri*）		1	1			21		1	2	
麻栎（*Quercus acutissima*）	7	1								2
紫薇（*Lagerstroemia indica*）	1	3	2	1						
黑枣（*Diospyros lotus*）				1	1	1				
化香树（*Platycarya strobilacea*）	3					2		12		
苦槠（*Castanopsis sclerophylla*）		2					2			
青冈（*Cyclobalanopsis glauca*）		2					2			
苦树（*Picrasma quassioides*）								5		
刺槐（*Robinia pseudoacacia*）						40				2
臭椿（*Ailanthus altissima*）									9	
种类合计	9	9	8	5	5	7	7	7	6	5
数量合计（*N*）	55	54	53	46	52	74	64	39	46	30
Simpson 多样性指数	0.66	0.53	0.65	0.35	0.54	0.63	0.49	0.80	0.79	0.68
Shannon－Wiener 指数	1.50	1.25	1.39	0.72	0.97	1.26	1.09	1.67	1.59	1.26

注：原始数据由南京大学高兆杉同志提供，引自内蒙古大学生物系编《植物生态学实验指导》。

计算：以第一个样方数据为例。

$$D = 1 - \frac{\sum_{i=1}^{s} n_i(n_i - 1)}{N(N-1)}$$

$$= 1 - [4\times(4-1) + 3\times(3-1) + 4\times(4-1) + 1\times(1-1) + 31\times(31-1) + 1\times(1-1) + 7\times(7-1) + 1\times(1-1) + 3\times(3-1)]/[55\times(55-1)]$$

$$= 1 - 1\,008/2\,970$$

$$\approx 0.66$$

$$H = -\sum_{i=1}^{s} p_i \ln p_i$$

$$= -[4/55\times\ln(4/55) + 3/55\times\ln(3/55) + 4/55\times\ln(4/55) + 1/55\times\ln(1/55) + 31/55\times\ln(31/55) + 1/55\times\ln(1/55) + 7/55\times\ln(7/55) + 1/55\times\ln(1/55) + 3/55\times\ln(3/55)]$$

$$\approx 1.50$$

七、思考题

1. 如按面积扩大 1/10，种数增加不超过 5%计，所研究群落的最小面积为多大？如按包括样地总数的84%计算，最小面积又是多大？你认为适宜的样方面积为多少？

2. 如以群落表现面积或种的分布格局衡量，最小面积又是如何？

八、参考文献

吕世海，2016. 中国温带草原与荒漠生物多样性［M］. 北京：科学出版社.

内蒙古大学生物系，1986. 植物生态学实验［M］. 北京：高等教育出版社.

武吉华，刘濂，1983. 植物地理实习指导［M］. 北京：高等教育出版社.

杨利民，韩梅，1997. 草地植物群落物种多样性取样强度的研究［J］. 生物多样性，5（3）：168－172.

干友民，孙飞达
四川农业大学

第二篇

实习篇

实习一　草地植物生物学特性与物候期的观察

一、背景

我国草地面积约 3.93 亿 hm^2，占国土总面积的 41.41%，居世界第二位，是我国草牧业健康发展的重要基础和生态环境保护的绿色屏障，直接关系到国家的食物安全、生态安全和社会安全，是我国国计民生的重要保障。草地植物是构成草地群落的主体，也是人类经营利用的主要对象，因而了解和认识草地植物的生物学特性是合理利用草地的理论依据。

草地植物生物学特性是指牧草充分利用外界条件进行生长、发育、繁殖的特性以及牧草对生活条件的适应形成有机物质的能力。研究草地植物的生物学特性是充分了解和认识草地植物的先决条件，有利于掌握、利用以及创造高抗逆、高消化率、高品质等优良特性，为进一步学习牧草的种植、加工及利用提供理论基础，从而不断提高草地的生产力。

草地植物的生长、发育规律与季节性气候变化有关，植物在特定时期对季节性气候变化反应表现出特有的特征，这些时期称为物候期。物候期是草地植物生物学特性最直接的外观表现，研究和了解草地植物物候期对草地的利用和管理具有重要指示作用。例如，可以根据主要牧草的物候期来确定放牧开始、结束及割草的适宜时期；也可通过调控一年生牧草的播种期，使其抽穗期或开花期正好在初霜来临时，以便获得品质优良的天然青干草。此外，物候期的观测与分析可为草地植物品种选育提供科学依据。

二、目的

掌握辨别草地植物生物学特性及物候期观察的方法、标准及操作程序。

三、实习内容与步骤

1. 材料与用具　选择具有代表性的供试植株作为观察材料；钢卷尺、游标卡尺、放大镜、天平、记录本、掘根及洗根器具等。

2. 方法与步骤　草地植物生物学特性及物候期的观测是周年进行的工作，观测时应选择 100m^2 的样区，分地下部分和地上部分进行观测。

（1）地下部分：

①观测内容与指标：多年生草地植物地上部分枯死以后进入休眠，在样区内选择10～15株，掘出其地下部分，观测其形态及休眠芽着生的部位、形态、大小、色泽、芽鳞等，并选

择具有代表性者进行绘图，并测定地下部分的长度、主根的直径、鲜重或干重等。

②观测生长时期：在观测地下部分生长时，针对休眠芽的生长情况，确定冬态和休眠芽延伸期。

冬态是指地上部分变黄枯死以后至休眠芽延伸的时期。休眠芽延伸期是指休眠芽的鳞片松开或稍长的时期。

（2）地上部分：

①观测内容与指标：在选定的样区内，随机固定至少10株正常生长的植物进行观察，并挂上小牌作为标志。每5d观察一次，但在抽穗期和开花初期，应缩短为每1～2d观察一次，因为这两个物候期进入很快而延续时间又短，观察的间隔时间太长，将错过准确的进入和延续时期。每次观测时间应在14:00～16:00进行，但对鸭跖草及萱草等晚上开放、白天闭合的植物，宜在晨露未干前观测。记录草地植物茎和叶的形态特征，茎的高度、直径、节间长度、鲜重（干重），叶的长度、宽度、鲜重（干重）等，并记载样地内各种牧草在调查时所处物候期。

②物候期观测：草地植物在整个生育过程中，要经过几个外部特征不同的物候期。草地植物的物候期主要有萌发（返青）期、分蘖（分枝）期、拔节期、抽穗（现蕾）期、开花期、结实期、果熟期、果后营养期及枯黄期。

a. 物候期的观测标准：

萌发（返青）期：当地面芽变为绿色或地下芽、种子胚芽萌发出土时，就进入了萌发期。观察鉴别草地植物萌发（返青）期的标准，一般以50%的植株返青或萌发时为萌发（返青）期。

分蘖（分枝）期：禾本科牧草从分蘖节产生侧枝的时期称为分蘖期，豆科牧草和杂类草的相应时期称为分枝期，即新苗基部叶腋产生侧枝的时期。鉴别的标准是50%的幼苗从基部分蘖节或叶腋产生侧芽，并形成新枝。

拔节期：禾本科植物在地面出现第一个茎节时，以50%的植株第一个节露出地面1～2cm为标准。

抽穗（现蕾）期：禾本科植物50%花穗伸出顶部叶鞘时称为抽穗期，豆科及杂类草50%的植株形成花苞时称为现蕾期。

开花期：花冠或稃壳（禾草）张开，雄蕊伸出，并开始散布花粉时称为开花期。禾本科植物50%的植株开花称为开花期。豆科及杂类草以20%的植株开花称为开花初期，50%的植株开花称为开花期，80%的植株开花称为开花盛期。

结实期：由受精至种子完全成熟称为结实期。禾本科植物以50%以上的籽粒内充满乳汁并接近正常大小称为乳熟期，以80%以上的种子内含物变干呈蜡质状为蜡熟期，以80%以上种子变坚硬并开始脱落为完熟期。豆科及杂类草植物以20%的植株结荚为初期，以50%的植株结荚为结实期，以80%的植株结荚为盛期，以80%的荚果达到该种子的固有颜色为成熟期。

果后营养期：草地植物结实后，产生夏秋分蘖（分枝）而长期保持绿色营养体的时期。

枯黄期：草地植物结实后由于水分不足、温度下降、霜冻等因素限制而枯死，直至翌年返青前的时期。

b. 重要物候期的代表符号如下：

生育期	代表符号	生育期	代表符号
营养期	—	花后期	)
现蕾期（豆科）	♀	结实期	+
抽穗期（禾本科）	∧	果熟期	♯
始花期	(	果后营养期	～
盛花期	*O*	枯黄期	∞

（3）幼苗：

①观测内容与指标：分别采集定点观测植株的成熟种子，并将采得的每份种子分为2份。将其中一份在采后立即就地播种在母株根际土的周围土壤中，另一份经过若干时期的休眠后熟，再置于培养皿中使其发芽。将人工萌发过程绘制成萌发生长图谱，以此图谱为标准，将自然萌发的（即播种在母株根际土的种子）幼苗在萌发阶段出现日期，填入图谱中，分别表示自然萌发生长时期。

②幼苗生长阶段观测：在种子播种后从萌动到胚根、胚芽、子叶等幼苗生长过程中，观测每个阶段的形态变化特征。

萌动：当胚根突破种皮时为萌动。

胚芽出土：当胚根露出种皮后，上胚轴延伸，胚芽顶出土面时。

下胚轴延伸：当胚根突破种皮后，下胚轴延伸，将子叶顶出土面时。

子叶吐出：子叶出土长大，种皮胀裂或脱落时。

出生叶单（对）生：真叶初展，仅一叶时为出生单叶，具两叶时为出生对叶。

四、重点/难点

1. 重点　草地植物物候期的观察方法及其鉴别。

2. 难点　草地植物生物学特性的观察方法与步骤。

五、示例

糙隐子草物候期观察

1. 观测内容与指标　试验区位于宁夏东部盐池县城郊乡四墩子行政村，北纬37°04′～38°10′，东经106°30′～107°47′。在选定的$100m^2$样区内，随机固定50株正常生长的糙隐子草（*Cleistogenes squarrosa*）进行观察，并挂牌标志。每5d观察一次，发育阶段有较急骤变化时每2d观察一次，每次在16:00进行，列表记录。观察项目有萌发、分蘖、拔节、抽穗、开花、完熟、枯黄，分别记录整理。

2. 物候期判断　返青期为5月下旬，分蘖期为6月中旬，拔节期为7月上旬，抽穗期为8月上旬，开花期为8月中旬，结实期为9月上旬，果后营养期为9月中旬，枯黄期为10月上旬。

六、思考题

1. 影响草地植物生物学特性及物候期的因素有哪些？

2. 禾本科植物与豆科植物的生物学特性和物候期有何异同?

七、参考文献

郭巧生，王建华，张重义，2012. 药用植物栽培学实验实习指导 [M]. 北京：高等教育出版社.

毛培胜，2015. 草地学 [M]. 4版. 北京：中国农业出版社.

杨智明，王琴，王秀娟，等，2005. 放牧强度对草地牧草物候期生活力和土壤含水量的影响 [J]. 农业科学研究，26 (3)：1-3，13.

赵祥

山西农业大学

实习二　草地植物生活型、生态类型及分蘖类型的识别

一、背景

植物的生活型是植物在一定环境条件下长期生存的结果。对外界环境条件适应能力相似和要求相近的植物，可被归为同一生活型。划分生活型的方法很多，主要有丹麦学者郎基耶尔和德国学者克涅尔的生活型分类法。

生态类型指植物在长期进化过程中形成了对气候、土壤等生态因子具有特定要求和适应能力的植物类群，常见的有水分生态类型、土壤生态类型和生物生态类型。

分蘖或分枝是指枝条自地上或地下茎节、根颈、根蘖上生出具有不定根枝条的现象，多年生草类依据分蘖或分枝特点，可分为多种类型。

草地植物的生活型、生态类型及分蘖类型是植物与其生存的环境相互作用、相互影响的结果，也是植物与环境协同进化而形成的适应形态。不同类型植物，在其地上生物量、饲用价值以及对环境的适应性、利用后的再生等方面存在较大差异，对管理和利用的要求也不一致。

二、目的

草地植物种类多样、资源丰富，从生活型、生态类型及分蘖类型的角度进行识别和分析，可使学生了解常见植物生长习性及多年生草类枝条的形成特点，为深入了解植物与环境关系、科学管理和利用草地打下基础。

三、实习内容与步骤

1. 材料　不同类型的天然草原或校园内植物标本。

2. 仪器设备　铁锹、钢卷尺、标本夹、采集杖、标本纸、放大镜、水桶、尼龙袋、铝盒、环刀、记录表格、笔等。

3. 操作步骤

（1）植物和土壤采集：在牧草标本地或草原选定地区上，观测植物外部形态，采集植物标本，必要时测量植物高度，采集一定量土壤样品。

（2）标本制作：挖掘植物地下营养器官，用水冲洗掉挖取的植物根系（如根系细小且易折断需装入尼龙袋内）泥土或杂质，吸干或晾干后压制标本。挖掘时应尽量细心，以防损伤或弄断根系。

（3）植物类型判别：根据课堂讲授的有关知识对相应资料进行查阅，对采集或现有的标本在室内进行生活型、生态类型及分蘖类型的判别。

（4）土壤分析：根据需要，测定土壤 pH、盐分含量等指标。

4. 类型划分

（1）生活型：按照德国学者克涅尔的划分方法，根据外貌将植物生活型划分为 7 类。

①乔木：多年生木本植物，具有明显的木质化主干，一般在 4～60m 上，热带多数树种 25m 左右，上端形成枝叶扩展的树冠。乔木的特点是枝条冬季不死亡，叶全部或部分死亡，树根深 10m 左右，由于枝条上芽离地面较高，也称高位芽植物，在气候湿润地区分布广泛。

②灌木：多年生木本植物，没有明显主干，在地面基部就开始分枝，枝条呈丛状，高度 4～5m，寿命 20～30 年，冬季树干与枝条的芽不死，也称地上芽植物。灌木分布范围较广，一般在荒漠草地中为优势种，在灌丛草原与温性草原中也广泛出现。

③半灌木：半灌木是介于灌木和多年生草本之间的一类植物。半灌木分枝从基部开始，无主干，基部木质化，上部为草质，冬季叶和地上枝条死亡，高度 0.2～0.5m。寿命 10～20 年或更长。半灌木主要分布在温性草原、荒漠或半荒漠地区，是冬、春季放牧家畜的主要饲草。

④多年生草本：多年生草本植物寿命在一年以上，冬季地上部分枯死，根部一般不死，靠地面芽或地下芽过冬，春季复生，多数以营养繁殖为主、种子繁殖为辅。多年生草类是草地植被的主体。

⑤一年生草类：一年生草本植物生活周期在一年之内，包括越年生草类，植物结实后全株死亡，主要以种子繁殖为主。一年生草类主要分布在荒漠、半荒漠草地上。

⑥苔藓类：高等孢子植物，多分布于阴湿的环境中，在热带和亚热带常绿雨林、季雨林、温带针叶林、高山林区以及极地生长繁茂。

⑦地衣类：地衣是真菌和藻类组成的一类共生植物，能生活在各种环境中。根据外部形态地衣可以分为壳状地衣（着生在树皮、石地上）、胶质地衣、叶状地衣和枝状地衣。

（2）生态类型：

①水分生态类型：草地植物多属陆地植物，其水分生态类型主要有湿生植物、中生植物、旱生植物。

a. 湿生植物：生长在水边、沼泽或其他潮湿环境中的植物。一般具有长的茎、柔软宽大的叶片和不发达的根系，叶片通常为大型，蒸腾相对较弱，抗旱能力小，不能忍受长期的空气和土壤干旱。

b. 中生植物：广泛分布于全球不同区域，对空气和土壤湿度具有一定的适应能力。中生植物一般叶片细薄扁平，光滑无茸毛，机械组织发育中等，细胞渗透压不高，地下根系比较发达，根系分布深浅适中。中生植物是旱生植物和湿生植物的中间类型，一部分性状接近湿生植物，一部分性状接近旱生植物，根据其对水分需要分为旱中生植物、中生植物、湿中生植物 3 类。许多中生植物具有良好的饲用价值，产草量也较高，许多栽培牧草如三叶草、早熟禾、紫花苜蓿均属于中生植物，一些毒害草也是中生植物。

c. 旱生植物：能忍受长期土壤和空气干旱，生长于干旱环境中的植物。旱生植物在形态和生理方面形成了许多适应干旱环境的特征和能力。此外，一些单子叶植物的叶片具有扇状的运动细胞，在缺水的情况下，叶片可以收缩卷曲，以减少水分的散失。根据适应干燥环境的形态结构和生理特性，旱生植物可分多浆旱生植物（肉质植物）和少浆旱生植物（非肉质植物）。旱生植物是构成温性草原和温性荒漠草原的主要植物，是草原和荒漠地区最主要的天然饲用植物。一部分旱生植物由于枝叶干燥粗糙，降低了其饲用价值，如刺旋花等。

②根据土壤 pH 划分的生态类型：根据植物对土壤酸碱状况的反应和要求，可以将植物划分为酸性土植物、中性土植物和碱性土植物。

a. 酸性土植物：适宜生长在酸性土壤（pH＜6.7）上的植物，如狗牙根、羽扇豆、酸模等。

b. 中性土植物：适宜在中性土壤（pH 6.7～7.0）上生长的植物，如紫花苜蓿、红三叶、梯牧草等。

c. 碱性土植物：生长和分布于 pH＞7.0 的土壤上的植物。草原、荒漠等干燥地带的牧草大多数能适应一定程度的碱性土壤。

此外，在盐土和碱土上还分布特殊的适应植物。生长在碱土上的重要植物，主要是具有旱生结构的小灌木、半灌木类，如数种蒿类和樟味藜等混生在结皮碱土上。东北地区的碱土植物有碱蓬、西伯利亚滨藜、西伯利亚蓼等。

根据植物对盐分的适应性，还可将植物分为嗜盐植物、滤盐植物和泌盐植物。盐生植物一般叶面萎缩，有特殊的贮水组织，含有大量的灰分，如盐角草、细枝盐爪爪、滨藜等。

（3）分蘖（分枝）类型：多年生牧草常常根据分蘖或分枝所形成枝条分成根茎型、疏丛型、密丛型等各种类型。

①根茎型牧草：具有两种茎，一种是直立茎，另一种是与地面平行的茎，称为根茎。根茎分布在距地表 5～10cm 处。根茎上有节和节间，在根茎的节上可长出垂直的枝条。垂直枝条长出地面，并形成茎和叶。

②疏丛型牧草：具有短茎节，位于地表下 1～5cm 处，枝条以锐角的形式伸出地面，形成株丛，年代较长的植株中央部分常积累有大量的枯死残余物。

③密丛型牧草：分蘖节位于地表上面，节间非常短，由节上长出的枝条几乎垂直地向上生长，枝条彼此紧贴，因而形成了稠密的株丛。

④根茎疏丛型牧草：分蘖节位于地表之下，株丛与株丛之间由短的根茎联系。

⑤匍匐茎型牧草：具有匍匐于地面的匍匐枝，匍匐枝的节处形成叶子和不定根。

⑥根颈型牧草：具有垂直和粗壮的主根，由主根上长出许多粗细不一的侧根。茎的底部加粗部分与根相融合在一起的地方称为根颈，根颈上有更新芽，芽上长出枝条。

⑦根蘖型牧草：具有垂直的短根，在垂直的短根上又长出水平根，水平根上有更新芽，由这些芽形成地上枝条。

⑧无茎莲座型牧草：其叶直接从根颈长出，形成莲座状的叶丛，植株不形成茎，花和果实着生在直接从根颈长出的花梗（花茎）上。

此外，草地上还具有鳞茎、块茎、块根类草类植物。

5. 结果表示与计算 采集植物，判别其生活型、生态类型，并记入植物生活型、生态类型及分蘖类型识别登记表（表 2-2-1）。选择 1～2 种植物描述其分蘖（分枝）类型，并绘出简图。

表 2-2-1 植物生活型、生态类型及分蘖类型识别登记

采集地点________ 调查人（组）________ 经纬度________ 海拔________ 日期________

植物名称	生活型	生态类型	分蘖类型	备　注 （土壤 pH，盐分含量）

四、重点/难点

1. 重点　植物生活型间的主要区别；常见豆科和禾本科植物的分枝、分蘖类型。

2. 难点　植物生活型与生态类型的区别。

五、示例

草地植物生活型和生态类型识别

1. 实习地点信息　选在宁夏银川市周边。

2. 生活型识别　根据植物外部形态，枝条属于草质还是木质以及结实后当年是否死亡等，确定柠条锦鸡儿生活型属于灌木、紫花苜蓿生活型属于多年生草本、燕麦生活型属于一年生草本，结果填入植物生活型、生态类型及分蘖类型识别登记表（表 2-2-2）。

表 2-2-2 植物生活型、生态类型及分蘖类型识别登记

采集地点________ 调查人（组）________ 经纬度________ 海拔________ 日期________

植物名称	生活型	生态类型	分蘖类型	备　注 （土壤 pH，盐分含量）
柠条锦鸡儿	灌木			
紫花苜蓿	多年生草本			
燕麦	一年生草本			

3. 生态类型识别　根据不同植物生长环境的水分条件及其外部形态特征，判断其水分生态类型。如沟渠边生长的慈姑，叶大而薄，根系不发达，属于湿生植物；白三叶、紫花苜蓿等喜水分条件、通气较好的土壤，属中生植物；银灰旋花、砂珍棘豆等生活的环境干旱缺水，植株矮小，根系发达，属旱生植物。

4. 分蘖（分枝）类型识别　对无芒雀麦和紫花苜蓿根系进行观察，发现无芒雀麦具有横走的地下根茎（图 2-2-1），紫花苜蓿具有膨大的根颈（图 2-2-2）。根据分蘖或分枝特征，确定无芒雀麦属于根茎型牧草，紫花苜蓿属于根颈型牧草。

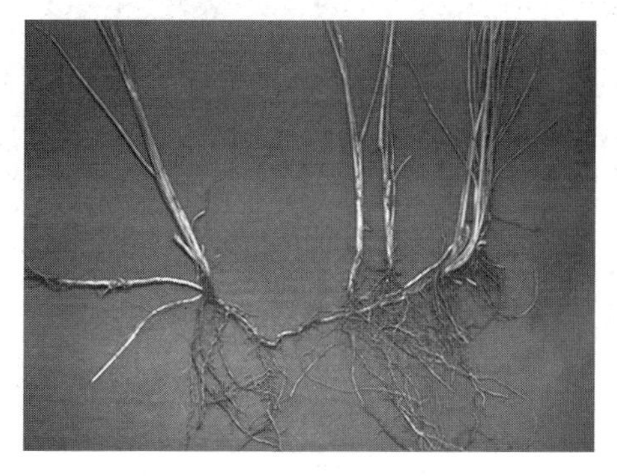

图 2-2-1　根茎型牧草（无芒雀麦）

图 2-2-2　根颈型牧草（紫花苜蓿）

六、思考题

1. 干旱地区农田撂荒后，植物演替的初期阶段为什么会出现大量根茎型植物？
2. 生产实践中种植较晚的豆科植物的返青率为什么会低于同期种植的禾本科植物？

七、参考文献

曹凑贵，展茗，2015. 生态学概论［M］. 3 版 . 北京：高等教育出版社 .
国庆喜，孙龙，2010. 生态学野外实习手册［M］. 北京：高等教育出版社 .
任继周，1998. 草业科学研究方法［M］. 北京：中国农业出版社 .
王友保，2015. 生态学野外实习指导［M］. 芜湖：安徽师范大学出版社 .

沈艳，马红彬
宁夏大学

实习三　草地植物的识别

一、背景

草地植物是草地构成的主体，是环境选择与适应环境而产生的、具有多功能的植物群体，同时也是草地畜牧业生产利用的主要对象。

组成草地的饲用植物主要是多年生草本植物和一些灌木、半灌木，还有部分一年生植物和低等植物。20 世纪 80 年代的草地资源调查结果显示，我国仅可饲用的草地植物就有 6 704种，分属 5 个门、264 个科、1 545 个属。从种的数量来看，禾本科、豆科植物是我国草地饲用植物的主体，分别有 1 157 个和 1 028 个种，其他超过 100 个种的科依次是菊科 532 个种、莎草科 350 个种、蔷薇科 222 个种、藜科 183 个种、百合科 150 个种、蓼科 135 个种、杨柳科 116 个种。上述 9 个科的饲用植物占全部草地饲用植物的 62%，其他科的饲用植物数量较少。

据不完全统计，属于我国草原特有的饲用植物有 24 个科，171 个属，493 个种。其中，禾本科 287 个种（占 59.4%），豆科 93 个种（占 18.7%），菊科 31 个种，藜科 18 个种，蔷薇科 18 个种，莎草科 10 个种。草原植物中，可作为药用、工业用、食用的常见经济植物有数百种，如甘草、地蚕、黄芪、防风、柴胡、知母、黄芩等。

按照经济价值对天然草地饲用植物进行分类，一般可以分为禾本科草类、豆科草类、莎草科草类、杂类草类 4 个经济类群。禾本科和豆科草类的经济价值尤为突出，它们是草地畜牧业发展的重要资源。在荒漠地区，菊科和藜科的植物有特殊经济价值，有时也被单独列为一个经济类群。

草地上植物类群的形态结构、生理生态适应性千差万别，这些差异构成了各具特色的草地植物群落。认识草地植物的外部形态，了解它们的生物学和生态学特征具有十分重要的意义。

二、目的

采集草地植物，进行植物标本的压制，利用植物分属检索表对采集植物进行植物种类的检索和判别，达到对常见草地植物从陌生到熟知的要求，为草地植物的综合利用提供前期保障。

三、内容与步骤

1. 仪器和用具　剪刀、标本夹、放大镜、解剖镜；植物分属检索表。

2. 实习内容与步骤

（1）植物的采集：在采集植物时，应选择具有花、果实或种子的植株，同时需保护好植株的根部，避免植株的残缺。在采集的植株上挂上标有采集人、采集时间、采集地点的标签。

（2）标本的压制：将采集的植物标本平整地放在吸水纸上，并将植株叶片、花序展开平整，对于高大植株可以将其做成N或Z形，然后放在标本夹内压紧，使标本尽快失水干燥定型。在标本压制前3d内，每天需要换2次吸水纸，以利吸水并防止标本发霉腐烂，此后换纸次数可逐渐减少，直至标本干燥。

（3）标本的鉴定：根据标本的根、茎、叶、花、果实或种子等器官的形态和结构，利用植物分属检索表确定植物的种名以及所属的科、属。

（4）标本的保存：将经过鉴定的植物固定在专用的标本台纸上，并注明植物学名、拉丁名、定名人、采集人、采集时间、采集地点等内容（图2-3-1至图2-3-3）。然后进行消毒、防虫等处理，放入标本柜中妥善保存。

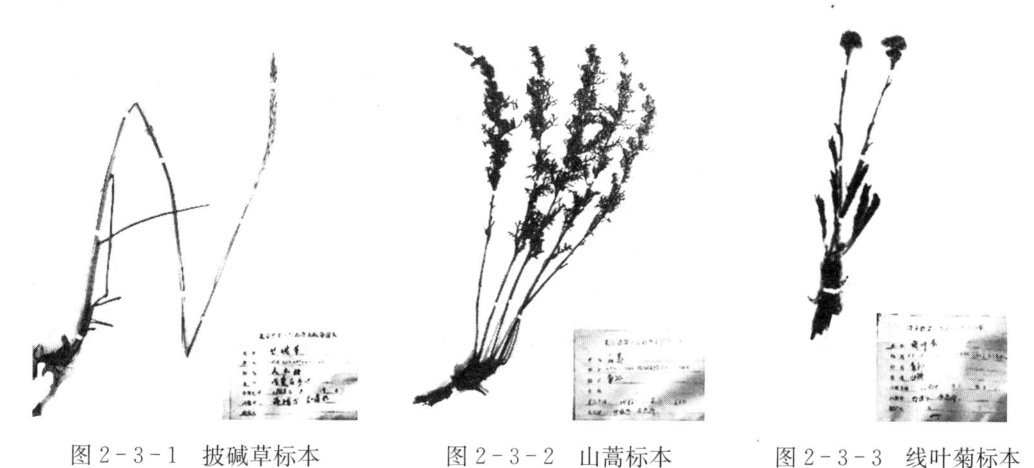

图2-3-1　披碱草标本　　图2-3-2　山蒿标本　　图2-3-3　线叶菊标本

（5）实习地区草地植物名录的编制：根据采集并完成鉴定的标本，编制实习地区草地植物名录。

3. 实习报告及考核　完成实习地区草地植物名录的编制；识别50种以上当地植物，撰写草地植物识别的实习报告。

四、重点/难点

1. 重点　植物采集的注意事项、标本的压制方法及步骤。

2. 难点　实习地区的建群种、优势种的鉴定和识别。

五、示例

河北坝上地区草地植物识别实习

1. 草地植物标本的采集　采集北方农牧交错带生长的完整草地植物全株，在采集的植株上挂上标有采集人、采集时间、采集地点的标签（图 2-3-4、图 2-3-5）。

图 2-3-4　蒙古韭标本

图 2-3-5　并头黄芩标本

2. 草地植物标本的压制与鉴别　将植株叶片、花序展开平整，按要求完成标本的压制、鉴定，并注明植物学名、拉丁名、定名人、采集人、采集时间、采集地点等内容，然后进行消毒、防虫等处理，放入标本柜中妥善保存。

3. 编制植物名录　根据采集的标本，编制河北坝上地区常见草地植物名录。

河北坝上地区常见草地植物名录

一、禾本科 Gramineae

（一）芨芨草属 *Achnatherum*

1. 芨芨草 *Achnatherum splendens*

（二）冰草属 *Agropyron*

2. 冰草 *Agropyron cristatum*

（三）燕麦属 *Avena*

3. 野燕麦 *Avena fatua*

（四）拂子茅属 *Calamagrostis*

4. 拂子茅 *Calamagrostis epigeios*

（五）蒺藜草属 *Cenchrus*

5. 光梗蒺藜草 *Cenchrus incertus*

（六）隐子草属 *Cleistogenes*

6. 糙隐子草 *Cleistogenes squarrosa*

（七）大麦属 *Hordeum*

7. 短芒大麦草（野大麦）*Hordeum brevisubulatum*

8. 芒颖大麦草（芒麦草）*Hordeum jubatum*

（八）赖草属 *Leymus*

9. 羊草 *Leymus chinensis*

10. 赖草 *Leymus secalinus*

（九）芦苇属 *Phragmites*

11. 芦苇 *Phragmites australis*

（十）碱茅属 *Puccinellia*

12. 星星草 *Puccinellia tenuiflora*

（十一）狗尾草属 *Setaria*

13. 金色狗尾草 *Setaria pumila*

14. 狗尾草 *Setaria viridis*

（十二）针茅属 *Stipa*

15. 针茅 *Stipa capillata*

二、莎草科 Cyperaceae

（十三）薹草属 *Carex*

16. 三穗薹草 *Carex tristachya*

（十四）灯芯草属 *Juncus*

17. 小灯芯草 *Juncus bufonius*

18. 细（扁茎）灯心草 *Juncus gracillimus*

三、菊科 Asteraceae

（十五）蒿属 *Artemisia*

19. 冷蒿 *Artemisia frigida*

20. 南牡蒿 *Artemisia eriopoda*

21. 大籽蒿 *Artemisia sieversiana*

22. 猪毛蒿 *Artemisia scoparia*

23. 黄花蒿 *Artemisia annua*

24. 野艾蒿 *Artemisia lavandulaefolia*

（十六）蓟属 *Cirsium*

25. 大蓟 *Cirsium japonicum*

（十七）秋英属 *Cosmos*

26. 波斯菊 *Cosmos bipinnata*

（十八）蓝刺头属 *Echinops*

27. 蓝刺头 *Echinops sphaerocephalus*

（十九）黄顶菊属 *Flaveria*

28. 黄顶菊 *Flaveria bidentis*

（二十）牛膝菊属 *Galinsoga*

29. 牛膝菊 *Galinsoga parviflora*

（二十一）狗娃花属 *Heteropappus*

30. 阿尔泰狗娃花 *Heteropappus altaicus*

（二十二）旋覆花属 *Inula*

31. 欧亚旋覆花 *Inula britanica*

（二十三）苦荬菜属 *Ixeris*

32. 中华苦荬菜 *Ixeris chinensis*

（二十四）火绒草属 *Leontopodium*

33. 火绒草 *Leontopodium leontopodioides*

（二十五）蝟菊属 *Olgaea*

34. 蝟菊 *Olgaea lomonosowii*

（二十六）风毛菊属 *Saussurea*

35. 草地风毛菊 *Saussurea amara*

36. 碱地风毛菊（倒羽叶风毛菊）*Saussurea runcinata*

（二十七）麻花头属 *Serratula*

37. 麻花头 *Serratula centauroides*

（二十八）苦苣菜属 *Sonchus*

38. 长裂苦苣菜 *Sonchus brachyotus*

（二十九）蒲公英属 *Taraxacum*

39. 中亚蒲公英 *Taraxacum centrasiaticum*

四、豆科 Leguminosae

（三十）黄芪属 *Astragalus*

40. 斜茎黄芪（直立黄芪、沙打旺）*Astragalus adsurgens*

（三十一）苜蓿属 *Medicago*

41. 紫花苜蓿 *Medicago sativa*

42. 扁蓿豆 *Medicago ruthenica*

（三十二）草木樨属 *Melilotus*

43. 白花草木樨 *Melilotus albus*

44. 黄花草木樨 *Melilotus officinalis*

（三十三）棘豆属 *Oxytropis*

45. 硬毛棘豆 *Oxytropis fetissovii*

46. 砂珍棘豆 *Oxytropis racemosa*

47. 多叶棘豆 *Oxytropis myriophylla*

（三十四）野决明属 *Thermopsis*

48. 披针叶黄华（野决明）*Thermopsis lanceolata*

五、蔷薇科 Rosaceae

（三十五）地榆属 *Sanguisorba*

49. 地榆 *Sanguisorba officinalis*

（三十六）委陵菜属 *Potentilla*

50. 星毛委陵菜 *Potentilla acaulis*

51. 鹅绒委陵菜（蕨麻）*Potentilla anserina*

52. 二裂委陵菜 *Potentilla bifurca*

53. 细裂委陵菜 *Potentilla chinensis*

54. 匐枝委陵菜 *Potentilla flagellaris*
55. 朝天委陵菜 *Potentilla supina*
56. 轮叶委陵菜 *Potentilla verticillaris*

六、百合科 Liliaceae

（三十七）葱属 *Allium*
57. 黄花葱 *Allium condensatum*
58. 野韭 *Allium ramosum*
59. 细叶韭 *Allium tenuissimum*
（三十八）天门冬属 *Asparagus*
60. 兴安天门冬 *Asparagus dauricus*

七、藜科 Chenopodiaceae

（三十九）滨藜属 *Atriplex*
61. 中亚滨藜 *Atriplex centralasiatica*
62. 西伯利亚滨藜 *Atriplex sibirica*
（四十）冰藜属 *Bassia*
63. 雾冰藜 *Bassia dasyphylla*
（四十一）藜属 *Chenopodium*
64. 尖头叶藜 *Chenopodium acuminatum*
65. 藜 *Chenopodium album*
66. 小藜 *Chenopodium serotinum*
67. 灰绿藜 *Chenopodium glaucum*
（四十二）虫实属 *Corispermum*
68. 兴安虫实 *Corispermum chinganicum*
（四十三）地肤属 *Kochia*
69. 地肤 *Kochia scoparia*
（四十四）猪毛菜属 *Salsola*
70. 猪毛菜 *Salsola collina*
（四十五）碱蓬属 *Suaeda*
71. 盐地碱蓬 *Suaeda salsa*

八、蓼科 Polygonaceae

（四十六）荞麦属 *Fagopyrum*
72. 苦荞麦 *Fagopyrum tataricum*
（四十七）何首乌属 *Fallopia*
73. 卷茎蓼 *Fallopia convolvulus*
（四十八）蓼属 *Polygonum*
74. 萹蓄 *Polygonum aviculare*
75. 叉分蓼 *Polygonum divaricatum*
76. 西伯利亚蓼 *Polygonum sibiricum*

（四十九）酸模属 *Rumex*

77. 酸模 *Rumex acetosa*

九、毛茛科 Ranunculaceae

（五十）碱毛茛属 *Halerpestes*

78. 长叶碱毛茛 *Halerpestes ruthenica*

（五十一）毛茛属 *Ranunculus*

79. 毛茛 *Ranunculus japonicus*

（五十二）唐松草属 *Thalictrum*

80. 瓣蕊唐松草 *Thalictrum petaloideum*

（五十三）金莲花属 *Trollius*

81. 金莲花 *Trollius chinensis*

十、紫草科 Boraginaceae

（五十四）琉璃草属 *Cynoglossum*

82. 大果琉璃草 *Cynoglossum divaricatum*

（五十五）缘草属 *Eritrichium*

83. 北齿缘草 *Eritrichium borealisinense*

（五十六）鹤虱属 *Lappula*

84. 鹤虱 *Lappula myosotis*

（五十七）紫筒草属 *Stenosolenium*

85. 紫筒草 *Stenosolenium saxatile*

十一、报春花科 Primulaceae

（五十八）点地梅属 *Androsace*

86. 长叶点地梅 *Androsace longifolia*

（五十九）报春花属 *Primula*

87. 粉报春 *Primula farinosa*

十二、唇形科 Lamiaceae

（六十）香薷属 *Elsholtzia*

88. 密花香薷 *Elsholtzia densa*

（六十一）益母草属 *Leonurus*

89. 细叶益母草 *Leonurus sibiricus*

（六十二）糙苏属 *Phlomis*

90. （块根）糙苏 *Phlomis umbrosa*

（六十三）黄芩属 *Scutellaria*

91. 黄芩 *Scutellaria baicalensis*

92. 粘毛黄芩 *Scutellaria viscidula*

（六十四）百里香属 *Thymus*

93. 百里香 *Thymus vulgaris*

十三、车前科 Plantaginaceae

（六十五）车前属 *Plantago*

94. 车前 *Plantago asiatica*

95. 平车前 *Plantago depressa*

96. 大车前 *Plantago major*

十四、龙胆科 Gentianaceae

（六十六）龙胆属 *Gentiana*

97. 达乌里秦艽 *Gentiana dahurica*

98. 鳞叶龙胆 *Gentiana squarrosa*

十五、伞形科 Apiaceae

（六十七）柴胡属 *Bupleurum*

99. （北）柴胡 *Bupleurum chinense*

（六十八）防风属 *Saposhnikovia*

100. 防风 *Saposhnikovia divaricata*

（六十九）迷果芹属 *Sphallerocarpus*

101. 迷果芹 *Sphallerocarpus gracilis*

十六、玄参科 Scrophulariaceae

（七十）芯芭属 *Cymbaria*

102. 达乌里芯芭 *Cymbaria dahurica*

（七十一）小米草属 *Euphrasia*

103. 小米草 *Euphrasia pectinata*

（七十二）疗齿草属 *Odontites*

104. 疗齿草 *Odontites serotina*

十七、兰科 Orchidaceae

（七十三）红门兰属 *Orchis*

105. 宽叶红门兰 *Orchis latifolia*

（七十四）绶草属 *Spiranthes*

106. 绶草 *Spiranthes sinensis*

十八、鸢尾科 Iridaceae

（七十五）鸢尾属 *Iris*

107. 马蔺 *Iris lactea*

十九、瑞香科 Thymelaeaceae

（七十六）狼毒属 *Stellera*

108. 狼毒 *Stellera chamaejasme*

二十、桔梗科 Campanulaceae

（七十七）沙参属 *Adenophora*

109. 长柱沙参 *Adenophora stenanthina*

二十一、川续断科 Dipsacaceae

（七十八）蓝盆花属 *Scabiosa*

110. 蓝盆花 *Scabiosa comosa*

二十二、亚麻科 Linaceae

（七十九）亚麻属 *Linum*

111. 宿根亚麻 *Linum perenne*

二十三、十字花科 Brassicaceae

（八十）芝麻菜属 *Eruca*

112. 芝麻菜 *Eruca sativa*

（八十一）独行菜属 *Lepidium*

113. 独行菜 *Lepidium apetalum*

二十四、牻牛儿苗科 Geraniaceae

（八十二）牻牛儿苗属 *Erodium*

114. 牻牛儿苗 *Erodium stephanianum*

二十五、锦葵科 Malvaceae

（八十三）木槿属 *Hibiscus*

115. 野西瓜苗 *Hibiscus trionum*

（八十四）锦葵属 *Malva*

116. 锦葵 *Malva sinensis*

二十六、苋科 Amaranthaceae

（八十五）苋属 *Amaranthus*

117. 尾穗苋 *Amaranthus caudatus*

118. 反枝苋 *Amaranthus retroflexus*

二十七、桑科 Moraceae

（八十六）大麻属 *Cannabis*

119. 大麻 *Cannabis sativa*

二十八、茄科 Solanaceae

（八十七）曼陀罗属 *Datura*

120. 曼陀罗 *Datura stramonium*

二十九、旋花科 Convolvulaceae

（八十八）牵牛属 *Pharbitis*

121. 牵牛 *Pharbitis nil*

122. 圆叶牵牛 *Pharbitis purpurea*

六、思考题

1. 简述用于标本制作的植物采集注意事项。
2. 如何从植株外部形态上区分黄芪属和棘豆属?
3. 简述实习地点的建群种、优势种。

七、参考文献

毛培胜，2015. 草地学［M］. 4 版 . 北京：中国农业出版社 .

刘克思，李曼莉，毛培胜
中国农业大学

实习四　草地有毒有害植物的识别

一、背景

草地有毒有害植物是指草地上着生的一些家畜采食或误食后引起生理发生异常甚至死亡，及因植物体具有芒、刺、钩等附属物造成家畜机械伤害，或体内含有某种化学物质能够降低畜产品质量或使畜产品变质的植物统称。据估计，我国天然草地毒草危害面积约 3.33×10^7 hm^2，分布着约 140 科 1 300 种有毒植物，其中危害严重的有 23 种，主要为棘豆（*Oxytropis* spp.）、黄芪（*Astragalus* spp.）、醉马草（*Achnatherum inebrians*）、狼毒（*Stellera chamaejasme*）、华北白前（*Cynanchum komarovii*）、乌头（*Aconitum* spp.）等，多分布在西藏、新疆、内蒙古、青海等地，而有害植物多为针茅（*Stipa* spp.）、锦鸡儿（*Caragana* spp.）、鹤虱（*Lappula myosotis*）、蒺藜（*Tribulus* spp.）、苍耳（*Xanthium sibiricum*）等植物。

草地有毒有害植物由于家畜不愿采食，导致其保持较强的竞争优势，与草地上着生的优良牧草争夺水、肥及生存空间，制约了优良牧草的生长发育，引起草地出现不同程度的退化。退化草地进而助长有毒有害植物的滋生和蔓延，甚至成灾，草地质量日趋下降，载畜能力下降，严重影响了我国草地畜牧业的健康发展。草地有毒有害植物不仅影响家畜健康，造成机械损伤，降低畜产品品质，而且还会因误食而导致家畜中毒、死亡现象呈现多发、频发甚至爆发的态势，尤其是早春及饲草短缺季节尤为明显，给草地畜牧业经济发展带来极大危害。

草地有毒有害植物对家畜产生的毒害作用会因其所处生长阶段、家畜采食部位或采食量差异以及家畜种类的不同而有所区别。但对于草地上大面积发生的有毒有害植物必须予以清除和控制，以减少或避免有毒有害植物对家畜造成的危害，实现草地生产的良性发展。因此，识别草地上的有毒有害植物，明确其危害程度则是对其进行防除的必要环节和前提。

二、目的

利用植物检索表进行种的鉴定，掌握草地有毒有害植物的识别特征及其分类方法，了解草地常见有毒有害植物的危害程度、毒害部位及有毒成分。

三、实习内容与步骤

1. 材料

（1）植物标本：准备乌头、棘豆、黄芪、醉马草、狼毒、翠雀、华北白前、针茅、锦鸡儿、鹤虱、蒺藜、苍耳、毒芹等植物腊叶标本或电子图谱。

（2）实习草原区域：选择适宜的天然草原或改良天然草地，满足实习条件要求。

（3）文献资料：收集当地植物检索表、中国植物志、中国重要有毒有害植物名录、中国天然草地有毒有害植物名录及其相关网络资料等。

2. 仪器设备 体式显微镜、GPS定位仪、盖玻片、载玻片、放大镜、镊子、解剖针、标本夹、采集镐、标签、吸水纸、野外记录工具包（铅笔、小刀、橡皮等）等。

3. 测定内容与步骤

（1）有毒有害植物的室内识别与鉴定：根据所提供的植物腊叶标本或电子图谱，讲解其科属主要识别特征，利用实习相关设备进行具体观摩，并利用检索表进行种的鉴定，初步判定有毒有害植物。之后查阅相关文献资料进行确定，了解草地有毒有害植物的生长习性、分布、危害程度、毒害部位及有毒成分。

①有毒植物识别主要特征：大多数有毒植物形状怪异，花色鲜艳或奇特，或者有色斑、色纹，散发气味奇特刺鼻，嗅闻感到或辛辣或闷臭；在野外放牧草地上因家畜不采食而多保持植株完整，旺盛生长。

②有害植物识别主要特征：大多数有害植物具有刺、倒钩，体表被大量毛状物等。

（2）有毒有害植物的野外采集及鉴定：根据室内掌握的有毒有害植物的总体特征，对实习区内的相关植物进行采集，记录其位置、海拔，压制标本，带回室内进行鉴定，同时对采集的植物，采用德氏多度方法进行现场危害程度的评估。

（3）天然草地常见有毒有害植物介绍：

①醉马草（*Achnatherum inebrians*）：禾本科芨芨草属多年生草本。茎秆直立，丛生，平滑，高60～100cm，茎秆直径2.5～3.5mm，通常具3～4节，节下贴生微毛，基部具鳞芽。叶鞘稍粗糙，上部者短于节间，叶鞘口具微毛；叶舌厚膜质，顶端平截或具裂齿；叶片质地较硬，直立，边缘常卷折，上面及边缘粗糙。圆锥花序紧缩呈穗状，长10～25cm，宽1～2.5cm；小穗长5～6mm，灰绿色或基部带紫色，成熟后变为褐铜色；颖膜质，微粗糙，先端尖常破裂，两颖近等长，具3脉；外稃长约4mm，背部密被柔毛，顶端具2微齿，具3脉，脉于顶端汇合且延伸成芒，芒长10～13mm，一回膝曲，芒柱稍扭转且被短微毛，基盘钝，具短毛；内稃具2脉，脉间被柔毛；花药长约2mm，顶端具毫毛。颖果圆柱形，长约3mm。醉马草生于海拔900～3 800m、降水量少的半干旱草地，在山地草甸草地较为干旱的地带也有分布。

全草有毒，有毒成分为生物碱类，但具体种类不详，可能为麦角新碱、麦角酰胺、醉马草毒素。各种家畜均易中毒，马属动物最为敏感，其次为羊、牛。家畜采食醉马草后易造成家畜口吐白沫、精神呆钝、食欲减退、步态不稳、蹒跚如醉，进而引起家畜死亡。

②乌头（*Aconitum* spp.）：毛茛科乌头属植物总称，多年生至一年生草本。根为多年生直根，或由2至数个块根形成，入土不深，或为一年生直根。茎单生，高0.5～1.5m。叶掌状深裂或全裂，叶柄短，上部叶无柄。总状花序，花柄较短；花蓝色、紫色、白色或黄色，左右对称，排成总状花序式或圆锥花序；萼片5，花瓣状，不整齐，最后一片呈盔状覆盖。果实为蓇葖果。

我国约有167种，常见的植物有白喉乌头（*Aconitum leucostomum*）、阿尔泰乌头（*A. smirnovii*）、西伯利亚乌头（*A. barbatum*）、准噶尔乌头（*A. soongaricum*）、细叶乌头

(*A. macrorhynchum*)、乌头(*A. carmichaeli*)、北乌头(*A. kusnezoffii*)、拟黄花乌头(*A. anthoroideum*)、短柄乌头(*A. brachypodum*)、山西乌头(*A. smithii*)、华北乌头(*A. soongaricum* var. angustius)、林地乌头(*A. nemorum*)、展花乌头(*A. chasmanthum*)、吉林乌头(*A. kirinense*)、薄叶乌头(*A. fischeri*)、高乌头(*A. sinomontanum*)等。

全株有毒，根部含量最多，种子次之，叶毒性最小。幼苗期毒性最大，种子成熟时变小。有毒成分主要为乌头碱，各种家畜采食后均可中毒，一般症状为流涎、恶心、呕吐、腹泻、头昏、口舌四肢及全身发麻、呼吸困难、手足抽搐、站立不稳、神志不清、血压及体温下降、心率失常等，最后因呼吸及心脏衰竭而死亡。

③黄芪(*Astragalus* spp.)：豆科黄芪属植物总称。草本，稀为小灌木或半灌木，通常具单毛或丁字毛，稀无毛。羽状复叶，稀三出复叶或单叶，小叶对生，稀轮生。托叶与叶柄离生或贴生，相互离生或合生。总状花序有梗或无梗，疏松或密集成头状，小花多数至单生；小苞片小或缺，稀大型；花萼管状或钟状，具5齿，有些在花后期呈囊状而包被荚果；花瓣无毛，少被毛，下部常渐狭成瓣柄，旗瓣顶端凹，极少钝圆，翼瓣基部具耳，顶端全缘、微凹，极少二裂，龙骨瓣先端钝，稀尖；雄蕊二体，极少单体，花药同型，子房有柄或无柄，花柱丝状，极少在上部内侧有毛，柱头小，无毛或稀具簇毛。荚果，种子通常肾形，无种阜。

我国约有280种，仅部分种类为有毒植物。有毒植物的主要代表有笔直黄芪(*Astragalus strictus*)、变异黄芪(*A. variabilis*)、藏黄芪(*A. tibetanus*)、哈密黄芪(*A. hamiensis*)、阿拉善黄芪(*A. alashanus*)、草原黄芪(*A. kalycensis*)、丛生黄芪(*A. confertus*)、大翼黄芪(*A. macropterus*)等。

该属有毒植物全草有毒，有毒成分为吲哚里西啶类生物碱苦马豆素。牛、羊采食黄芪属有毒植物后，其一般症状为虚弱无力、呼吸加速并伴有喘鸣声、下泻、视神经受损而引起误撞跌倒和后肢运动中枢失控而跛足；急性严重症状为呼吸窘迫、尿频、流涎、鼻有泡沫物溢出、运动性共济失调等，最终死于心力和呼吸衰竭。

④毒芹(*Cicuta virosa*)：伞形科毒芹属多年生粗壮草本植物，高70～100cm，高者可达120cm。主根短缩，支根多数，肉质或纤维状，根状茎有节，褐色。茎单生，直立，中空，有条纹，基部有时略带淡紫色，上部有分枝，枝条上升开展。基生叶柄长15～30cm，叶鞘膜质，抱茎；叶片轮廓呈三角形或三角状披针形，2～3回羽状分裂；最下部的一对羽片3裂至羽裂，裂片线状披针形或窄披针形，边缘疏生钝或锐锯齿，两面无毛或脉上有糙毛；最上部的茎生叶1～2回羽状分裂，末回裂片狭披针形，边缘疏生锯齿。复伞形花序顶生或腋生，花序梗长2.5～10cm，无毛；总苞片通常无或有一线形的苞片；伞辐6～25条，近等长；总苞片多数，线状披针形，顶端长尖，中脉一条。伞形花序有花15～35朵，萼齿明显，卵状三角形；花瓣白色，倒卵形或近圆形，顶端有内折的小舌片，中脉一条；花丝长约2.5mm，花药近卵圆形；花柱基幼时扁压，光滑；花柱短，向外反折。分生果近卵圆形。毒芹生于海拔400～2 900m的杂木林下、湿地、水沟边、草甸、沼泽。

全草有毒，以根茎最毒，早春和晚秋期间毒性更大，其有毒成分为毒芹碱、甲基毒芹碱、毒芹毒素，各种家畜采食后，中枢神经系统的正常活动受到抑制，出现腹泻、尿频、痉挛、呼吸急促、瞳孔散大等症状，严重者因呼吸中枢麻痹而死亡。毒芹中毒大多数发生于牛、羊，其中牛最常见。

⑤华北白前（*Cynanchum komarovii*）：萝藦科鹅绒藤属多年生草本植物。直立半灌木，高达50cm，全株无毛，根须状。叶革质，对生，狭椭圆形，长3～7cm，宽5～15mm，近无柄。伞形聚伞花序近顶部腋生，着花10余朵；花萼5，深裂，裂片长圆状三角形，两面无毛；花冠紫红色或暗紫色，裂片长圆形，长2～3mm，宽1.5mm；副花冠5深裂，裂片盾状，与花药等长；花粉块每室一个，下垂；子房坛状，柱头扁平。蓇葖果单生，匕首形，顶喙状渐尖，长6.5cm，直径1cm；种子扁平，顶端被白绢质种毛。华北白前喜沙、耐旱、耐高温，多生于荒漠草原带及荒漠带的半固定沙丘、沙质平原、干河床。

华北白前茎、叶有毒，毒性因所处生育期而有所不同，苗期最强，果实期最弱，有毒成分为7-脱甲氧基娃儿藤碱、娃儿藤碱等多种生物碱，牛、羊一般不采食，多危害骆驼。骆驼采食中毒后，一般表现为精神沉郁、口吐白沫、磨牙、饮欲停止、食欲减少，严重者不安，回头观腹，后肢踢腹，发抖，出汗；发病初期拉黑色稀便，后期拉水样粪便，受到应激反应时易跌倒，最终因脱水而死亡。

⑥翠雀（*Delphinium grandiflorum*）：毛茛科翠雀属多年生草本植物。茎直立，高35～65cm，与叶柄均被反曲而贴伏的短柔毛，上部有时变无毛，分枝。基生叶及茎下部叶有长柄；叶片圆五角形，长2.2～6cm，宽4～8.5cm，三全裂，中央全裂片近菱形，一至二回三裂近中脉，小裂片线状披针形至线形，边缘干时稍反卷，侧全裂片扇形，二深裂近基部，两面疏被短柔毛或近无毛；叶柄长为叶片的3～4倍，基部具短鞘。总状花序有3～15花；下部苞片叶状，其他苞片线形；花梗长1.5～3.8cm，密被贴伏的白色短柔毛；小苞片生于花梗中部或上部，线形或丝形，长3.5～7mm；萼片紫蓝色，椭圆形或宽椭圆形，长1.2～1.8cm，外面有短柔毛，距钻形，直或末端稍向下弯曲；花瓣蓝色，无毛，顶端圆形；退化雄蕊蓝色，瓣片近圆形或宽倒卵形，顶端全缘或微凹，腹面中央有黄色髯毛；雄蕊无毛；心皮3，子房密被贴伏的短柔毛。蓇葖果直，种子倒卵状四面体形，沿稜有翅。5～10月开花。翠雀多分布于安徽、北京、甘肃中东部、河南西南部、山东西部、江苏西北部、云南、宁夏南部、青海东部、陕西、四川西北部、山西、河北、内蒙古、辽宁和吉林西部、黑龙江等地，着生于海拔500～2 800m的山地、疏林下及草坡、丘陵沙地或较阴湿处。

翠雀全株有毒，叶毒性最强。茎叶含有甲基牛扁亭碱，根含牛扁碱、甲基牛扁亭碱等二萜生物碱。牛最易中毒，马次之，除山羊和猪以外，其他家畜采食多时均会中毒。家畜中毒多发生在饥饿状态，表现为流涎、呕吐、口渴、腹痛、踉跄、颤抖、痉挛、全身麻痹甚至窒息死亡等。中毒轻者经过几天后可自行恢复。

⑦棘豆（*Oxytropis* spp.）：豆科棘豆属植物总称。多年生草本、半灌木或矮灌木，稀垫状小半灌木。根通常发达。茎发达，缩短或成根颈状。植物体被毛，奇数羽状复叶；托叶纸质、膜质、稀近革质，合生或离生，与叶柄贴生或分离；小叶对生、互生或轮生，全缘，无小托叶。腋生或基生总状花序、穗形总状花序，或密集成头形总状花序，有时为伞形花序，具多花或少花，有1～2花；苞片小，膜质；小苞片微小或无；花萼筒状或钟状，萼齿5，近等长；花冠紫色、紫堇色、白色或淡黄色，或多或少突出萼外，常具较长的瓣柄；旗瓣直立，卵形或长圆形，翼瓣长圆形；龙骨瓣与翼瓣等长或较短，直立，先端具直立或反曲的喙；二体雄蕊，花药同型。荚果长圆形、线状长圆形或卵状球形，伸出萼外，腹缝通常成深沟槽，沿腹缝二瓣裂，稀不裂，1室（无隔膜）或不完全2室（稍具隔膜），稀为2室（具隔膜），无果梗或具果梗。种子肾形，无种阜，珠柄线状。

我国约有 150 种，13 变种，主要代表种有小花棘豆（*O. glabra*）、甘肃棘豆（*O. kansuensis*）、黄花棘豆（*O. ochrocephala*）、冰川棘豆（*O. glacialis*）、毛瓣棘豆（*O. sericopetala*）、镰形棘豆（*O. falcate*）、急弯棘豆（*O. defexa*）、宽苞棘豆（*O. latibracteata*）、硬毛棘豆（*O. fetissovii*）等。

棘豆全株有毒，有毒成分为吲哚里西啶类生物碱苦马豆素。各种家畜采食 1～2 月后可引起以神经机能障碍为特征的慢性中毒，马属动物最敏感，其次为山羊、绵羊、骆驼、牛和鹿。一般症状为家畜采食初期，上膘较快，到一定时期，营养状况开始下降，体温正常或略低，精神沉郁，被毛粗乱，逐步出现头部震颤、反应迟钝、目光痴呆等为特征的中枢神经症状及贫血、水肿、后肢麻痹、站立不稳、卧地不起，最后衰竭死亡。同时，还会造成母畜不孕、流产、早产、死胎、畸胎。

⑧狼毒（*Stellera chamaejasme*）：瑞香科狼毒属多年生草本植物，高 20～50cm，其根、茎、叶折断后可分泌白色乳汁样物质。根粗大、木质；茎丛生，直立，纤细，不分枝，绿色，有时带紫色，光滑无毛，草质，基部木质化，有时具棕色鳞片。单叶互生，全缘，不反卷或微反卷，无托叶，披针形或长圆状披针形，先端渐尖或急尖，长 12～28mm，宽 3～10mm；叶柄短，长约 1.1mm，基部具关节，上面扁平或微具浅沟。头状花序顶生，呈圆球形，芳香，无花梗、无花瓣；花萼筒细瘦，呈红色或紫红色，长 9～11mm，具明显纵脉，基部略膨大，无毛，裂片 5，外折，花瓣状，白色、黄色至带紫色；雄蕊 10，两轮，下轮着生于花萼筒的中部以上，上轮着生于花萼筒的喉部，花药微伸出，花丝极短，花药黄色，线状椭圆形；花盘一侧发达，线形，顶端微两裂；子房椭圆形，几无柄，上部被淡黄色丝状柔毛，花柱短，柱头头状，顶端微被黄色柔毛。果实圆锥形，上部或顶部有灰白色柔毛，为宿存的花萼筒所包围；种皮膜质，淡紫色。狼毒生于海拔 2 600～4 200m 的干燥而向阳的高山草坡、草坪或河滩台地。

狼毒全株有毒，根部毒性最大，花粉剧毒；有毒成分为异狼毒素、狼毒素、新狼毒素等黄酮类化合物，也有人认为其主要毒性成分为毒性蛋白。牛、羊一般不采食狼毒鲜草，但常因早春放牧时家畜处于贪青或饥饿状态而误食狼毒的幼苗而中毒。牛羊中毒时，多为急性中毒，表现为呕吐、腹痛、腹泻、四肢无力、卧地不起、全身痉挛、头向后弯、心悸亢进、粪便带血，严重时虚脱或惊厥死亡，母畜可导致流产。

⑨锦鸡儿（*Caragana* spp.）：豆科锦鸡儿属多种植物的总称。灌木，稀为小乔木。偶数羽状复叶或假掌状复叶，有 2～10 对小叶；叶轴顶端常硬化成针刺，刺宿存或脱落；托叶宿存并硬化成针刺，稀脱落；小叶全缘，先端常具针尖状小尖头。花梗单生、并生或簇生叶腋，具关节；苞片 1 或 2，着生在关节处，有时退化成刚毛状或不存在，小苞片缺或 1 至多片生于花萼下方；花萼管状或钟状，基部偏斜，囊状凸起或不为囊状，萼齿 5，常不相等；花冠黄色，少有淡紫色、浅红色，有时旗瓣带橘红色或土黄色，各瓣均具瓣柄，翼瓣和龙骨瓣常具耳；二体雄蕊；子房无柄，稀有柄，胚珠多数。荚果筒状或小扁。

我国有 62 种，9 变种，主要代表种有刺叶锦鸡儿（*Caragana acanthophylla*）、扁刺锦鸡儿（*C. boisi*）、矮脚锦鸡儿（*C. brachypoda*）、中间锦鸡儿（*C. liouana*）、青海锦鸡儿（*C. chinghaiensis*）、锦鸡儿（*C. sinica*）、川西锦鸡儿（*C. erinacea*）、多刺锦鸡儿（*C. spinosa*）、青甘锦鸡儿（*C. tangutica*）、中亚锦鸡儿（*C. tragacanthoides*）等。

该属植物为有害植物，危害部位为硬化成针刺的托叶，常刺伤家畜的皮毛、唇部，降低毛产量。

⑩鹤虱（*Lappula myosotis*）：紫草科鹤虱属植物，一年生草本，稀二年或多年生。叶互生，窄。花小，无柄或具柄，单歧聚伞花序总状排列，具总苞；花萼5裂，裂片卵状或狭窄，花期后不扩展；花冠蓝色或白色，漏斗状至高脚碟状，喉部具5枚附属物，裂片5，覆瓦状排列，钝；雄蕊5，着生于花冠筒上，内藏；花丝极短，花药钝形；雌蕊基部窄圆锥体形或锥形，花柱稍超出或不超出小坚果，柱头头状。小坚果，直立，平滑或有瘤体，有时在腹面顶端分离，背盘有锚状刺、翅、棘突。鹤虱是荒漠草原、草原、草甸草原伴生种。

鹤虱为有害植物，危害部位为果实。鹤虱果实具有倒钩的刺，易黏附于羊毛和马鬃上，降低毛用家畜的皮毛质量。

⑪针茅（*Stipa* spp.）：禾本科针茅属多种植物的总称，多年生密丛型草本植物。叶有基生叶与秆生叶之分，常纵卷如针，少数纵折、扁平。圆锥花序开展或窄狭，伸出鞘外或基部为叶鞘所包被；小穗含1花，两性，脱节于颖之上；颖近于等长或外颖稍长，膜质或纸质，通常披针形且具尖头；外稃细长圆柱形，并在外稃顶部结合向上延伸成芒，芒基与外稃顶端连接处具关节，芒一回或二回膝曲，芒柱扭转，两侧棱上全部无毛或全部具羽状毛，也有仅于芒柱或芒针上具羽状毛，基盘尖锐，具髭毛。

我国有28种，7亚（变）种，是草原、荒漠草原、草甸草原、高寒草原、草原化荒漠的建群种、伴生种。新疆有23种，6变种，分布面积相对较大的种有短花针茅（*Stipa breviflora*）、针茅（*S. capillata*）、大针茅（*S. grandis*）、镰芒针茅（*S. caucasica*）、沙生针茅（*S. glareosa*）、西北针茅（*S. sareptana*）、紫花针茅（*S. purpurea*）、狭穗针茅（*S. regeliana*）、新疆针茅（*S. sareptana*）、长芒草（*S. bungeana*）、座花针茅（*S. subsessiliflora*）等。

针茅属植物在抽穗前和落果以后皆为优良牧草，但颖果成熟后成为有害植物，危害部位为果实，由于果实具有尖锐的基盘，粘在羊身上可降低皮毛品质，或易刺伤羊口腔黏膜和腹下皮肤造成危害。

⑫蒺藜（*Tribulus terrestris*）：蒺藜科蒺藜属一年生草本植物，全体被绢丝状柔毛。茎由基部分枝，平卧，淡褐色，长可达1m左右。偶数羽状复叶互生，长1.5～5cm；小叶6～14，对生，矩圆形，长6～15mm，宽2～5mm，顶端锐尖或钝，基部稍偏斜，近圆形，全缘。花小，黄色，单生叶腋；花梗短；萼片5，宿存；花瓣5；雄蕊10，生花盘基部，基部有鳞片状腺体。果由5个分果瓣组成，每果瓣具长短棘、刺各一对；背面有短硬毛及瘤状突起。蒺藜多生于荒丘、田边及田间，在荒漠区常见于石质残丘坡地、白刺（*Nitraria tangutorum*）堆间沙地及干河床边。

蒺藜为有害植物，其有害部位为果实，具有刺，能够扎伤家畜皮毛、刺伤唇部。

⑬苍耳（*Xanthium sibiricum*）：菊科苍耳属一年生草本，高20～90cm。茎直立，不分枝或分枝，下部圆柱形，上部有纵沟，被灰白色糙伏毛。叶具长柄，叶片三角状卵形或心形，长4～9cm，宽5～10cm，不裂或3～5浅裂，顶端尖或钝，基部稍心形或截形，边缘有不规则的粗锯齿，具三出脉，被糙毛。雄性头状花序球形，直径4～6mm，有或无花序梗，总苞片长圆状披针形，被短柔毛，花托柱状，托片倒披针形，顶端尖，有微毛；雄性花冠钟状，冠檐5裂，花药长圆状线形，分离；雌性头状花序椭圆状，外层总苞片小，披针形，被短柔毛，内层总苞片结合成囊状，椭圆状，绿色或淡黄色，在瘦果成熟时变硬，外面有疏生

带钩的刺，刺细而长，生于隆起的小丘上，小丘及总苞表面被小的柔毛和腺毛，喙坚硬，锥形，直立或内弯，分离或靠拢。瘦果2，不等长，倒卵形。苍耳主要分布于海拔500～1 300m的平原、丘陵、低山的荒野、路边、农田。

苍耳是有毒植物，全草有毒，以果实毒性最强，鲜叶比干叶、嫩叶比老叶毒性强，有毒成分因部位不同而有所差异，果实含有苍耳苷，种子含有毒蛋白质和毒苷（苍耳苷），叶内含苍耳内酯、隐苍耳内酯（黄质宁），全草含氢醌、挥发油。家畜误食苍耳2～3d后发生中毒，表现为食欲减退、流涎、呕吐、腹泻、精神萎靡、口渴、少尿，严重者鼻孔流出少量黄色液体、腹泻不止、粪便带血及反射迟钝、全身颤抖、阵发性痉挛。同时，苍耳也是有害植物，因其果实有钩状硬刺，常黏附于家畜体上，降低毛品质，以绵羊危害最重。

4. 结果表示与计算

（1）调查信息填写：完成调查区域有毒有害植物名录，并将主要信息填入草地有毒有害植物野外调查名录及其主要特征记录表（表2-4-1）。

表2-4-1　草地有毒有害植物野外调查名录及其主要特征记录

序号	植物名称	所属科属	有毒/有害	危害部位	危害成分	危害程度	主要识别特征	分布
1								
2								
3								
4								
⋮								
n								

注：1. 有毒/有害：有毒植物、有害植物。
2. 危害部位：根、茎、叶、种子、果实、地上部分、整株。
3. 危害成分：有毒植物填写生物碱类、苷类、挥发油、有机酸、毒蛋白及内酯、光能效应物质、皂素、单宁，而有害植物填写刺、毛、特殊物质。
4. 危害程度：按照德氏多度进行填写。
5. 分布：指毒害草分布的生境，按荒漠、草原、草甸或草地类型进行填写。

（2）调查报告撰写：统计并完成调查区域草地有毒有害植物的总体调查报告。

四、重点/难点

1. 重点　掌握草地有毒有害植物的形态特点和鉴别方法。

2. 难点　通过植物外观形态特征进行草地有毒有害植物的识别相对比较困难，尤其是形态特征不明显的有毒植物。

五、示例

新疆天山北坡草原有毒有害植物识别

1. 实习地点　2016年7月，草原上的有毒有害植物正处于开花期或结实期，在新疆天山北坡草原进行有毒有害植物种类的鉴别。

2. 野外标本的采集及记录

（1）野外探查：一般情况下，由于家畜不采食或少采食，有毒有害植物均保持着相对完整的植株。因此，在调查区域搜寻开花、结实的植物。

（2）形态观察：利用植物的外部形态特征（一般有害植物的果实均具有钩、刺等附属物，而有毒植物则开花较为艳丽，植物生长相对旺盛），初步判断其是否为有毒有害植物。

（3）信息记录：初步判定为有毒有害植物时，采集标本，鉴别其所属科属，记录其所处位置（经纬度、海拔）、生活环境、花果颜色、叶片、根系等外部主要识别特征等（表 2－4－2），并对标本进行编号，同时填写记录签（表 2－4－3），并用线缝系在标本上。信息记录以采集到的醉马草为例。

表 2－4－2　草地有毒有害植物标本野外采集记录

采 集 号	16001			采集日期	2016 年 7 月 16 日
科属名称	禾本科芨芨草属			学　　名	醉马草
拉 丁 名	*Achnatherum inebrians*				
采集地点	新疆乌鲁木齐南山谢家沟	海　　拔	1 680m	经 纬 度	N43°31′ E87°01′
生　　境	阳坡			生 活 型	多年生草本植物
主要识别特征					
株　　高	98cm	花　　序	圆锥花序紧缩呈穗状	小穗颜色	灰绿色或基部带紫色
根　　为	须根系	叶	条形，直立，边缘卷折	果	颖果圆柱形
多　　度	Cop^{2}植物个体多				
毒 害 性	有毒植物	危害部位	全株	毒害成分	
附　　记：					
采 集 人：	×××	实习小组	××××××		

表 2－4－3　记录签

××××××实习小组	
采集号	16001
学　名	醉马草
拉丁名	*Achnatherum inebrians*
地　点	乌鲁木齐市南山谢家沟
采集人	×××
	2016 年 7 月 16 日

3. 室内植物的鉴定与核实　利用植物检索表，对野外采集的标本进行检索鉴定，准确确定其种名。同时利用网络资料或有毒有害植物名录及书籍进行核实，补充其危害部位、危害成分。

如醉马草，经过资料查询，确定其为有毒植物，毒害成分为生物碱类，全草有毒。

4. 完成调查区域有毒有害植物名录　从表 2－4－4 中可以看出，调查区域内共有 4 种毒害草，其中有毒植物 1 种，有害植物 3 种，分别属于 3 科 4 属。从发生危害程度看，醉马草为其主要毒害草，需要进行防治。

表 2-4-4　草地有毒有害植物野外调查名录及其主要特征记录

序号	植物名称	所属科属	有毒/有害	危害部位	危害成分	危害程度	主要识别特征	分布
1	醉马草	禾本科 芨芨草属	有毒	全草	生物碱	Cop²	圆锥花序紧缩呈穗状	草原
2	锦鸡儿	豆科锦鸡儿属	有害	叶刺	—	Cop¹	灌木，偶数羽状复叶，蝶形花冠，黄色	草原
3	鹤虱	紫草科 鹤虱属	有害	果实	—	Cop¹	花冠蓝色，漏斗状至高脚碟状，花萼5裂，单歧聚伞花序总状排列	草原
4	针茅	禾本科 针茅属	有害	果实	—	Cop¹	圆锥花序，秆基部鞘内无隐藏小穗；芒二回膝曲，颖披针形，长2.5～3.5cm；颖果纺锤形，基盘尖锐	草原

六、思考题

1. 野外条件下如何能更准确地识别草地有毒有害植物？
2. 野外采集有毒有害植物进行标本压制时应注意的事项有哪些？
3. 草地有毒有害植物与草地退化间的关系是什么？

七、参考文献

孙吉雄，2000. 草地培育学 [M]. 北京：中国农业出版社.

王庆海，李琴，庞卓，等，2013. 中国草地主要有毒植物及其防控技术 [J]. 草地学报，21 (5)：831-841.

魏亚辉，赵宝玉，2016. 中国天然草原毒害草综合防控技术 [M]. 北京：中国农业出版社.

许鹏，1993. 新疆草地资源及其利用 [M]. 乌鲁木齐：新疆科技卫生出版社.

赵宝玉，刘忠艳，万学攀，等，2008. 中国西部草地毒草危害及治理对策 [J]. 中国农业科学，41 (10)：3 094-3 103.

朱进忠，2009. 草业科学实践教学指导 [M]. 北京：中国农业出版社.

孙宗玖
新疆农业大学

实习五　草地土壤种子库的测定

一、背景

土壤种子库是指存在于土壤表面和土壤中的全部存活种子的总和。种子库是指存在于一定体积土壤中有活性休眠及未休眠种子的综合。种子库内的种子作为潜在的植物种群，在植物种群生态研究中占据重要地位。它不仅是地上植被补充更新的基础，也是维持植物多样性的重要条件。因此，掌握草地种子库种子数量和物种组成，可为草地生态系统生物多样性保护及退化草地的恢复和重建奠定坚实的基础。

土壤种子库内所含的种子是特定生态系统的潜在种群，是种群定居、生存、繁衍和扩散的基础。同时，土壤种子库也是植被潜在更新能力的重要组成部分，是植被动态的重要制约因素，影响着生态系统的抗干扰能力和恢复能力，在植被的更新、演替和恢复过程中起着重要的作用。因此，土壤种子库一直都是种群生态学和恢复生态学研究的热点问题之一，主要集中在土壤种子库的种类组成、密度大小、时空分布格局、动态、与地上植被的关系、影响因素以及作用功能等方面。

二、目的

通过实习，主要掌握天然草地土壤种子库的测定方法，了解不同草地类型土壤中牧草种子的数量、种类、发芽能力，预测草地植被可能发生的演替方向，为草地改良提供培育方案。

三、实习内容与步骤

1. 仪器与用品　白纱布、培养皿、放大镜、镊子、滤纸、土壤刀、钢卷尺、水盆、布袋、光照培养箱等。

2. 方法及步骤

（1）土壤种子库的类型：依据种子休眠和萌发等特性，将土壤种子库分为瞬时土壤种子库和持久土壤种子库。

①瞬时土壤种子库：通常由生活史短、不经休眠易萌发的种子组成。地上植被中含有某种植物，而土壤种子库中却无相应的种子，或种子仅仅存在于表层土壤中，则为瞬时土壤种子库；若 0～5cm 和 5～10cm 的土层中均含有该物种且数量不等，则均可能是瞬时土壤种子库或持久土壤种子库。

②持久土壤种子库：长期具有活性且处于休眠状态的种子构成了持久土壤种子库。若5～10cm的土层中含有大部分的活性种子，则认为是长期持久土壤种子库；若大部分活性种子频频出现于0～5cm的土层中，则为短期持久土壤种子库。

（2）种子库种类鉴定：土壤中种子的种类鉴定是土壤种子库研究的基础，鉴定方法通常包括物理分离法和种子萌发法。

①物理分离法：是将土壤中的种子挑拣出来，通过鉴定、统计而得知种子库物种组成和数量的方法，常用的有水漂法和筛选法。因所分离的种子包括无活性的部分，需对这些种子进行生活力测定。

②种子萌发法：此种方法应用较为广泛，即将土样筛洗，置于萌发框内，放入光照培养箱中，控制适当的温度、湿度、光照等条件，使土壤中存在的种子尽可能地萌发，鉴定、统计萌发的幼苗，并将其移走，有些刚萌发的幼苗不易鉴别，可将其移栽直至可鉴别为止。

用萌发法测定土壤中种子的数量和种类时，为了提高土壤中种子的萌发率，一般在萌发试验之前对土壤进行预处理，通常对土样先后进行冷、热处理，这样有助于打破种子休眠，促进萌发，尤其是坚硬的种子，并用小网孔筛对土样进行筛洗，将土样浓缩处理，这样可以在相对较短的时间内萌发出大量的幼苗，一般浓缩土样萌发出的幼苗是非浓缩土样的3倍。

在种子萌发过程中，为了能使种子尽可能的萌发，通常会在移出已鉴定的幼苗之后，将萌发框中的土壤松动。

（3）种子库的取样方法：取样方法是研究土壤种子库时首先需要确定的问题，目前尚无一个统一的方法，野外取样时主要采用样线法、随机法、小支撑多样点法等。

①样线法：即在样地上设置一条或几条平行样线，样线上每隔几米设置一个小样方，在小样方内取几组土样。

②随机法：就是在所研究的样地上随机取一定土样的取样方法，随机法操作简单，适合在微环境一致的样地上进行。

③小支撑多样点法：在大样方内的子样方内再分亚单位小样方，形成多级样方，取样点分别设在一级样方、二级样方和三级样方的中心，整个大样方上的取样点为规则的网格结构。

种子库取样方法较多，常见方法及优缺点见表2-5-1。

表2-5-1 种子库取样方法优缺点

取样方法		优 点	缺 点
结构尺度	随机法	简单易行	随机误差高，取样精确性低
	小支撑多样点法	随机误差低，准确性高	方法较为复杂，不易实施
	样线法	保证了取样的全面性	精确性不如小支撑多样点法高
	大数量的小样方法	可靠性高	此法费时，要考虑地形因素
数量尺度	小数量的大样方法	适用于地形一致性好的样地，可节省取样时间	不适用于地形异质性强的样地
	大单位内子样方再分亚单位小样方法	精准性高，不需要考虑地形因素	此法费时烦琐，操作性不强

（4）种子库的取样时间：土壤种子库的组成和大小随时间呈有规律的变化，尤其是种子库中物种组成及其数量具有季节动态。

若是判定持久土壤种子库，土样应该在夏天采集，即在萌发完成之后而种子成熟和散布开始之前；如果是综合持久土壤种子库和瞬时土壤种子库，应该在冬天或早春取样，即种子萌发之前。在实际操作过程中，取样时间主要集中在每年的4～5月和10月。

（5）种子库的取样大小：在种子库中土壤取样的数量是一个重要的环节。取样时，要尽量减少取样的随机误差，提高取样的精确性。经常采用的方法有：大数量的小样方法、小数量的大样方法、大单位内子样方再分亚单位小样方法。对于取样数量，目前还没有一个统一的标准。一般情况下，用大数量的小样方法来估测种子数量的准确性相对较高。

（6）种子库的取样深度：种子在土壤中的垂直分布是极不均匀的，随着植被类型变化，取样的深度和分层也有所差别，通常分为3层，即0～2cm、2～5cm、5～10cm。一般研究沙地土壤种子库时，取样较深，有的达30cm。

四、重点/难点

1. 重点 种子库土壤取样后植物种子的种类鉴定。

2. 难点 种子库的类型划分与时空变化规律。

五、示例

草地土壤种子库调查

1. 材料及用具 根钻、土壤刀、尼龙网袋、光照培养箱、培养皿、体视显微镜等。

2. 设计及方法

（1）取样时间：土壤种子库的取样时间分别有2个时期，一是种子没有萌发之前的4～5月；二是种子成熟期7～9月，这是取样的高峰时段。同时，在8月底进行地上植物群落调查，查看植物群落的丰富度及每种植物出现的频率。

（2）取样方法：种子库取样采用根钻法，分0～5cm、5～10cm、10～20cm 3层随机取10钻土。每个样地共16个重复，每个重复取土面积约为0.01m^2。

3. 植物种类鉴定

（1）种子分离鉴定：种子自然风干，过筛。采用土壤淘洗后的镜检法，先过5mm筛，去除石块与植物残体，再过0.2mm筛，去除不含种子的部分土壤，再用0.1mm的尼龙网袋水洗，风干。每个步骤都尽量保证不损坏种子。于体视显微镜下，挑选出所有种子，最后进行种子的分种鉴定，可利用草地植物种子标本，或参照中国数字植物标本馆，根据种子的形状、特征、结构等确定种子的科属种。

（2）种子萌发鉴定：将取好的土样带回实验室，过筛除去枯落物、草根及杂物后，将土样平摊在装有蛭石的发芽盘内，蛭石经过高温（105℃烘干8h）杀灭植物繁殖体。土样厚度约3cm，然后将发芽盘置于光照培养箱中进行种子萌发。试验期间，每天定时（8:00、12:00、17:00）向盆内喷洒适量水分，使盆内土壤保持湿润状态。每天观测种子的萌发情况，统计萌发的幼苗数量。一旦能够鉴别出幼苗的种属，将其从发芽盘中轻轻拔掉，直到识别出所有幼苗。对于那些仍没有出苗的土样，将土翻动使其继续萌发，直至鉴定完毕。

4. 数据统计与分析 土壤种子库密度：统计每一个土样中的种子数，再换算成每平方米的种子数。用单位面积土壤中有生命力的种子数量（即有效种子数量）表示各草地群落的土壤种子库密度。

例如，荒漠草原 0～10cm 土壤种子库的物种共出现 6 科，其中禾本科占绝对优势，占总数的 40%～83.3%，其次为豆科，占总数的 14.3%～40%，菊科、藜科、大戟科和葡萄科最少，占总数的 0%～16.7%，这和地上植被分布状况并不相同。封育一年和未封育的荒漠草原 0～10cm 土层土壤种子库密度分别为 450 粒/m^2 和 414 粒/m^2，封育 5 年的土壤种子库密度最低为 213 粒/m^2。

六、思考题

1. 土壤种子库动态与草地植物的关系是什么？
2. 影响草地土壤种子库的因素有哪些？

七、参考文献

尚占环，任国华，龙瑞军，2009. 土壤种子库研究综述——规模、格局及影响因素 [J]. 草业学报，18 (1)：144 - 154.

沈艳，刘彩凤，马红彬，等，2015. 荒漠草原土壤种子库对草地管理方式的响应 [J]. 生态学报，35 (14)：4 725 - 4 732.

Leck M A，Parker V T，Simpson R L，1989. Ecology of soil seed banks [M]. San Diego：Academic Press.

孙飞达，干友民
四川农业大学

实习六　牧草种子的收获与加工

一、背景

牧草种子是农牧业生产中重要的生产资料之一，是建立人工草地、改良天然和退化草地不可缺少的物质基础。种子的收获与加工作为种业的重要一环，是牧草种子工程能否顺利实施的关键。大多数牧草具有野生性强、开花时间长、落粒性强等特性，牧草种子生产对生产条件的要求往往与进行饲草生产时有很大差异。

牧草种子加工就是指对牧草种子从收获到播种前采取的各种技术处理，以改变种子的物理特性，获得具有高的净度、发芽率种子的过程，是种子产业发展的核心。经加工的种子具有以下几个方面的优点：第一，种子质量提高，可以减少播种量，降低农业生产成本；第二，节省劳动力，适宜于机械化播种；第三，减轻病虫害，保护环境，促进生长发育；第四，增强种子贮藏的稳定性。可调整加工工艺的成套牧草种子加工设备，对提高加工质量和效率具有现实意义。

二、目的

熟悉并掌握主要牧草种子收获与加工的具体方法。

三、实习内容与步骤

（一）牧草种子的收获方法和步骤

1. 牧草种子的收获时间　确定种子的收获时间，需要考虑两个问题，即：既能获得高质量的种子，也要尽可能地减少因收获不当造成的损失。由于牧草开花期较长且不一致，造成种子成熟也很不一致，很多牧草在种子成熟时很容易落粒，收获不及时或收获方法不当会造成很大损失。为了防止落粒，减少损失，必须及时收获。当用机械收获时，一般可在蜡熟期或完熟期进行，而用割草机、人工收获或收割后需在草条上晾晒时，可在蜡熟期进行；多数牧草从盛花期到获得最大种子干重（收获期）的时间约为30d，气候条件的变化会影响这一时间的判断。

种子收获时间可以根据种子含水量、胚乳成熟度、种皮颜色等指标进行确定。许多牧草来自野生，培育驯化的时间不长，花序上种子成熟不整齐，而且成熟后容易开裂、脱落。有时种子成熟不饱满，不宜于机器收割。除利用施肥、灌溉等田间管理技术使种子成熟期趋于一致外，可根据成熟期的特性选定适宜的收割期，减少损失。

2. 牧草种子收获的方法　牧草种子的收获方法主要有草籽采集机不切割直接收获法、割晒机及改装后的联合收割机分段收获法、落地收获法。

（1）直接收获法：采用牧草种子收获机械进行田间直接收获，常用的收获机械有 9ZQ－3.0 型禾本科牧草种子收获机（图 2－6－1）、9ZQ－2.7 型苜蓿种子采集机（图 2－6－2）。

9ZQ－3.0 型禾本科牧草种子收获机是一种牧草种子割前脱粒收获机具，收获时不切割牧草，当草籽收获后，牧草可以继续收获利用，该机适用于收获籽粒集中生长在植株顶部的羊草、披碱草、老芒麦、冰草、无芒雀麦、燕麦等禾本科牧草种子。9ZQ－2.7 型苜蓿种子采集机属于割前脱粒收获机具，可以一次对整株苜蓿完成脱荚，果荚被梳脱掉的比率大于 96%，总损失率小于 6%。

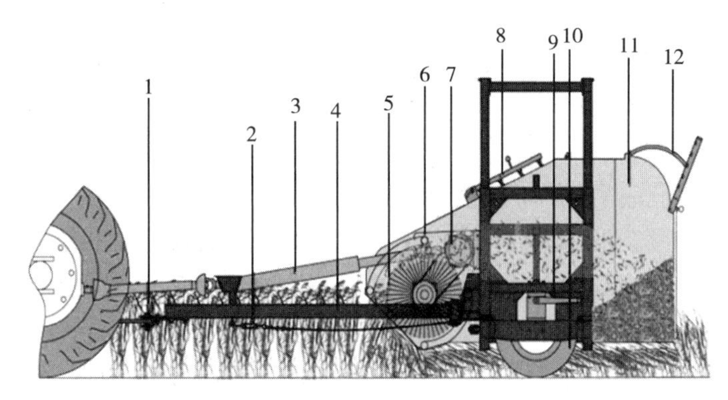

图 2－6－1　9ZQ－3.0 型禾本科牧草种子收获机

1. 牵引销　2. 拉筋　3. 传动轴　4. 机架　5. 梳刷滚筒　6. 采集头　7. 变速箱　8. 上风门　9. 升降装置　10. 行走轮　11. 沉降室　12. 后风门

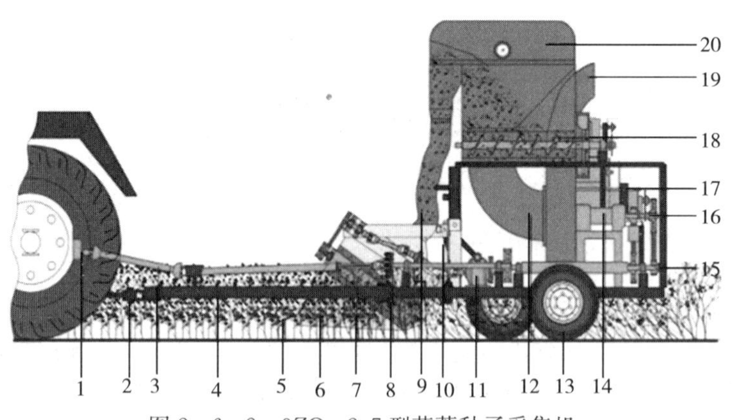

图 2－6－2　9ZQ－2.7 型苜蓿种子采集机

1. 拖拉机动力输出轴　2. 牵引销　3. 传动轴　4. 机架　5. 扶禾器　6. 采集头　7. 倾斜滚筒　8. 安全离合器　9. 吸风软管　10. 液压油缸　11. 变速器　12. 风机吸风管　13. 行走轮　14. 风机　15. 第一中间轴　16. 第二中间轴　17. 装袋螺旋　18. 输送螺旋　19. 风机出风口　20. 沉降室

（2）分段收获法：目前国外普遍采用的分段收获法或喷药直接收获法是一种成熟的工艺，先用收割机将牧草割倒，呈条状铺在田间残茬上，经 2～7h 晾晒后，用装有捡拾器的联合收获机将割倒的草条捡起，进行脱粒和初步清选，这种收获方法在小规模生产区域被广泛采用。分段收获法适应范围广，其优点是可以保证种子成熟趋于一致，减少种子损失，提高种子净度，减少了烘干过程的时间和能耗；其缺点是不适应雨季作业。

（3）落地收获法：落地收获法主要是针对一些牧草草籽在植株上分散、不呈穗状、在成熟期呈现的不同特点而采取的特殊工艺。这种工艺就是待种子成熟落地后，用一些专用设备进行收获。

（二）牧草种子的加工

牧草种子的加工包括干燥、初选、除芒、精选、包衣、包装等一系列环节。

刚收获的种子必须立即进行干燥。应充分利用较好的天气条件进行曝晒或摊晾，晾晒场地以水泥晒场为好。晾晒的种子应摊成波浪式，厚度不超过5cm，并适时翻动。如收获后天气潮湿，应使用专用的干燥设备进行人工干燥，如火力滚动烘干机、烘干塔、蒸汽干燥机等。烘干温度保持在30～40℃。

使用专业牧草种子清选机对干燥后的种子进行清选，国内企业针对牧草种子的特殊性，研制了专门的种子加工成套设备（图2-6-3），对提高加工质量和效率具有现实意义。要在尽可能减少净种子损失的前提下，除去种子中的混杂物和其他植物种子，常用的清选方法有风筛清选、比重清选、窝眼清选和表面特征清选等。常用设备有气流筛选机、比重清选机、窝眼盘分离器和螺旋分离机等。

图2-6-3 9ZZ-500型牧草种子加工成套设备

四、重点/难点

1. 重点 掌握牧草种子收获时间的确定方法。

2. 难点 掌握牧草种子收获的适宜时间和清选加工工艺流程。

五、示例

紫花苜蓿种子的收获与加工

1. 实习地点 哈尔滨市阿城区某种植合作社已种植一年的紫花苜蓿种子田，播种量为15kg/hm^2，行距45cm，栽培品种为东农1号紫花苜蓿。

2. 实习内容与步骤

（1）收获时间确定：东农1号紫花苜蓿种子成熟期一般为7月中旬左右，当荚果的颜色有70%～80%变为褐色时，即可以选择晴朗天气进行采收。

（2）收获方法选择：由于田地势平整、种植面积大，且土壤肥沃、紫花苜蓿长势整齐，所以该单位一般使用 9ZQ－2.7 型苜蓿种子采集机进行采收，在紫花苜蓿植株站立状态下一次性对整株紫花苜蓿进行脱荚。配套动力为 14.7kW 拖拉机，其工作幅度为 1.4m，果荚梳脱率 96%以上。

（3）种子干燥与清选：

①准备阶段：在收获种子同时，清理种子晾晒、加工场地和准备仓库等贮存场所以及相应的器具如木锨、扫帚、苫布、簸箕、包装袋、地秤等设备。

②种子干燥：利用当地水泥晾晒场，对刚收获的紫花苜蓿种子进行晾晒。将种子摊成波浪式，厚度不超过 5cm，并适时翻动，保证晾晒均匀。如收获后天气潮湿，应使用专用的干燥设备进行人工干燥。

③种子清选：将已经干燥的紫花苜蓿种子，经过喂料斗装进改进的 5XFZ－25 型风筛清选机中，经过风力清除和筛选，清除大部分灰尘、果荚以及体积较大的杂质和瘦小粒，通过电磁给料器投入均匀振动的比重清选机，按种子的相对密度将种子中的较轻杂质分离出来，得到较高净度的紫花苜蓿种子。

④计量称量或包衣：对清选后的种子进行计量称量，分装到 25kg 包装袋内并进行封线。对于需要包衣的种子，可先进行包衣后再称量、封袋、入库保存。

六、思考题

1. 不同种的收获方式具有何种优缺点？在收获过程中需要注意些什么？
2. 在牧草种子加工的过程中需要注意些什么？加工的过程能否具体优化？

七、参考文献

耿万成，王凤清，石振山，等，1991. 苜蓿种子收获机：CN2074093U [P].

李彦，王学明，2006. 联合收割机收获草籽 [J]. 农机科技推广（4）：40.

刘贵林，杨世昆，贾红燕，等，2007. 我国苜蓿种子收获机械研究的现状和发展 [J]. 草业科学，24（9）：58－62.

师尚礼，龙瑞军，吴劲锋，2002. 我国苜蓿种子生产存在的问题及其对策 [J]. 草原与草坪（3）：20－23.

王凤清，耿万成，宁玉贤，1993. 92Z－1.4 型苜蓿种子收获机 [J]. 粮油加工与食品机械（3）：25－27.

魏新义，1986. 新疆-3 双滚筒自走式谷物联合收割机性能试析 [J]. 粮油加工与食品机械（4）：22－26.

吴冰，彭晓亮，邱岳巍，2013. 苜蓿种子收获工艺及配套机具的现状分析 [J]. 农村牧区机械化（2）：24－25.

朱洛军，1993. 东风 ZKB－5 型联合收割机割台小改装 [J]. 农业机械（6）：18.

殷秀杰，胡国富，王明君
东北农业大学

实习七　青干草的调制

一、背景

干草调制是对天然牧草或人工种植的牧草适时收割、晾晒和贮藏的过程。鲜草经过一定时间的晾晒或人工干燥，当水分达到15%～18%时，即成为干草。这些干草在干燥后仍保持一定的青绿颜色，因此也称青干草。

随着我国奶牛饲养规模化和专业化水平的迅速提高，对于优质紫花苜蓿等饲草的需求不断提高。同时，草牧业和粮改饲政策的相继出台，对于饲草的生产加工技术水平和草产品质量均提出了更高的要求。

我国食草动物养殖主要分布在北方，在青海、新疆、内蒙古、西藏和甘肃等牧区主要表现为冬、春季饲草极度缺乏，而在半农半牧区和农区主要表现为春末和夏季因作物秸秆不足而引起的饲草极度缺乏。我国每年需要进口大量优质干草，2017年进口干草182万t，其中进口紫花苜蓿干草140万t，进口燕麦干草31万t，进口天然牧草干草11万t。干草产品的缺乏仍是我国畜牧养殖的主要矛盾之一，对天然草原基本草场或人工草地进行科学干草调制、加工和贮存，是克服这一矛盾最有效的措施。

通过干草调制及草产品生产可以实现一年四季饲草的均衡充足供给，增强抵御自然灾害的能力，保证养殖业规模和效益的稳定。草产品的深加工开拓了畜禽配合饲料原料新资源，如人工种植的优质高产豆科牧草经过合理加工调制，粗蛋白质含量可达16%～22%，加工成优质草粉可作为猪、鸡等畜禽配合饲料原料。干草粉不但可以降低饲料成本，还能改善饲料营养结构，提高畜禽产品的品质。因此，提高干草调制技术和加工水平，不仅促进草产品生产能力的提升，而且推动草产业的健康持续发展，对我国饲料产业和畜牧业的发展起到积极推动作用。

二、目的

掌握青干草的调制方法和关键技术环节。

三、实习内容与步骤

1. 设备　收割压扁机、搂草机、运输车、镇压设备、塑料膜等覆盖或裹包材料、方捆打捆机、圆捆打捆机、草捆捡拾运输车、码垛机械等。

2. 干草制作方法与步骤

（1）适时刈割：

①刈割原则：

a. 确定牧草刈割时期：牧草以茎秆和叶片产量和品质为主，豆科牧草最适刈割期为现蕾盛期至始花期，禾本科牧草为抽穗至开花期，而饲料作物（青贮玉米）多在籽实成熟中期（蜡熟期）刈割为宜。但同时要考虑雨季刈割情况，一般在牧草最适刈割期前后视天气情况提前或延迟刈割，以利于后期的干草调制进程和干草质量。

b. 利于牧草的再生和越冬：多年生牧草末茬草的刈割时期应在牧草停止生长的一个月以前进行，确保安全越冬和翌年返青。

c. 注意饲养动物的种类：反刍家畜纤维素的消化能力强，收割期可适当晚些，单胃动物纤维素的消化能力弱，刈割期则要适当提前。

②刈割方式：现在生产中多以动力割草机为主，按切割器工作原理分为往复式割草机和旋转式割草机，并且在作业过程中与牧草压扁机联合使用，或者是割草、压扁一体机，同时实现收割、茎秆压扁和铺成草垄一体化作业，满足现代化的规模化干草生产要求。

③留茬高度：一般下繁草留茬高度为 3～4cm，上繁草留茬高度为 5～6cm，高大型牧草留茬高度以 10～15cm 为宜。对一年只收割一茬的多年生牧草，刈割高度可适当低些。

（2）干草调制方法：牧草干燥方法的种类很多，但大体上可分为两类，即自然干燥法和人工干燥法。自然干燥法又可分为地面干燥法和草架干燥法。在我国主要是采用地面干燥法。地面干燥法因不同地区物候条件差异而调制环节有所不同，但一般都经历割草压扁（图 2-7-1）、搂草（图 2-7-2）、翻晒（图 2-7-3）、打捆（图 2-7-4）、堆垛（图 2-7-5）等技术环节，而且目前从草捆捡拾到运输、堆垛可以实现全自动化操作（图 2-7-6）。

图 2-7-1　悬挂式割草压扁机田间作业

图 2-7-2　搂草作业

图 2-7-3　翻晒作业

图 2-7-4　打捆作业

图 2-7-5　干草堆垛

图 2-7-6　草捆捡拾堆垛全自动化操作

①逢雨季收获地区干草调制：在我国东北、内蒙古东部以及南方一些山地草原区，刈割期正值雨季，应注意使牧草迅速干燥。

为了加快茎秆的干燥速度，可酌情考虑收割压扁一体机，牧草刈割后就地干燥 4～6h，使其含水量降至 40%～50%，然后用搂草机搂成草垄继续干燥。当牧草含水量降到 35%～40%、牧草叶片尚未脱落时，用集草器集成草堆，经 2～3d 可达到完全干燥。豆科牧草叶片在水分含量 26%～28%，即牧草全株的总含水量在 40%以下时开始脱落，为保存营养价值高的叶片，搂草和集草作业应在叶片尚未脱落前进行。

②干旱地区干草调制：由于收割牧草含水量较少（50%～55%），牧草刈割后尽量缩短牧草受日光直射的时间，可实行割草和搂草联合作业，或割倒后晾晒 2～3h 后再搂成草垄，在牧草水分降到 35%～40%时，用集草器堆成草堆，在草堆中继续干燥 2～3d，即可调制成干草。

③高寒牧区燕麦冻干草的调制：通过调节牧草播种期，燕麦开花期恰处于霜冻期，霜冻后 1～2 周内进行刈割，其茎秆经过霜冻后，变脆而易割。刈割后的草垄，铺于地面，不要翻转，直接在地面上进行冻干脱水，大约一周后当其含水量在 18%以下时即可打捆或拉运堆垛。

(3) 打捆：打捆是干草调制的主要技术环节，是将收割的牧草干燥到一定程度后，为了便于运输和贮藏，把散干草打成干草捆的过程。

为了保证干草的质量，在压捆时必须掌握牧草的适宜含水量。在较潮湿的地区适于打捆的牧草含水量为 30%～35%，在干旱地区则为 25%～30%。每个草捆的密度、质量由压捆时牧草的含水量来决定（表 2-7-1）。

表 2-7-1　压捆时牧草的含水量与草捆密度、质量的关系

（引自董宽虎等，2003）

压捆时牧草含水量（%）	草捆密度（kg/m^3）	单位体积（35cm ×45cm×85cm）草捆质量（kg）
25	215	30
30	150	20
35	105	15

在生产实习中可适当调整打捆密度，设计并测定脱水速度，掌握打捆密度、体积和脱水

的关系，从而了解贮藏规律。

四、重点/难点

1. 重点 掌握青干草因地制宜的调制方法。

2. 难点 干草水分含量的感官鉴定。

五、示例

紫花苜蓿干草调制

1. 实习地点 哈尔滨市阿城区已种植一年的紫花苜蓿人工草地，播种量1.5kg，行距30cm，年产干草约550kg/hm^2。

2. 实习过程

（1）刈割与压扁：选择晴好天气，当紫花苜蓿正处在初花期时，进行大面积刈割。采用自走式割草压扁机（NEW HOLLAND 488），收割和茎秆压扁作业同时完成，留茬高度在10cm左右。

（2）田间晾晒：紫花苜蓿收割后就地晾晒0.5～1d，当其含水量降至40%～50%时（紫花苜蓿叶片卷缩，鲜绿色变为深绿色，叶柄易折断，茎秆颜色基本未变），用侧向搂草机搂集成草垄继续干燥。当含水量降到35%～40%时（含水量在40%左右时，取一束草用力拧紧，有水分但不形成水滴），重新翻晒一遍。

（3）捡拾打捆：当经过6～12h后，牧草含水量降到25%～30%（手摇草束叶片发出沙沙声，且易脱落），并且牧草叶片尚未脱落时，采用MARKANT小方捆机进行打捆作业，捡拾宽度为1.65～1.85m，草捆长度为0.4～1.1m。

（4）集捆：在打成紫花苜蓿干草小草捆的同时，可在打捆机械后连接集捆机，直接把打好的草捆排列并推出，设备运行可靠，可节省人工搬运成本。然后，运用配套的抓捆机，一次性抓拿集捆机集下的捆列，直接进行码垛或放置到运输车上运走。

（5）码垛与贮藏：由于紫花苜蓿草捆含水量较高，在码垛时要留足够的通风道。一般干草捆垛下面第一层（底层）草捆应将干草捆的宽面相互挤紧，窄面向上，整齐铺平，不留通风道或任何空隙，其余各层平放（窄面在侧，宽面朝向上下）。从第二层草捆开始，可在每层中设置25～30cm宽的通风道，在双数层开纵向通风道，在单数层开横向通风道，通风道的数目可根据草捆的水分含量确定。干草捆垛在中上层设置一层“遮檐层”，“遮檐层”以上逐渐缩进，形成双斜面垛顶。

六、思考题

1. 青干草调制的意义是什么？
2. 青干草调制的方法与步骤是什么？
3. 如何进行青干草水分含量的感官鉴定？

七、参考文献

草原监理中心，2018.2017 年我国苜蓿干草进口增长放缓燕麦草进口涨势强劲 [J]. 现代畜牧兽医(3)：61.

董宽虎，沈益新，2015. 饲草生产学 [M]. 2 版. 北京：中国农业出版社.

顾洪如，2002. 优质牧草生产大全 [M]. 南京：江苏科学技术出版社.

连露，胡国富，李冰，等，2017. 青贮玉米种植密度及与秣食豆混播比例对青贮品质的影响 [J]. 草地学报，25 (1)：178－183.

毛培胜，2012. 草产品质量与安全检测 [M]. 北京：中国农业出版社.

毛培胜，2015. 草地学 [M]. 4 版. 北京：中国农业出版社.

玉柱，贾玉山，2010. 饲草加工与贮藏技术 [M]. 北京：中国农业大学出版社.

胡国富，殷秀杰，王明君
东北农业大学

实习八　青贮饲草及半干青贮饲草的调制

一、背景

青贮是将牧草或饲料作物刈割后在无氧条件下贮藏，经乳酸菌发酵产生乳酸后抑制细菌生长，使牧草或饲料作物得以长期青绿保存的一种方法，可分为常规青贮和半干青贮。青贮饲草是在厌氧条件下经过乳酸菌发酵调制保存的青绿牧草或饲料作物。

全株青贮玉米具有收获成本低、生产风险低、产量高、能量高及收获方便等优点，利用其来实现乳业生产利益最大化。在过去 20 多年中，全株玉米青贮已经成为奶业生产中不可或缺的营养来源之一。在 2015 年中央 1 号文件提出“支持青贮玉米和苜蓿等饲草料种植”之后，我国开始推广应用青贮专用玉米，并逐渐建立现代饲草料产业体系，这有助于缓解粮食安全压力、助推农业结构调整、加快草食畜牧业发展的重要举措，为促进草食畜牧业发展的重要抓手和突破点。

从产业布局看，玉米青贮产业在我国各省份均有不同程度的发展，优势区主要位于黑龙江、内蒙古、河北、宁夏、北京、山西、天津等地。苜蓿青贮产业主要位于安徽和辽宁、甘肃、河北、陕西、黑龙江等苜蓿主产区；燕麦青贮产业目前主要集中于河北西北部和南方的安徽、江苏、上海等地区；小黑麦、黑麦、小麦等青贮产业主要生产于江苏、河南等地区；高粱属牧草青贮产业分布在河北、山东、甘肃等地；黑麦草青贮产业主要集中在江苏、四川等省份。青贮饲草主要应用于奶牛、肉牛或者羊的日粮中，随着技术升级、机械配套，奶牛养殖业中青贮饲料 50%左右以 TMR（全混合日粮）的形式利用，肉牛和羊等食草动物以精粗分饲应用为主。其青贮饲草用量是粗饲料的 65%、26%、11%。相对于玉米青贮较为成熟和广泛应用，紫花苜蓿以及羊草、燕麦等禾草的青贮产品仍然存在一些技术瓶颈。

需要针对原料收获、添加剂型、切碎、揉碎、重压、密封等影响青贮品质的关键环节控制技术进行深入研发、集成技术创新，提升饲草青贮的技术水平。

二、目的

了解常规青贮饲草及半干青贮饲草的规模化生产工艺，掌握青贮及半干青贮专业化生产的特点和设备要求。

三、实习内容与步骤

(一) 常规青贮制作

1. 青贮饲草原料 制作优质青贮饲草一般需要适时收割、适宜的含糖量、适宜的含水量和封闭厌氧条件。

一般豆科牧草在初花期刈割，而禾本科牧草在抽穗期刈割（表 2-8-1）。

表 2-8-1 牧草及饲料作物青贮的适宜刈割期

（引自顾洪如，2002）

牧草及饲料作物种类	适宜刈割期	刈割时含水量（%）
紫花苜蓿	蕾期至开花期	70～80
红三叶	蕾期至开花期	75～82
鸭茅	孕穗至抽穗	80
无芒雀麦	孕穗至抽穗	75～80
梯牧草	孕穗至抽穗	75～80
苏丹草	高度约 90cm	80
豆科、禾本科混合牧草	按禾本科适宜刈割期	
带穗玉米	蜡熟期	65～70
高粱（整株）	蜡熟初期至中期	70
黑麦	始穗至蜡熟前期	80～75

2. 青贮设施 青贮设施有青贮窖、地面青贮、青贮塔、塑料袋及拉伸膜等。青贮窖等设施场址要选择在地势高燥、地下水位较低、距畜舍较近而又远离水源和粪污的地方。装填青贮饲料的建筑物，要坚固耐用，不透气，不漏水，墙壁要平直，有一定深度，冬季能防冻。尽量利用当地建筑材料，以节约建造成本。拉伸膜要求抗撕抗裂和打结强度优越。

不同青贮设施的单位容量是有差异的（表 2-8-2），制作青贮时应根据生产需要采用相应的设施。

表 2-8-2 不同青贮方式青贮料容积质量（kg/m^2）

（引自玉柱等，2003）

青贮原料	地面青贮（拖拉机压实）	青贮塔青贮		青贮窖青贮（人工压实）
		塔高（深）3.5～6.0m	塔高 6m 以上	
全株玉米（带穗）	750	700	750	650
青玉米秸秆				500
饲用甘蓝	775	750	775	675
玉米、秣食豆混贮	775	750	775	675
三叶草、禾本科切碎混贮	650	575	650	525
天然牧草不切碎	575	550	575	475
禾本科牧草	575	500	575	450
甘薯藤、胡豆苗				700
块茎类				750～800

3. 青贮设备 有切割压扁机、搂草机、切碎机、运输车、镇压设备、塑料膜等覆盖或裹包材料等。

4. 青贮饲草制作步骤 制作青贮饲草的方法因设备、原料特性以及添加剂的不同有一定差异，但制作步骤基本相同。

（1）适时刈割：确定青贮原料的适时刈割期，禾本科牧草的最适宜刈割期为抽穗期，而豆科牧草初花期最好。专用青贮玉米（即带穗整株玉米）多在蜡熟末期收获。兼用玉米（即籽粒作粮食或精料，秸秆作青贮饲料的玉米）在蜡熟末期及时收获果穗后，抢收茎秆进行青贮。

（2）调节水分：适时刈割时其原料含水量通常为75%～80%或更高。常规青贮的原料，含水量一般控制在70%左右，水分过多的饲料，青贮前应晾晒凋萎，使其含水量达到要求后再行青贮；有些情况下（如雨水多的地区）无法通过晾晒达到合适含水量时，采用混合青贮的方法，使混合青贮料总体的含水量达到要求。

判断观察水分高低的方法，除实测外，在生产中主要靠经验来判断。一是手挤法：抓一把铡碎的青贮原料用力挤30s，伸开手后有水流出或手指间有水，其含水量为75%～85%，太湿，不能做成优质青贮，应该晒一下，或与较干的秸秆一起青贮。二是扭弯法：在铡碎前，扭弯秸秆的茎时不折断，叶子柔软带绿而不干燥，这时的含水量最合适。

（3）切碎：切碎的程度取决于原料的粗细、软硬程度、含水量、饲喂家畜的种类和铡切的工具等。利用粉碎机（图2-8-1）切碎，最好在青贮容器旁进行，切碎后立即入窖。在进行大规模青贮饲料调制时，会通过联合收割机，刈割和切碎同时完成（图2-8-2），把切碎的原料喷到运输翻斗车上，直接运输到青贮地点进行装填。

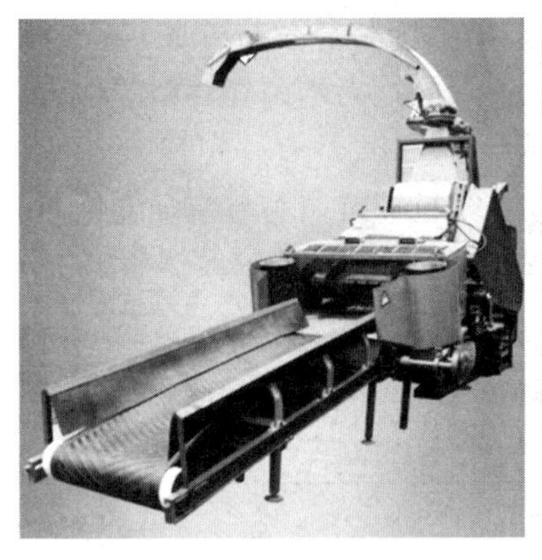

图2-8-1　现场固定式青贮制备机

图2-8-2　CLAAS-JAGUAR青贮收获机

对牛、羊等反刍动物来说，禾本科和豆科牧草及叶菜类等植物应切成2～3cm，玉米和向日葵等粗茎植物应切成0.5～2cm，柔软幼嫩的牧草也可不切碎或切长一些。对猪、禽各种青贮原料均应切得越短越好。

（4）装填：利用青贮窖进行青贮时，在青贮前应将青贮设施清理干净，窖底可铺一层10～15cm切短的秸秆等软草，以便吸收青贮汁液。窖壁四周张贴一层塑料薄膜，以加强密封和防止漏气渗水。装填时应边切边填，逐层装入。装填过程越快越好，以免在原料装填期间好气分解导致原料腐败变质，一般小型窖当天完成，大型窖2～3d内装满压实。

采用裹包形式时，把青贮料运回驻地或就地裹包处理（图2-8-3），可摆脱青贮窖等固定设施的局限性，方便运输和使用，效果良好。

（5）压实：切碎的原料在青贮设施中都要装匀和压实（图 2－8－4），而且压得越实越好。装填青饲料时应逐层装入，每填充 15～20cm 厚时，即应压实，如此反复。小型青贮窖可人力踩踏，大型青贮窖则用履带式拖拉机压实，但应保持拖拉机清洁。压不到的边角可人力踩压或用小型振荡器压实。

图 2－8－3　TSW2020 青贮玉米打捆包膜一体机

图 2－8－4　填料与压实

（6）密封与管理：原料装填压实之后，应立即密封和覆盖。青贮容器不同，其密封和覆盖方法也有所差异。以青贮窖为例，在原料上盖一层 10～20cm 切短的秸秆或干草，其上覆塑料薄膜，或在青贮料上直接压盖塑料薄膜，再压 50cm 的土，窖顶呈拱形以利于排水，在窖四周挖排水沟。密封后，需经常检查，发现裂缝和空隙及时用湿土压好，以确保高度密封。

（7）青贮饲料的开封及取料：一般情况下，青贮经 30～45d 完成发酵全过程后，可开封取料。开窖时间一般要尽量避开高温或严寒季节，防止高温季节取料造成的二次发酵或干硬变质或严寒季节青贮饲料结冰等现象发生。

取料方法：采取由上往下逐层、由外往内逐步深入取料，每次取出量应以当天喂完为宜。每次取完料后，用塑料薄膜将口封严，防止空气氧化和染菌变质。

（二）半干青贮调制

1. 拉伸膜半干裹包青贮制作　首先把一定含水量（40%～55%）的饲草打成一定质量的圆形或者方形的草捆，然后及时在专用设备上用特制的拉伸膜把草捆层层包裹封闭。

（1）刈割和晾晒：适时刈割，豆科牧草刈割最好使用压扁割草机（图 2－8－5），在割草的同时将牧草茎秆压扁，可大大缩短田间干燥时间，收割后通过田间晾晒使水分降到半干青贮所需含量。

半干青贮原料含水量的田间估测：禾草经晾晒后，茎叶失去鲜绿色，叶片卷成筒状，茎秆基部尚保持鲜绿状态；豆科牧草晾晒至叶片卷成筒状，叶片易折断，压迫茎秆能挤出水分，茎表面可用指甲刮下，这时的含水量约 50%。

（2）捡拾压捆裹包：当水分含量达到半干青贮条件（40%～55%）时捡拾压捆，在捡拾压捆作业时（图 2－8－6），拖拉机的行进速度应根据具体情况来决定，为了形成密度高、形状整齐的捆包，压捆行进速度要比干草收集压捆慢一些，压捆要牢固、结实，这样才能使其保持高密度。草捆表面要均匀，以免草捆和拉伸膜之间产生空洞，或与膜之间的粘贴性不良，这是容易霉变的原因，白色拉伸膜比黑色的更容易保持较低的表面温度。

图 2-8-5　DISCO 压扁割草机　　　　图 2-8-6　苜蓿田间打捆裹包

(3) 堆垛：青贮包运回驻地后进行堆垛发酵，层数一般不超过 4 层。

2. 窖装半干青贮　利用常规青贮窖制作半干青贮。青贮原料刈割后在草条上经过晾晒，当含水量降至 40%～60%时用机械直接捡拾切短，运回贮藏窖装填、镇压、密封即可，制作方法同常规青贮。

大型半干青贮窖开启后，容易发生二次发酵，一定要高度重视，开窖口应小。

四、重点/难点

1. 重点　掌握常规青贮和半干青贮制作的操作流程。

2. 难点　控制和调整青贮原料的水分含量。

五、示例

玉 米 青 贮 制 作

1. 实习地点　实习选在黑龙江省五大连池市尾山农场。尾山农场属寒温带大陆季风气候，夏季湿润多雨，年平均气温－0.4℃，日照 2 568h，无霜期 112d，年均降水量 515mm，为丘陵漫岗地，土壤类型以黑钙土为主，土质肥沃，有机质含量 4%～7%。青贮玉米种植时间在 5 月上旬，青贮玉米乳熟期—蜡熟期在 10 月上旬。

2. 实习内容与步骤

(1) 青贮前准备：清窖是青贮制备前必须要进行的准备工作之一，即对青贮窖进行检查和清洁。该单位所采用的青贮窖为半地上式青贮窖，其长、宽、深分别为 50m、10m、5m。青贮前需检查窖底和窖壁是否有脱落或破裂漏气现象，并清扫整个窖底，使其保持清洁状态。窖底和窖壁四周张贴一层塑料薄膜，以加强密封和防止漏气渗水。然后窖底可铺一层 10～15cm 切短的秸秆等软草，以便吸收青贮汁液。

(2) 适时刈割与运输：刈割时间的选择十分重要，既要考虑原料的产量和质量，又要考虑原料的适宜水分，一般刈割宁早勿迟。本次实习选择的是玉米带穗青贮，刈割应控制在乳熟期至蜡熟期期间，并且 3d 内无雨晴朗的天气。采用大型青贮玉米收割机（KRONE 775），具有收割、压扁和粉碎功能，作业效率是 6.67hm^2/h。该机械能把切碎的原料直接喷到运输翻斗车上，直接运输到青贮地点进行装填。

（3）青贮原料的水分调节：切碎后的原料进行含水量测定，使其在75%～85%。判断方法可采用实测法或手挤法，即抓一把铡碎的青贮原料用力挤30s，伸开手后有水流出或手指间有水，则含水量为75%～85%。如果过湿，要适当晾晒凋萎或加入适当干草调整，如果太干，要加入适量的水。

（4）装填：装填时逐层装入。当翻斗车投料后，用铲车把原料铲平。装填过程越快越好，以免在原料装填期间好气菌类分解导致原料腐败变质。一般小型窖当天完成，大型窖2～3d内装满。

（5）压实：装填时应逐层装入，每填充15～20cm厚时，即需压实，采用履带式拖拉机反复碾压，压不到的边角采用人力踩压和小型振荡器镇压，确保整个窖内紧实度均匀一致。

（6）密封与管理：原料装填压实之后，应立即密封和覆盖。在原料上盖一层10～20cm切短的秸秆或干草，其上覆塑料薄膜，再压50cm的土或废旧轮胎，窖顶呈拱形以利于排水，在窖四周挖排水沟。密封后，需经常检查，发现裂缝和空隙应及时密封和压好，以确保高度密封。

（7）开窖后管理：取料应采取由上往下逐层、由外往内逐步深入取料，每次取料量应以当天饲喂量为准。每次取完料后，用塑料薄膜将口封严，防止空气氧化和染菌变质，以免导致二次发酵。

六、思考题

1. 青贮设施的种类及注意事项有哪些?
2. 制作优质青贮饲草需要哪些条件?
3. 青贮制作的步骤有哪些?

七、参考文献

董宽虎，沈益新，2015. 饲草生产学 [M]. 2版. 北京：中国农业出版社.

顾洪如，2002. 优质牧草生产大全 [M]. 南京：江苏科学技术出版社.

贾慎修，1995. 草地学 [M]. 北京：中国农业出版社.

连露，胡国富，李冰，等，2017. 青贮玉米种植密度及与秣食豆混播比例对青贮品质的影响 [J]. 草地学报，25 (1)：178-183.

毛培胜，2012. 草产品质量与安全检测 [M]. 北京：中国农业出版社.

毛培胜，2015. 草地学 [M]. 4版. 北京：中国农业出版社.

徐柱，2004. 中国牧草手册 [M]. 北京：化学工业出版社.

玉柱，贾玉山，2010. 饲草加工与贮藏技术 [M]. 北京：中国农业大学出版社.

胡国富，殷秀杰，王明君
东北农业大学

实习九　草粉、草块及草颗粒的加工

一、背景

粮-经-饲三元种植结构的调整和推广为我国草产品加工业的快速发展带来了契机。在山东、河北、内蒙古、甘肃、辽宁和吉林等省份已经形成了具有一定规模的干草与草粉生产基地，极大地促进了我国家畜饲草料供给现状的改善。干草粉、草块和草颗粒等成型草产品的加工制作是重要的草产品加工形式，草粉、草块及草颗粒的加工可以使饲草具有一定的形态、性状或规格，以便适用于作为商品进入市场流通。从发达国家的草业产业化发展历程来看，草粉、草块及草颗粒的加工不仅是连接种植业和养殖业的重要中间环节，是提高饲草的品质和利用率的重要途径，也是饲草从农产品转化为商品的重要环节，既适应了国内外草产品的市场经营与流通需要，又满足了农牧业产业结构调整及农业供给侧结构性改革的要求，调节了饲草生产的季节差异及年度丰欠差异，实现了为畜牧业生产均衡供应优质饲草料的需求，从而在促进农民增收的同时，缓解了畜牧业生产冷季缺草及我国粮食紧缺问题，在现代草业和畜牧业发展过程中发挥着重要作用。因此，作为支撑畜牧业发展的草粉、草块及草颗粒加工业，被赋予了新的历史使命。然而，由于我国草粉、草块及草颗粒的加工起步较晚，与发达国家的相比还有很大差距。因此，我国草粉、草块及草颗粒的加工技术和生产工艺还亟待增强，通过优质草粉、草块及草颗粒产品的开发与生产来解决草畜矛盾，进一步推动我国草牧业的健康发展。

二、目的

通过现场参观实习，了解和掌握草粉、草块及草颗粒的加工方法与机械操作的基本技能。

三、实习内容与步骤

1. 仪器与设备　干草块加工机械（普通干草块加工机械或大截面草块加工机械）、锤式粉碎机、气流滚筒式干草粉生产设备、压粒机（平模压粒机、环模压粒机、多功能颗粒机和软颗粒机）。

2. 方法与步骤　由于机械设备条件的限制，实习将采取到草产品加工企业参观的方式进行，部分内容实际操作。

制作草粉、草块和草颗粒时，牧草刈割时期、自然干燥方式和原理与调制青干草时基本相同。

(1) 草粉的加工：制作草粉的原料主要是高产优质的豆科牧草，如紫花苜蓿、斜茎黄芪、红豆草以及豆科和禾本科的混播牧草等。

①刈割青草的脱水：将刈割收获的牧草，在晴天条件下就地翻晒风干 3～4h，使含水量降到 65%左右，然后切碎并置于牧草烘干机中，通过高温使其迅速干燥，使牧草的含水量由 65%左右迅速降至 15%。干燥时间的长短取决于烘干机的种类及工作状态，从几小时到几十分钟，甚至几秒钟。

②粉碎：草粉生产工艺流程一般从新鲜牧草刈割开始，经过切短、干燥、粉碎、包装等一系列过程（图 2-9-1）。干燥后的牧草，一般用锤式粉碎机粉碎。草屑长度应根据畜禽种类与年龄而定，一般为 1～3mm。对家禽和仔猪来说，草屑长度为 1～2mm，成年猪食用草屑的长度为 2～3mm。其他大家畜食用草屑可稍长些。

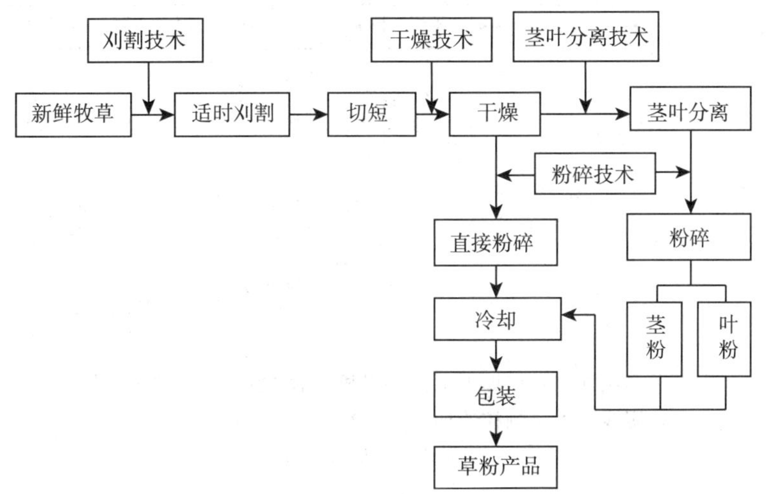

图 2-9-1　草粉加工工艺流程和技术

（引自黄建辉等，2016）

③气流滚筒式干燥过程：将切碎的青牧草由输送器和逐秸轮投入干燥滚筒。牧草在漂浮及被热介质裹胁、包围、翻动中逐渐被加热干燥。牧草干燥后，一般用粉碎机粉碎即成青草粉。草屑长度一般为 1～3mm，大家畜宜长，小家畜宜短。为了减少青草粉在贮藏和运输过程中的损失，在使用此设备时必须注意：在干燥前需将青牧草切碎，并清除夹杂的大块杂物，以利于干燥、输送与粉碎；牧草段进入粉碎机时含水量应在 17%以下，以 12%为最佳；牧草从收割到进入干燥机的时间不得超过 1.5h。

④草粉的贮藏：青草粉属粉碎性饲料，吸水性和反潮率较高，较其他草产品的贮存条件要求也高，为保证优质青草粉，必须采取适当的措施，以避免蛋白质及维生素等营养物质的损失。

a. 干燥低温贮藏青草粉：安全贮藏的含水量和贮藏温度是含水量 12%时，温度在 15℃以下；含水量在 13%以上时，温度在 10℃以下。

b. 密闭低温贮藏青草粉：在牢固的牛皮纸袋内，置于棚下或仓库内，温度降低到 3～9℃时，胡萝卜素的损失减少 2/3，粗蛋白质、维生素 B_1、维生素 B_2 以及胆碱含量变化不大。而在常温条件下，贮存180d，胡萝卜素损失80%～85%，粗蛋白质损失14%，维生素B_2损失41%～53%，维生素B_1损失80%以上。寒冷地区可利用自然降温，然后密闭贮存。

（2）草块的加工：草块的类型有普通干草块和大截面干草块，二者在加工工艺上区别较大。

普通草块尺寸为3cm×3cm×（10～15）cm，密度为500～900kg/m^3。这种草块是干草块加工的主要形式。

大截面草块体积大，密度小。草块尺寸（截面×长度）为25cm×25cm×50cm或30cm×30cm×60cm，密度为400～700kg/m^3。

①普通草块加工：普通草块的生产工艺流程一般从新鲜牧草刈割开始，经过干燥、揉碎、压制、冷却、包装等一系列过程（图2-9-2）。

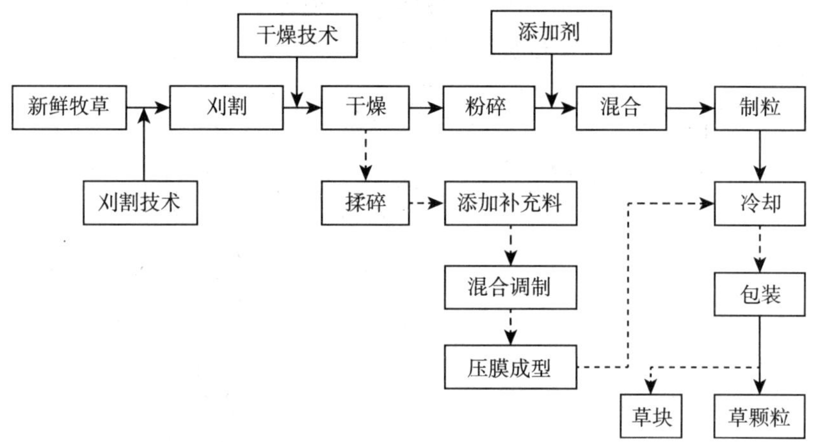

图2-9-2 草块和草颗粒加工工艺流程和技术（虚线代表草块的加工流程，实线代表草颗粒的加工流程）

（引自黄建辉等，2016）

捡拾式压块机是一种可移动式草块加工机械，在行走时自动拾起田间风干草条，直接加工成草块。加工过程是捡拾器捡起草条，由输送装置送给粉碎机，粉碎后加适量的水再送给压机加工成草块。

固定式压块机一般是工厂化、规模化生产的大型牧草加工设备，加工能力为每小时6 000～20 000kg。加工设备由以下7个系统组成：粉碎（碾磨）系统、搅拌计量系统、压块系统、冷却系统、除尘和碎料回收系统、成品计量包装系统、电控系统。

②大截面草块加工：使用一种大型的牧草加工设备，主要由输送系统、揉切系统和压块系统组成。其突出特点是用大截面方形活塞压制草块。草块形体较大，容易破碎，因此要用包装袋进行捆扎。

青干草、作物秸秆均可作为草块加工的原料。在用青干草为原料加工的草块中，以紫花苜蓿干草块居多；在用作物秸秆为原料加工的草块中，以燕麦、玉米秸秆草块居多。其采用的自然干燥方式和原理与调制青干草时所使用的方法和原理相同。

（3）草颗粒的加工：制作草颗粒的主要原料为草粉，对能量的要求一般为8.36～12.54MJ/kg，粗蛋白质含量为15%～20%，矿物质元素占2%～3%。单胃动物要求纤维素不超过5%。

以优质草粉为主要原料的颗粒饲料，可以根据食草动物的特征，制定出不同的饲料标准及相应的最佳配方。例如，原料配方为干草粉60%～70%、麸皮4%～5%、玉米18%～20%、添加剂3%、尿素1%、盐1%。

压模孔径的选择随不同的饲喂对象而定，通常制造肉鸡食用草颗粒的压模孔径为3.2～5.5mm，牛的为4.5～8.0mm。

草颗粒生产工艺流程一般从新鲜牧草刈割开始，经过干燥、粉碎、制粒、冷却、包装等一系列过程（图2-9-2）。

①前处理：是将新鲜牧草原料在压粒前制成草粉或者打浆，与其他原料、添加剂等充分混合。

②制粒：将粉状料或者混合料与蒸汽混合后，均匀投入制粒机中，在压模和压辊间通过强烈的挤压，从模孔中挤出并被刀切成一定的长度。

③冷却：从压粒机出来的草颗粒水分较高，温度为80～90℃，即使不用蒸汽压粒，温度也达60℃左右。不冷却不便于颗粒饲料的保存，所以应将颗粒饲料冷却降温并降低水分，温度降到比室温高8℃以下，水分降至12%～13%。冷却设备有立式冷却机和卧式冷却机。

在压制直径3mm以下的小颗粒时，压粒机动力消耗大，产量低，因此常采用直径6mm以上的压模压制大颗粒，再用粉碎机粉碎，经过筛分，筛出所需的小颗粒饲料，一般可得到65%左右的成品。上层筛上物料再被送回破碎机，下层筛下细粉再被送回制粒机压制颗粒。

四、重点/难点

1. 重点 熟悉草粉、草块及草颗粒的加工工艺及相关器械。

2. 难点 草粉、草块及草颗粒加工器械的操作。

五、示例

大针茅草颗粒加工

1. 材料 50%抽穗期的大针茅。

2. 仪器设备 锤式粉碎机、SZLH400M型制粒机、SC-5F双棒水分仪、顶击式标准振荡筛、GB6004分级筛、卧式冷却机。

3. 操作步骤

（1）青草的脱水：刈割后就地翻晒风干4h，使其含水量降至65%，然后切短并置于烘干机中，使其水分含量迅速降至13%。

（2）粉碎：取样10kg，用锤式粉碎机制作成粉碎粒度为3mm的草粉，能量为11.51MJ/kg。

（3）前处理：添加3%的膨润土。

（4）制粒：将粉状料与蒸汽混合后，均匀投入制粒机中，从模孔中挤出并切成6mm的草颗粒，通过卧式冷却机将草颗粒冷却至23℃以下，水分降至12%。

六、思考题

1. 草块、草粉及草颗粒的加工原理是什么？
2. 影响草粉、草块及草颗粒品质的因素有哪些？

七、参考文献

黄建辉，薛建国，郑延海，等，2016. 现代草产品加工原理与技术发展［J］. 科学通报，61（2）：213－223.

李佳丽，郭亚文，杨通，等，2015. 不同草粉添加比例对颗粒饲料加工质量的影响［J］. 饲料工业，36（2）：11－14.

刘国谦，张俊宝，刘东庆，2003. 柠条的开发利用及草粉加工饲喂技术［J］. 草业科学，20（2）：26－32.

毛培胜，2012. 草产品质量与安全检测［M］. 北京：中国农业出版社.

孙林，2016. 针茅草原牧草加工利用模式及相关机制研究［D］. 呼和浩特：内蒙古农业大学.

朱进忠，2009. 草业科学实践教学指导［M］. 北京：中国农业出版社.

夏方山
山西农业大学

实习十　草地放牧演替阶段的分析与界定

一、背景

放牧是天然草地基本利用方式之一，并且在放牧家畜的采食、践踏及排泄等活动的影响下，放牧草地的群落结构与特征也在不断地改变，最终出现一种植物群落会逐渐被另一种植物群落所替代的现象，称为放牧演替。一般而言，在放牧适当情况下，再配合适当的草地培育改良措施，放牧草地就会向有利于草地畜牧业生产方向发展，牧草生长繁茂、品质好、产量高，称之为进展演替；相反，放牧过度则会引起草地退化，表现为牧草品质变劣、产量降低、环境恶化，称为退化演替。无论放牧草地是向哪个方向发展，草地植被群落均会呈现出一系列的阶段性，且其演替阶段性的划分一直是评价草地生态系统健康状况的重要内容之一。虽然目前对草地放牧演替阶段划分的标准、对照区或不放牧区的选择还未形成统一的标准，但草地放牧演替阶段的划分都趋向于划分为 5 个阶段，即不牧阶段、轻牧阶段、中牧阶段、重牧阶段、极牧阶段，且不同放牧阶段都有其明显的标志及指示植物。因此，通过对草地放牧演替阶段的划分与界定，可了解和掌握放牧干扰下草地植被群落的时空动态变化规律，确定其所处演替阶段，并能准确判断和预报未来草地的变化趋势，可为制定合理的草地利用及恢复措施提供基本数据，也为草地管理、生产和保护提供科学依据。

二、目的

掌握草地放牧演替的一般过程、指标测定及相关演替指数的计算方法，能够科学合理判断草地的放牧演替阶段，将为不同演替阶段下采取草地恢复措施、促进进展演替提供理论依据和实践意义。

三、实习内容与步骤

1. 材料　一定面积的放牧草地，且水热条件、地形、地势等生境因子基本一致，草地类型一致，长年进行放牧利用。同时，要满足下列条件之一：①草地上存在固定圈舍、饮水点或营盘点，面积足够大，且保证其圈舍、饮水点和营盘点周边 500m 以内不存在另一处圈舍、饮水点和营盘点；②具有控制放牧试验区域，且放牧区内具有明确的放牧梯度。

2. 仪器设备 GPS 定位仪、鼓风干燥箱、装有 SPSS 或其他统计软件的电脑、测绳、钢卷尺、剪刀、手提秤或电子天平、1m×1m 样方框、样圆（0.1m^2）、钢针、样品袋、标签纸、记载表格、铅笔、小刀、橡皮等。

3. 测定内容与步骤

（1）地段的选择：样地的设置及样方面积、数量可根据实际情况进行适当增减，同时利用 GPS 定位仪进行定位。

①传统自由放牧区：放牧过程中，在生境典型一致的草地区域内，草地植被群落的变化常常以圈舍、饮水点或营盘点为中心，呈现同心圆状的环状分布，形成若干处于不同阶段的演替系列。

根据实际情况，沿某一方向，选择具有代表性的地段 4～5 处，地段间等距间隔，每处设置 10m×10m 样地 3 个，每样地内设置 1m×1m 样方 3～5 个。

②控制放牧区：在每个控制放牧区内，选择具有代表性的样地 3 处，样地面积 10m×10m，每样地内设置 1m×1m 样方 3～5 个。

（2）草地植被特征的测定：

①植物频度的测定：采用样圆法测定。在确定的样地内，随机抛掷样圆 30～50 次，记录每次抛掷下出现的植物种名称，并统计每种植物出现的总次数，按下式计算其频度：

$$某种植物的频度=\frac{含有某种植物的样圆数}{测定的样圆总数}\times 100\%$$

②盖度等指标的测定：对设置的每个样方内先进行群落总盖度测定，然后分种进行盖度、密度、高度和产量的测定。

盖度的测定：采用目测法测定群落的植物的投影盖度或用针刺法（至少重复 50 次以上）测定植物基盖度，统计裸地率、物种分盖度，计算群落总盖度。

$$群落总盖度=100-裸地率（\%）$$

密度的测定：采用直接计数法，统计样方内每一物种出现的个数。丛生植物以株丛为计数单位，非丛生植物以枝条数进行统计。

高度的测定：采用精度为 0.1cm 的钢卷尺直接测定每种植物的自然高度，每样方重复 5～10次，株数不足时按实际株数进行测量，最后求取平均值作为该物种的高度。

产量的测定：采用齐地刈割法，将地上植物活体分种进行刈割称量，分装至样品袋内带回室内烘干（80℃，24h），称取烘干重。

（3）草地特征值计算：首先将所测定的盖度、频度、密度、高度和产量换算成相对值，然后分别计算植物的优势度、相似度、演替度。

草地中某种植物的优势度（SDR_5）是通过该种植物的相对盖度、相对频度、相对密度、相对高度和相对产量进行计算的。根据 SDR_5 的大小，可以确定出该类型草地的优势种、亚优势种和伴生种。

$$SDR_5=\frac{C'+F'+D'+H'+P'}{5}$$

式中：C'、F'、D'、H'、P'分别为该种植物的相对盖度、相对频度、相对密度、相对高度和相对产量。

草地中某种植物的优势度也可用 SDR_2、SDR_3、SDR_4 表示，依次用该种植物的相对盖度、相对频度、相对密度、相对高度和相对产量中任意 2 个、3 个或 4 个指标进行计算。

频度群落相似系数（$FICC$），即相似度，表示 A 群落与 B 群落的相似程度，可以通过频度进行计算。$FICC$ 越大，表示两群落越相似，相反，则差异越大。

$$FICC = \frac{2W}{a + b}$$

式中：a、b 分别为 A、B 群落出现的全部植物种频度的合计；W 为群落 A、B 共同出现的植物种频度的最小合计。

群落相似性也可用采用 Sorensen 指数（SC）进行计算。SC 越大，表示两群落越相似，相反，则差异越大。

$$SC = \frac{2C}{S_1 + S_2}$$

式中：SC 为 Sorensen 指数值；C 为群落 A、B 共有植物种数；S_1、S_2 分别为群落 A、B 出现的植物种数。

群落演替度（DS）是通过植物种的寿命、优势度、盖度等进行计算的，为一个相对值。数值越大，表示群落的稳定性越大，种类组成越复杂，草地生产状况越好，草地退化程度越轻，处于演替顶级阶段；相反，数值越小，表示群落的稳定性越差，种类组成越简单，草地退化越严重。

$$DS = \frac{\sum (L \times SDR_5)}{N} \times U$$

式中：L 为构成种的寿命（年）；SDR_5 为构成种的优势度；N 为构成种总数；U 为群落总盖度。

（4）聚类分析：

①确定主要物种名录：统计野外所有测定样方中出现的物种，获得整个放牧演替过程中的全部植物名录；按种统计所有样方 SDR_5 进行累计求和后除以调查的总样方个数，计算每个物种在整个放牧区域中的平均 SDR_5 值；根据平均 SDR_5 值的大小，将那些指数非常小（指数值接近于 0）的物种删除，筛选得到群落主要物种名录。

②主成分分析：以筛选出的主要物种为因素，将每个样方计算得到的 SDR_5 为重复，对草地植物种类进行主成分分析，筛选 3～5 种放牧演替指示植物种。

③聚类分析：以筛选出的放牧演替指示植物种重要值为依据，对放牧演替样地进行聚类分析，分析样地聚类结果，划分出草地的演替系列。

（5）确定草地放牧演替序列：根据 SDR_5、$FICC$、DS、聚类分析结果分别排出草地在放牧情况下的演替序列，并根据所学知识界定其所处阶段。

4. 结果表示与计算

（1）种类特征确定：根据实际调查资料，整理并完成每个放牧演替阶段草地群落特征值，填写草地植物群落特征记录表（表 2-10-1），并确定其建群种和优势种，明确其主要物种先后演替顺序。

（2）群落相似性计算：计算并列出放牧演替阶段间草地群落相似性，根据 $FICC$ 对演替阶段进行演替系列的排序。

（3）群落演替度计算：计算并列出放牧演替阶段草地群落的演替度，然后根据 DS 排出演替序列。

（4）聚类分析：列出放牧演替指示植物种，绘出放牧演替各阶段样地的聚类分析图，并排出演替序列。

（5）总结与建议：根据计算结果，结合所学知识，提出每个演替阶段的复壮改良建议。

表 2-10-1　某一演替阶段草地植物群落特征记录

群落总盖度＿＿＿＿＿

植物名称	高度（cm）	盖度（%）	密度（株/m^2）	产量（g/m^2）	频度（%）	相对值					寿命（年）	SDR_5
						高度	盖度	密度	产量	频度		

四、重点/难点

1. 重点　放牧演替系列的分析与界定主要依据各样地的群落特征指标计算结果，掌握野外采集大量样方数据的整理与分析方法是重点内容，计算正确与否直接会导致实习结果的准确性。

2. 难点　野外实习典型放牧样地的选择、*DS* 计算时各草地植物寿命的确定、演替阶段的界定是本实习的难点。

五、示例

高寒草甸放牧演替进程分析

以甘肃省天祝藏族自治县某一高寒草甸冬春季牧场为对象，通过对不同放牧阶段草地植被种类高度及盖度的野外测定，结合草地植物优势度、群落相似性系数、退化演替度及聚类分析的计算与分析，明确放牧草地植被的演替进程。

1. 实习地段的选择　在甘肃省天祝藏族自治县选择一处高寒草甸，根据多年放牧利用现状，在冬春季牧场上确定了 3 个放牧阶段，即轻度、中度、重度放牧阶段，草地利用率依次为 60%～70%、75%～85%和 90%以上。

2. 草地植被特征的测定　在每个放牧阶段样区内随机选取 30 个 0.1m^2 样方，首先测定群落盖度，然后分种进行高度、盖度的调查。

3. 草地特征值的计算

（1）按照优势度公式进行物种优势度的计算，3 个放牧演替阶段的物种优势度计算结果填入记录表（表 2－10－2）内。

表 2－10－2　高寒草甸 3 个放牧演替阶段主要植物种优势度记录

（引自张润霞，2017）

植物名称	轻度放牧	中度放牧	重度放牧
垂穗披碱草 *Elymus nutans*	0.110	0.096	0.050
西北针茅 *Stipa krylovii*	0.089	0.071	0.050
草地早熟禾 *Poa pratensis*	0.075	0.086	0.069
秦艽 *Gentiana macrophylla*	0.071		
球花蒿 *Artemisia smithii*	0.048		0.030
紫花韭 *Allium sabangulatum*	0.041		
甘肃棘豆 *Oxytropis kansuensis*	0.041	0.021	0.031
大披针薹草 *Carex lanceolata*	0.041		
菭草 *Koeleria cristata*	0.035		
扁蓿豆 *Medicago ruthenica*	0.033	0.088	0.093
矮生嵩草 *Kobresia humilis*	0.031	0.088	0.192
线叶嵩草 *Kobresia capillifolia*	0.029	0.116	
赖草 *Leymus secalinus*	0.029	0.035	0.036
无芒雀麦 *Bromus inermis*	0.028		
高山唐松草 *Thalictrum alpinum*	0.025		
乳白香青 *Anaphalis lactea*	0.025		
紫菀 *Aster tataricus*	0.024	0.029	0.078
长柔毛委陵菜 *Potentilla griffithii*		0.025	0.021
蒙古黄芪 *Astragalus membranaceus*		0.025	0.028
紫花针茅 *Stipa purpurea*		0.029	
车前 *Plantago asiatica*			0.021
醉马草 *Achnatherum inebrians*		0.086	0.134
微孔草 *Microula sikkimensis*		0.044	
狼毒 *Stellera chamaejasme*			0.028
梅花草 *Parnassia palustris*			0.022

轻度放牧阶段草地以垂穗披碱草和西北针茅为优势种，中度放牧阶段草地以线叶嵩草和垂穗披碱草为主要优势种，而重度放牧阶段草地以矮生嵩草、醉马草和扁蓿豆为主要优势种。说明随利用强度增加，以垂穗披碱草和西北针茅为优势种的群落逐渐演变为以矮生嵩草和线叶嵩草为优势种的群落。

（2）群落演替度（*DS*）的计算：按照群落演替度公式进行计算。轻度演替草地的 *DS* 为 26.3，中度演替草地的 *DS* 为 31.5，重度演替草地的 *DS* 为 16.7，说明适度利用能使草地群落处于更高演替阶段，使群落植物环境适应性强，处于较为稳定状态。

（3）聚类分析结果：根据高寒草甸主要植物种优势度结果（表 2-10-2），筛选得到该草地的主要物种为矮生嵩草、垂穗披碱草、早熟禾、醉马草、扁蓿豆、西北针茅、线叶嵩草、紫菀、赖草、甘肃棘豆，其平均优势度均在 0.01 以上。

以筛选出的主要物种优势度为依据，对草地植物种进行主成分分析。筛选出矮生嵩草、垂穗披碱草、早熟禾为指示植物种，并将此 3 种植物进行聚类分析。结果显示（图 2-10-1），轻度放牧与中度放牧样地首先聚集在一起，然后再与重度放牧样地聚集在一起，体现出高寒草地的放牧演替趋势。

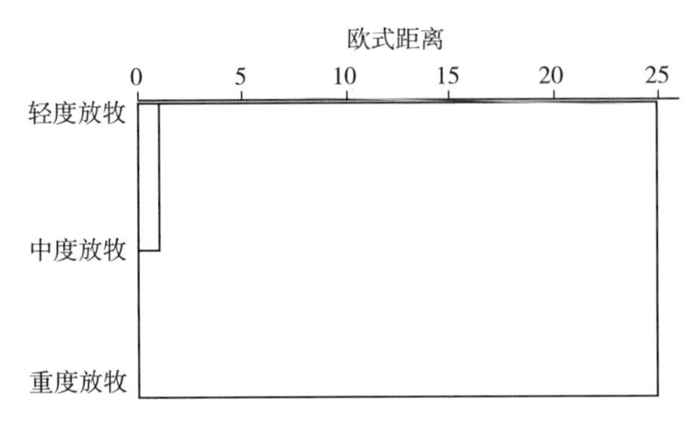

图 2-10-1　高寒草甸 3 个放牧演替阶段样地的聚类分析

六、思考题

1. 试比较根据 SDR_5、DS、$FICC$ 及聚类分析进行草地放牧演替阶段分析时的异同点。
2. 野外典型样地布设的依据是什么？
3. 如何界定草地植物的寿命？

七、参考文献

甘肃农业大学草原系，1991. 草原学与牧草学实习实验指导书 [M]. 兰州：甘肃科学技术出版社.

孙吉雄，2000. 草地培育学 [M]. 北京：中国农业出版社.

王仁忠，李建东，1991. 采用系统聚类分析法对羊草草地放牧演替阶段的划分 [J]. 生态学报 (4)：367-371.

杨持，2003. 生态学实验与实习 [M]. 北京：高等教育出版社.

张润霞，2017. 不同利用强度高寒草甸群落植被构成及演替特征 [D]. 兰州：兰州大学.

朱进忠，2009. 草业科学实践教学指导 [M]. 北京：中国农业出版社.

孙宗玖
新疆农业大学

实习十一　放牧家畜采食率的测定

一、背景

草地植物是放牧家畜最主要的食物来源，而放牧家畜是草地生态系统中植物群落组成和稳定性的重要决定因子，尤其大型放牧家畜的采食行为会直接决定草地生态系统的群落组成。放牧作为动物与植物生产的一个关键因素，主要通过采食行为影响草地植物组成及其群落结构，决定草地资源转化效率，并且达到动物与植物之间的协同进化，是实际草地放牧管理技术的理论基础。所以，研究放牧家畜的采食行为可为系统掌握其利用牧草的规律，以及为退化草地生态系统的恢复与重建提供理论依据与科学对策。

采食率的测定是研究放牧家畜采食行为的重要指标，因为它既体现放牧家畜的营养需求，又反映放牧家畜的采食地点及对草地植物的作用强度。采食率是指放牧时家畜采食的草地植物占草地产草量的百分数，不仅可以反映草地的实际利用程度，还可以反映草地的当前利用强度，是分析草地植物在家畜放牧利用方式中的一个重要参数。因此，适宜的采食率也是计算草地载畜量的一项重要指标，通过正确地测定放牧家畜的采食率，可以科学地确定草地上的载畜量是否合理，并可计算各种草地植物的适口性以及家畜对其的采食量，对于草地管理利用过程中随时评定草地的放牧利用程度和估算牧草的可利用率具有重要意义，是草地工作者经常进行的一项测定工作。

二、目的

掌握放牧家畜采食率的测定方法，培养学生根据测定结果来调整放牧强度的能力，以实现草地的合理利用。

三、实习内容与步骤

1. 材料与用具　样方尺、剪刀、粗天平（或小称）、钢卷尺、测绳、塑料袋、布袋、记录表、草地(2 000m^2)、家畜（羊 15 只或牛 5 头）、磅秤等。

2. 方法与步骤　测定放牧家畜的采食率有差额法、株高估测法、指示剂法、模拟法等，这些方法各有优缺点，以差额法较为常用。下面介绍差额法测定采食率。

差额法就是利用放牧前后草地牧草产量差额计算家畜采食量的方法，可用下列公式之一计算。

$$采食率=\frac{A-B}{A}\times 100\%=\frac{C-B}{C}\times 100\%$$

式中：A 为放牧前测定试验地的牧草产量；B 为放牧后测定试验地的剩余草产量；C 为放牧后测定对照保护样方的牧草产量。

（1）设置小区：选择地形平坦、草层成分均匀、牧草高度适合放牧家畜采食的草地作为实习草地（面积视家畜头数、试验天数、草地牧草产量而定）。放牧前将其分为预备放牧和正式放牧 2 个大区，然后再分别均分为 3 个小区，作为 3 个重复，这样选定的 6 个小区用活动或固定围栏围定（预备放牧区可等于或小于正式放牧区，但各自的小区必须相等），在正式放牧区域内 3 个小区中各设 3 个 $1m^2$ 的网丝样方框（罩笼）。

（2）选择家畜：选择年龄、性别、体重、健康等方面一致的绵羊 15 只（或牛 5 头）作为放牧家畜，放牧前进行驱虫、打号、称量和登记。

（3）预备放牧：将家畜分 3 组赶入预备小区放牧 3～5d，使家畜尽快适应离开大群后在人的控制下小范围内采食、饮水和憩息等行为活动，为顺利进入正式放牧做好准备。其间工作内容及家畜管理规程按正式放牧期的要求去做。

（4）正式放牧：预备放牧结束后，将家畜按规定时间赶入正式放牧样地。临牧前，每个小区内随机布置 3 个样方（无网丝样方框罩保护），测定牧草产量（A）。每天放牧 9～10h，饮水一次，为防止粪便污染草地和节省草地面积，夜间休息时赶回畜圈。注意出牧、归牧和饮水途中，不得让家畜采食其他饲料和牧草。

（5）测产：正式放牧结束后，保护样方框内的牧草产量（C），然后测定 3 个网丝样方框保护样方，记为放牧后的剩余牧草产量（B）。所有测产所得的鲜草均须取样烘干或风干（烘干时，在烘箱中 70℃下烘干 5～6h，然后称量，在 105℃下烘干 4h，再称量），以风干物或绝干物作为计算基础。测定结果填写于差额法测定牧草采食量登记表（表 2-11-1）内。

表 2-11-1　差额法测定牧草采食量登记

地点＿＿＿＿＿＿　草地类型＿＿＿＿＿＿　海拔＿＿＿＿＿＿

坡向＿＿＿＿＿＿　坡度＿＿＿＿＿＿　草地面积＿＿＿＿＿＿

样方面积＿＿＿＿＿＿　试畜头数＿＿＿＿＿＿　试畜总体重＿＿＿＿＿＿

日期	项目	鲜样（g）						风干样（g）						百克鲜样风干率（%）	备注
		重复1	重复2	重复3	重复4	重复5	平均	重复1	重复2	重复3	重复4	重复5	平均		
C（或 A） B C（或 A）－B															
C（或 A） B C（或 A）－B															

（续）

日期	项目	鲜样（g）						风干样（g）						百克鲜样风干率（%）	备注
		重复1	重复2	重复3	重复4	重复5	平均	重复1	重复2	重复3	重复4	重复5	平均		
C（或A） B C（或A）－B															
C（或A） B C（或A）－B															

（6）结果计算：根据所测定的 A、B、C 数据，即可用下列公式算出单位家畜的采食率。

$$采食率=\frac{A-B}{A}\times100\% \quad 采食率=\frac{C-B}{C}\times100\%$$

四、重点/难点

1. 重点 牧草测产的操作程序与注意事项。

2. 难点 小区的设置以及放牧家畜的控制。

五、示例

放牧绵羊采食率的测定

1. 设置小区 在山西省右玉县，选择地形平坦、草层成分均匀、牧草高度适合放牧家畜采食的草地 2 000m^2，将其分为 2 个放牧区（均为 1 000m^2），然后再分别均分为 18m×18m的 3 个小区，作为 3 个重复，并将其用固定围栏围定，分别作为预备和正式放牧小区，最后在正式放牧区内的 3 个小区中各设 3 个 1m^2 的网丝样方框。

2. 选择家畜 选择体重 15kg 左右、健康的 1 岁母绵羊 15 只作为实验家畜，进行驱虫、打号、称量和登记。

3. 预备放牧 将家畜分 3 组，每组 5 只，在预备小区放牧 5d。

4. 正式放牧 预备放牧结束后，立即将绵羊按预备放牧方法赶入正式放牧小区，每天放牧 10h，赶回畜圈，饮水一次。

5. 测产 正式放牧结束后，立即随机在放牧小区内测定 3 个样方的剩余牧草产量（B），同时测定保护样方框内的牧草产量（C）。将测产所得的鲜草取样烘干，称量（烘干时，在烘箱中 70℃下烘干 5h，然后称量，在 105℃下烘干 4h，再称量）。测定结果数据填写于登记表（表 2-11-1）内。

6. 结果计算 测量结果表明，B_1、B_2、B_3 分别为 0.405kg/m^2、0.421kg/m^2 和 0.416kg/m^2，C_1、C_2、C_3 分别为 0.735kg/m^2、0.752kg/m^2 和 0.743kg/m^2，然后算出绵羊的采食率分别为44.90%、44.02%和44.01%，平均值为44.31%，即放牧绵羊的采食率为44.31%。

六、思考题

1. 影响放牧家畜采食率结果准确性的因素有哪些？
2. 放牧小区的设置应重点考虑哪些因素？
3. 放牧家畜采食率的测定方法有哪些？

七、参考文献

毛培胜，2015. 草地学 [M]. 4版. 北京：中国农业出版社.

谢开云，赵祥，董宽虎，等，2011. 晋北盐碱化赖草草地群落特征对不同放牧强度的响应 [J]. 草业科学，28 (9)：1 653-1 660.

张英俊，2009. 草地与牧场管理学 [M]. 北京：中国农业大学出版社.

朱进忠，2009. 草业科学实践教学指导 [M]. 北京：中国农业出版社.

赵祥
山西农业大学

实习十二　草地载畜量的计算

一、背景

草地植物对适度放牧表现出一定的耐牧性。许多植物适度放牧利用，可促进其生长发育、繁衍生息，保持和维护草地生产力的持续、稳定。反之，草地上放牧家畜数量过多，家畜对植物采食过于频繁或采食过多，植物的光合组织（叶片）损失太多，阻碍植株再生，最终导致植被衰退，且土壤物理性状因过度践踏而恶化，地表裸露，风蚀、水蚀现象加剧，促进了草地植物的衰亡，造成草地退化。因此，草地合理利用，首要问题是要保持单位草地内家畜规模与牧草产量之间的动态平衡（即草畜平衡），合理控制家畜放牧头数，使之与牧草的年度供应量相适应，保持草地生产力的稳定、高效、优质。

合理利用草地，保持草与畜的动态平衡，需要科学合理地规定草地载畜量。载畜量是以一定的草原面积，在放牧季内以放牧为基本利用方式（也可以割草），在放牧适宜的原则下，能够使家畜正常生长发育及繁殖的放牧时间和放牧家畜头数。根据载畜量的含义，它所表述的草地生产力是由草地面积、放牧时间和家畜头数 3 个要素构成，在这 3 个要素中只要有 2 个不变，1 个为变数，即可以表示载畜量。因此，载畜量有家畜单位法、时间单位法和面积单位法 3 种表示方法。实际生产中，多用家畜单位法和面积单位法。

（1）家畜单位法：是指在一定的时间内，一定面积的草地上可以放牧的家畜头数。

（2）时间单位法：是指在一定的草地面积上，可供单位家畜放牧的天数或月数，即家畜单位日、家畜单位月等。

（3）面积单位法：是指在一定的时间内，放牧单位家畜所需要的草地面积。

载畜量测定方法有可食牧草产量计算法、草地牧草可利用营养物质产量计算法、放牧试验法等，其中可食牧草产量计算法最为常用。

二、目的

通过测定草地载畜量，掌握草地面积和可食牧草产量的测定方法，以及可食牧草产量和草地载畜量的计算方法。

三、实习内容与步骤

1. 材料　天然草地或人工草地。

2. 仪器设备 GPS定位仪、便携式电子天平、样方框、剪刀、枝剪、布草袋、钢卷尺、皮尺、干燥箱、写生板、记录表、铅笔等。

3. 测定内容与步骤

（1）可利用草地面积统计：使用GPS定位仪测定实习草地面积，测定时除去草地内的居民点、道路、水域、小块的农田、林地、裸地等非草地及不可利用草地的面积。

（2）可食牧草产量的测定：在单位草地面积上，将地上可食牧草（毒草和不可食草除外）刈割并称量，然后室内风干或烘干后称量获得牧草干重。通常情况下，北方草地可以在产草量达到最高峰时一次性测定，同时可结合遥感数据估测产草量。南方草地、枯草期草地、低覆盖草地可使用不同草地类型地上生物量结合草地面积计算。

4. 结果表示与计算

（1）羊单位的计算：在用家畜单位评定草原生产能力时，需将各种家畜折算成一种标准家畜，以便进行统计学处理。我国的一个标准羊单位含义是1只体重45kg、日消耗1.8kg标准干草的成年母绵羊，或与此相当的其他家畜。我国各种家畜折算成家畜单位所使用的折算系数不同（表2-12-1和表2-12-2）。

表2-12-1 各种成年家畜折算成家畜单位的折算系数

家畜种类	体型	体重（kg）	羊单位折算系数
绵羊	大型	＞50	1.2
	中型	40～50	1.0
	小型	＜40	0.8
山羊	大型	＞40	0.9
	中型	35～40	0.8
	小型	＜35	0.7
黄牛	大型	＞500	8.0
	中型	400～500	6.5
	小型	＜400	5.0
水牛	大型	＞500	8.0
	中型	400～500	7.0
	小型	＜400	6.0
牦牛	大型	＞350	5.0
	中型	300～350	4.5
	小型	＜300	4.0
马	大型	＞370	6.5
	中型	300～370	5.5
	小型	＜300	5.0
驴	大型	＞200	4
	中型	130～200	3.0
	小型	＜130	2.5

（续）

家畜种类	体型	体重（kg）	羊单位折算系数
骆驼	大型	>570	9.0
	小型	<570	8.0

表 2-12-2 幼畜和成年家畜的折算系数

畜 种	幼畜年龄	相当于同类成年家畜当量
绵羊、山羊	断奶至1岁	0.4
	1～1.5岁	0.8
马、牛、驴	断奶至1岁	0.3
	1～2岁	0.7
骆驼	断奶至1岁	0.3
	1～2岁	0.6
	2～3岁	0.8

（2）草地可食牧草产量的计算：牧草在生长季具有一定再生性，生长季草地可食牧草产量计算需要加上再生草。草地再生草可按草地牧草再生率计算（表2-12-3）。枯草期可食牧草产量可在枯草中期一次性测定获得，不需要考虑再生牧草量。

生长季草地可食牧草产量按下式计算：

生长季草地可食牧草产量＝生长高峰期产草量×(1＋牧草再生率)

表 2-12-3 不同类型草地牧草再生率（%）

草地类型	牧草再生率	草地类型	牧草再生率
热带草地	80～180	暖温带次生草地	10～20
南亚热带草地	50～80	温带草甸草地	10～15
中亚热带草地	30～50	温带草原草地	5～10
北亚热带草地	20～30	温带荒漠、寒温带和山地亚热带草地	0～5

（3）确定草地利用率：草地上生长的牧草由于受家畜和生产利用方式的影响，并非全部的牧草都能够被利用，只能计算可以被家畜利用的部分。同时，还需要考虑草地牧草的生态作用，也不可全部被利用，因此不同类型天然草原的可利用牧草产量的比例即利用率是不同的（表2-12-4）。割草地的利用率按产草量的85%计算。

表 2-12-4 草地利用率（%）

草地类型	草地利用率			
	暖季放牧	春、秋季放牧	冷季放牧	全年放牧
低地草甸类	50～55	40～50	60～70	50～55
温性山地草甸类、高寒沼泽化草甸亚类	55～60	40～45	60～70	55～60

（续）

草地类型	草地利用率			
	暖季放牧	春、秋季放牧	冷季放牧	全年放牧
高寒草甸类	55～65	40～45	60～70	50～55
温性草甸草原类	50～60	30～40	60～70	50～55
温性草原类、高寒草甸草原类	45～50	30～35	55～65	45～50
温性荒漠草原类、高寒草原类	40～45	25～30	50～60	40～45
高寒荒漠草原类	35～40	25～30	45～55	35～40
沙地草原（包括各种沙地温性草原和沙地高寒草原）	20～30	15～25	20～30	20～30
温性荒漠类和温性草原化荒漠类	30～35	15～20	40～45	30～35
沙地荒漠亚类	15～20	10～15	20～30	15～20
高寒荒漠类	0～5	0	0	0～5
暖性草丛、灌草丛草地	50～60	45～55	60～70	50～60
热性草丛、灌草丛草地	55～65	50～60	65～75	55～65
沼泽类	20～30	15～25	40～45	25～30

注：采用划区轮牧的草地，利用率取其上限，采用连续或自由放牧的草地，利用率取其下限；轻度退化的草地利用率按表中规定的利用率的80%计算，中度退化按50%计算，重度退化的应该停止利用，进行禁牧、休牧或休割。

（4）标准干草计算：标准干草是指达到生长旺盛期时，在温性草原或山地草甸刈割的以禾本科牧草为主，含水量为14%以下的干草。由于不同草原类型牧草种类不同，营养价值含量差异较大。为了载畜量计算的方便性和计算结果的通用性，将不同地区、不同品质的草地牧草折合成含等量营养物质的标准干草（表2-12-5）。

表2-12-5　草地标准干草的折算系数

草地类型	标准干草折算系数	草地类型	标准干草折算系数
禾草温性草原和山地草甸	1.00	禾草高寒草甸	1.05
暖性草丛、灌草丛草地	0.85	禾草低地草甸	0.95
热性草丛、灌草丛草地	0.80	杂类草草甸和杂草类沼泽	0.80
嵩草高寒草甸	1.00	禾草沼泽	0.85
杂类草高寒草地和荒漠草地	0.90	改良草地	1.05
禾草高寒草原	0.95	人工草地	1.20

（5）载畜量的计算：根据草地载畜量的含义，分别进行计算。

$$\text{草地载畜量（时间单位法）}=\frac{\text{可食牧草产量}\times\text{草地利用率}\times\text{标准干草折算系数}}{\text{家畜日食量（1.8kg 标准干草）}}$$

$$\text{草地载畜量（家畜单位法）}=\frac{\text{可食牧草产量}\times\text{草地利用率}\times\text{标准干草折算系数}}{\text{家畜日食量（1.8kg 标准干草）}\times\text{放牧天数}}$$

$$\text{草地载畜量（面积单位法）}=\frac{\text{草地总面积}\times\text{家畜日食量（1.8kg 标准干草）}\times\text{放牧天数}}{\text{可食牧草产量}\times\text{草地利用率}\times\text{标准干草折算系数}}$$

四、重点/难点

1. 重点　草地载畜量的表示和计算方法。
2. 难点　可食牧草产量的校正和草地利用率的确定。

五、示例

荒漠草原暖季载畜量评价

1. 实习地点信息　某村有荒漠草原 12 000hm^2，生长旺盛期可食青草产量为 13 632 970kg，青草含水率平均为 53.7%，暖季放牧时期为每年 5 月 15 日至 10 月 10 日。请计算该村草地暖季载畜量。

2. 可利用草产量　可食青草产量折算为含水量 14%的草地可食干草产量。

13 632 970×14%÷53.7%=3 554 219（kg）

3. 暖季草地可食草产量　温带荒漠草原暖季牧草再生率为 5%（如果进行了实际测定，可取实际测定的牧草再生率），那么暖季草地可食草产量为：

3 554 219×(1+5%）=3 731 930（kg）

4. 草地载畜量　温性荒漠草原暖季放牧利用率在 40%～45%，所给信息中没有说明放牧制度，可按自由放牧或连续放牧对待，此处可取 40%（如果进行了实际测定，可取实际测定值）。标准干草系数为 0.9，放牧季为 148d。

（1）时间单位法：草地载畜量=3 731 930×40%×0.9÷1.8=746 386（羊单位・日）

（2）家畜单位法：草地载畜量=746 386÷148≈5 043（羊单位/年）

（3）面积单位法：草地载畜量=12 000÷5 043≈2.38（hm^2/羊单位）

六、思考题

选择所在地区的一个乡（村）或农场，收集或调查其草地状况和可食牧草产量，计算其暖季（枯草季不放牧）载畜量，并将调查计算的结果列在草地载畜量调查计算表（表 2-12-6）中。

表 2-12-6　草地载畜量调查计算

调查地点__________　　时间__________　　调查人（组）__________

草地面积（hm^2）	
牧草含水率	
每公顷可食青草产量测定值（kg）	
每公顷折合为含水量 14%的草地可食干草量（kg）	
可食牧草总产量（kg）	
草地利用率（%）	
暖季载畜量（羊单位）	

七、参考文献

毛培胜，2015. 草地学［M］. 4版. 北京：中国农业出版社.

全国畜牧业标准化技术委员会，2015. 天然草地合理载畜量的计算：NY/T 635—2015［S］. 北京：中国农业出版社.

任继周，2014. 草业科学概论［M］. 北京：科学出版社.

孙吉雄，2000. 草地培育学［M］. 北京：中国农业出版社.

张英俊，2009. 草地与牧场管理学［M］. 北京：中国农业大学出版社.

马红彬，沈艳

宁夏大学

实习十三　放牧家畜的行为观察和草地植物的适口性评价

一、背景

科学合理的草地放牧是家畜饲养最经济最重要的草地利用方式，也是人类生产食物和纤维的重要方式。家畜的放牧行为主要包括采食、反刍、游走、饮水、休息及排泄等，与草地的合理利用具有密切关系，既是影响草地生产性能的重要因素，又是反映草地状况优劣的综合性指标之一。因此，放牧家畜的行为观察是制定和实施适宜的放牧制度、提高放牧管理水平的重要依据之一，备受人们的重视。采食行为是重要的家畜放牧行为，放牧家畜对草地植物的采食表现出强烈的选择性，并以此来满足其自身的营养需求，而这种选择性行为主要是由草地植物的适口性和家畜的饥饿程度来决定的。

适口性是指家畜对某种草地植物的喜食程度，即在家畜自由采食的情况下对各种草地植物选择的情况和采食的数量。草地植物的适口性取决于植物的种类、生长阶段、化学成分、外部形态以及各器官和部位的比例，草群中牧草种类的组合状况或与其他牧草的配合情况，土壤、气候、家畜种类和年龄及其对该种草地植物的适应习惯。适口性是对草地植物饲用价值评价的重要方法之一，是确定草地培育和利用措施的重要参考依据。如果植物的适口性在很长的时间内不下降，并且家畜本身状态良好，生产力正常，这些就标志着该草地植物具有较高的饲用价值。

二、目的

通过对各种家畜全天放牧的作息、采食状况进行观察，了解家畜的放牧行为，为草地放牧畜群的配置与管理、草地系统能量平衡及合理利用制度的制定提供理论依据。因此，研究放牧家畜行为和草地植物适口性，可为天然草地和家畜的健康管理、草地资源可持续利用和草地畜牧业健康发展提供有力的科学理论依据。

三、实习内容与步骤

（一）放牧家畜行为观察

1. 材料与用具　家畜 8～12 只（头），秒表、计算器、望远镜、卷尺、计数器、红油漆、记号笔等。

2. 内容与方法

（1）家畜编组：把年龄相同、个体大小相近的家畜随机编成两组，用不同的油漆编码，将一组用于自由放牧观察，另一组用于小区放牧观察。用于小区放牧的家畜要进行 6～10d 的预备试验，以便让家畜适应小区放牧。

（2）实习区的选择与围建：选择植被均匀一致的草地，用活动或固定围栏围成 10m×10m的放牧观察小区，其外作为自由放牧观察区。

（3）放牧行为的观察：每组至少 4 人跟群放牧 1d，各组互相轮换。观察时，要认清家畜编号，采用全日观察法。观察人员分为两组，其中一组为观察员，另一组为记录员。观察员主要负责通过望远镜观察家畜的放牧行为和喊口令，游走时喊“走”，采食时喊“吃”，采食停止时喊“停”，卧息时喊“卧”，反刍时喊“反”。同时，用计数器记录家畜采食的口数。记录员则负责按照观察员的口令用秒表记录每次游走、采食、卧息及反刍所占时间和次数，此外还需记录畜群出牧、归牧、饮水时间及排粪、排尿的次数。

（4）测定的内容与指标：全天放牧所用时间包括采食开始时刻、采食结束时刻、采食时间、采食口数及平均采食口数等内容（表 2-13-1）。

表 2-13-1 放牧家畜采食口数记录

观察次数	采食开始时刻	采食结束时刻	采食时间（min）	采食口数（口）	平均采食口数（口/min）
1					
2					
3					
⋮					
n					

白天放牧时采食活动情况包括采食时间、反刍时间、游走时间、卧息时间等内容（表 2-13-2）。

表 2-13-2 放牧家畜采食行为时间记录

家畜编号________

项目	记载内容	观察次数					
		1	2	3	4	…	n
采食	采食开始时刻						
	采食结束时刻						
	采食时间（min）						
	备注						
反刍	反刍开始时刻						
	反刍结束时刻						
	反刍时间（min）						
	备注						

（续）

项目	记载内容	观察次数					
		1	2	3	4	…	n
游走	游走开始时刻						
	游走结束时刻						
	游走时间（min）						
	备注						
卧息	卧息开始时刻						
	卧息结束时刻						
	卧息时间（min）						
	备注						

采食习性包括放牧总时间和游走、反刍卧息、站立、饮水、采食等时间及比例以及采食口数（表 2－13－3）。

表 2－13－3　放牧家畜牧食习性统计

观察日期	放牧总时间（h）	游走		反刍卧息		站立		饮水		采食		采食口数（口）	平均采食口数（口/min）
		时间（min）	占比（%）	时间（min）	占比（%）	时间（min）	占比（%）	时间（min）	占比（%）	时间（min）	占比（%）		

（二）草地植物适口性评价

1. 材料与用具　记载表格、望远镜、记录板、样方尺、剪刀、口袋、天平。

2. 方法与步骤

（1）适口性分级和标准：牧草适口性可按 5 级制来评定。

5 级——最喜食植物：任何情况下，为家畜首先挑选采食，表现很贪吃。

4 级——喜食植物：为家畜经常采食，但不是专门被家畜挑选采食的植物。

3 级——采食植物：虽为家畜经常采食，但喜食程度不如前两类。

2 级——不喜食植物：只有 3 级、4 级和 5 级牧草被吃掉后才肯吃的植物。

1 级——不食植物。

在上述分级内，还应该特别地分出抓膘植物和有毒有害植物。几次观察的适口性评级完全相符，才可以作为植物的最后评价。同时，注意观察植物在哪个生育期或哪个部分被家畜采食也很重要。

评定时应注意，地上部分能被完全采食的植物适口性比仅部分被采取的植物更高，长期喜食的植物比短期喜食的植物适口性要高。

(2) 适口性的评价方法：

①访问当地有经验的农牧民：被访问的人数不少于 5 人，访问之前，需将预先专门采集的牧草标本拿出，与被访问者共同认识这些牧草，并确定它们的名称（包括俗名），列入表 2-13-4 中。然后，从下列几方面进行访问调查。

a. 早春及夏、秋、冬季各类家畜采食何种牧草。

b. 植物对各种家畜在各个季节的适口性。例如：调查春季植物对牛的适口性时，应确定在现有的植物中哪些植物首先被采食（最喜食的 5 级），哪些植物稍次于第一类（4 级），哪些植物次于以上两类（3 级），哪些植物不被喜食（2 级），哪些植物不被食（1 级）。

对于其他家畜，进行访问的程序相同，但要补充查明该种家畜与前一种家畜采食情况的比较结果。

确定植物早春适口性以后，记载相同植物夏季的适口性，并补充一些新的植物。访问程序相同，并补充查明该草类采食情况与前一季节的比较结果。

c. 要查明有毒有害植物和“抓膘”植物。

d. 根据访问结果，对各种家畜确定一些各级适口性的典型植物，这些植物可作为与未研究过的植物比较适口性的标准。

将访问调查的材料经过综合后填入植物适口性访问调查记载表（表 2-13-4）。

表 2-13-4 植物适口性访问调查记载

地点________ 草地类型________ 访问日期________ 被访问者________

各季节不同家畜的适口性

编号	植物名称	牛				羊				马				备注
		春	夏	秋	冬	春	夏	秋	冬	春	夏	秋	冬	

②在放牧地上观察植物的适口性：在放牧时观察家畜对植物的采食情况，需在各类型的放牧地上选出一块有代表性的地段进行放牧观察。观察之前，要编出该类型放牧地所有植物的名录，并按优势种植物、亚优势种植物、伴生植物、其他植物顺序填入植物适口性观察记载表（表 2-13-5）中。

观察在早晨、中午、傍晚各进行一次。观察的方法是 3～4 人组成一组，登记被观察家畜所采食的植物种类以及采食的次数和部位等，然后根据记载结果进行评定，记入植物适口性观察记载表（表 2-13-5）。

表 2-13-5 植物适口性观察记载

地点______________________ 海拔______________________ 草地类型______________________
家畜种类______________________ 家畜头数______________________ 草群平均高度______________________
草群总盖度______________________ 记载人______________________ 观察日期______________________

植物名称	生育期	适口性			备注
		早晨	中午	傍晚	

四、重点/难点

1. 重点 家畜放牧行为的观察及结果测定。

2. 难点 家畜放牧行为的观察及适口性评价方法的确立。

五、示例

放牧山羊行为观察

1. 家畜编组 实习用羊为2周岁的晋岚绒山羊，选择健康、无病、体况一致的母羊8只，平均体重为(46.3±0.6) kg，将山羊分成体重无显著差异的两组，用不同的油漆编码为1、2、3、4、5、6、7、8。将一组用于自由放牧观察，另一组用于小区放牧观察。小区放牧家畜要进行6～10d的预备期，以便让家畜适应小区放牧行为。

2. 实习区的选择与围建 选择赖草-蕨麻-杂类草草地，主要生长有赖草、蕨麻、野艾、米蒿、猪毛菜、草地风毛菊、狗尾草、碱茅、草木樨、西伯利亚蓼、芦苇等。用活动围栏围成10m×10m的放牧观察小区，其外作为自由放牧观察区。

3. 放牧行为的观察 每组4人跟群放牧1d，各组互相轮换，8:00出牧，16:00收牧，全天放牧8h，自由饮水，放牧期间不补饲。观察人员分为两组，其中一组为观察员，另一组为记录员。观测员手持望远镜在距离其10～15m处进行观测，所有行为数据观测期间及时记录，记录行为包括游走、采食、卧息（不含反刍）、反刍。此外，记录畜群饮水时间及排粪、排尿的次数。

4. 测定的内容与指标

(1) 记录全天放牧所用时间：包括采食开始时刻、采食结束时刻、采食时间、采食口数及平均采食口数等，填入放牧家畜采食口数记录表（表2-13-6）。

（2）记录白天放牧时采食活动情况：包括采食时间、游走时间、卧息时间及反刍时间等，填入放牧家畜采食行为时间记录表（表 2-13-7）。

（3）记录采食习性：包括放牧总时间和游走、反刍卧息、站立、饮水、采食等时间及比例，以及采食口数等，填入放牧家畜牧食习性统计表（表 2-13-8）。

表 2-13-6　放牧家畜采食口数记录

观察次数	采食开始时刻	采食结束时刻	采食时间（min）	采食口数（口）	平均采食口数（口/min）
1	8:01	9:53	112	5 376	48
2	8:01	10:04	123	5 535	45
3	8:00	9:56	116	5 800	50
4	8:00	9:42	102	5 610	55

表 2-13-7　放牧家畜采食行为时间记录

家畜编号________

项目	记载内容	观察次数				
		1	2	3	…	*n*
采食	采食开始时刻	8:01	10:45	14:07		
	采食结束时刻	9:53	13:19	15:27		
	采食时间（min）	112	154	80		
	备注					
反刍	反刍开始时刻	10:16	13:34	15:43		
	反刍结束时刻	10:42	14:07	16:00		
	反刍时间（min）	26	33	17		
	备注					
游走	游走开始时刻	9:53	13:19	15:27		
	游走结束时刻	10:02	13:26	15:35		
	游走时间（min）	9	7	8		
	备注					
卧息	卧息开始时刻	10:02	13:26	15:35		
	卧息结束时刻	10:09	13:34	15:43		
	卧息时间（min）	7	9	8		
	备注					

表 2-13-8　放牧家畜牧食习性统计

观察日期	放牧总时间（h）	游走		反刍卧息		站立		饮水		采食		采食口数（口）	平均采食口数（口/min）
		时间（min）	占比（%）	时间（min）	占比（%）	时间（min）	占比（%）	时间（min）	占比（%）	时间（min）	占比（%）		
2013/08/16	8	24	5	100	21	5	1	5	1	346	72	15 570	45

六、思考题

1. 影响放牧家畜行为观察结果的因素有哪些?
2. 草地植物的适口性分级与评价方法有哪些?

七、参考文献

任春环，黄榧锋，张彦，等，2015. 南方典型栽培草地山羊有效放牧时间研究［J］. 中国草地学报，37（4）：98－101，118.

万里强，陈玮玮，李向林，等，2013. 放牧强度对山羊采食行为的影响［J］. 草业学报，22（4）：275－282.

朱进忠，2009. 草业科学实践教学指导［M］. 北京：中国农业出版社.

夏方山
山西农业大学

实习十四　草地改良效果的调查

一、背景

在长期超载过牧、无序放牧、气候变化等外界因素的干扰下，我国90%以上的天然草原出现不同程度的退化，植物种类逐渐减少、毒害草增加，草群高度、盖度、生物量降低，牧草质量与品质变劣，土壤理化性质遭到破坏，严重削弱草地的生产和生态功能，亟待恢复与治理。

草地改良是退化草地恢复的重要举措之一，是指在不破坏草地原生植被条件下，运用生态学原理和方法，通过围栏封育、划破草皮、松耙、补播、灌溉施肥等单项或组合农艺措施的实施，改善天然草原植物赖以生存的环境条件，协调植物种间关系，最终达到优良牧草比例增加、草群盖度及生产力提高、草群总体质量改善，实现草地植被的逐步恢复。其中，围栏封育因其简便易行、经济有效等特点而成为退化草地恢复的重要措施之一。

由于不同草原所处退化阶段、类型、水热条件等方面差异，不同区域内退化草地改良恢复效果存在一定差异，需要区别对待。因此，需要对改良前后退化草地的土壤理化性质、群落外貌特征、物种多样性、群落数量特征及产草量、土壤种子库及地下生物量等方面的差异进行对比分析，以便为更客观地评价退化草地改良成效、寻找最适复壮措施提供技术支撑，同时也为探讨草地改良效果产生的原因及内在机制提供理论依据。

二、目的

熟练掌握退化草地改良效果调查的内容及重要值、多样性等指标的测定和计算方法，学会统计软件在退化草地改良效果评价中的具体应用，了解退化草地改良前后草地植物组成、植物群落特征、土壤理化性质等方面的变化规律，为草地改良技术措施的制定和应用奠定基础。

三、实习内容与步骤

1. 实习样地　野外退化草地改良样地一处，且改良措施实施至少一年。改良方法可以是围栏封育、划破草皮、松耙、补播、灌溉施肥等单项措施，也可是多项改良措施的组合。

2. 仪器设备与试剂

（1）仪器设备：GPS定位仪、鼓风干燥箱、装有SPSS或其他统计软件的电脑、剪刀、钢针、钢卷尺、标签、1m×1m 样方、0.1m^2 样圆、100cm^3 的环刀、干燥器、环刀托、天平（精确至 0.0001g）、土壤筛、100m 测绳、放大镜、镊子、直径为 0.5cm 的网袋、布袋、土钻、土壤刀、土壤铝盒、电炉、硬质试管、油浴锅、量程为 250℃的温度计、铁丝笼、三角瓶、洗瓶、小漏斗、酸式滴定管、铁架台、蝴蝶夹、骨勺、试管架、记载表格、铅笔等。

（2）试剂：1%的 2，3，5－三苯基四唑氯化物（TTC）、0.4mol/L 重铬酸钾溶液、0.2mol/L $FeSO_4$ 溶液、邻啡罗啉指示剂、液体（或固体）石蜡、浓硫酸。

3. 内容与步骤

（1）改良样地的确定：在野外踏查的基础上，确定已经改良的退化草地样地，并通过询问当地牧民或草地使用者有关该草地改良前的利用情况、改良开始时间、草地本底情况及其与周围草地的关系等信息，至少确立两个处理，即对照和改良草地。同时，确定调查样地草地类型名称，并用 GPS 定位仪进行定位，做好标记，以便后续调测。

（2）调查内容：从草、土两方面对退化草地改良效果进行对比分析，主要包括以下内容。

①改良措施对草地植物群落特征的影响：通过对草地改良前后草群的植物种类组成、种群特征（高度、盖度、密度、产量）、地下生物量、土壤种子库种子贮量的调测，明确草地改良效果及内部组分间的消长关系。

②改良措施对草群多样性及物种重要值的影响：通过对草地改良前后组成物种重要值、物种丰富度指数、Simpson 指数、Shannon－Wiener 指数和 Pielou 均匀度指数的对比分析，明确其改良后群落的动态变化规律及其对草群稳定性的影响。

③改良措施对草地土壤理化性质的影响：通过对改良前后土壤含水量、土壤容重、土壤有机质的对比分析，明确改良措施对退化草地局部生境条件的改善状况。

（3）野外取样调查：

①植物种类调查：草地植物种类调查采用样线法，测定退化草地改良前后草地植物种类组成。在试验样地内平行布置 3～5 条样线，每条样线长 100m，每隔 50cm 统计植物种类一次，样线间距 10m 以上。对于不能识别的植物，将其采集带回室内进行鉴定。

②植被数量特征观测：植被数量特征测定是在改良前后的退化草地上分别布置 3 个 10m×10m 的典型样地，每个样地布设 5 个 1m×1m 的典型样方，首先进行植物总盖度、平均高度的测定，然后分种或功能群进行密度、盖度、高度、产量的测定，并将鲜草分种装入样袋中，带回室内烘干，获得干重。

盖度测定采用针刺法进行，即将 1m×1m 样方分成 100 个小方格，在每个方格的顶点用钢针垂直刺入，统计空针数及分种统计钢针所扎到的植物次数；产量采用齐地刈割法进行，利用电子秤称其鲜重，带回后称取烘干重；密度测定采用计数法进行，丛生植物以丛计算，非丛生植物以枝条数统计；植物种高度为其最高点距离地面的自然高度，而群落高度是指草群中大多数植物的自然高度，用钢卷尺进行测量，每样方重复 5～10 次，取其平均值。

③植物地下生物量测定：每个样地随机选取 1～2 个剪掉牧草地上部分的样方，每个样方上随机挖取一块 20cm×20cm 小样方，按深 0～5cm、5～10cm、10～20cm、20～30cm、30～50cm 进行分层取样装入网袋中，抖动，尽量将土筛出，并做好标记，带回室内用水洗法获得根系部分，测定地下生物量。

④土壤种子库测定：在挖取地下生物量的样方内进行草地土壤种子库取样，随机布设面

积为 10cm×15cm 的小样方 1 个，按 0～5cm、5～10cm、10～20cm 土层分层取样，做好标记装入布袋，带回室内进行分析。

⑤土壤含水量测定：在取完土壤种子库及地下生物量的样方上进行土壤含水量的取样，用直径为 5cm 的土钻按 0～10cm（也可再分为 0～5cm、5～10cm）、10～20cm、20～30cm 钻取土壤，并将取出的土样立即装入铝盒中（不超过 2/3），迅速盖好盖，记上编号，称量带盒土壤湿重（W_1）后带回室内烘干，计算土壤含水量。

⑥土壤容重测定：土壤容重取样采用环刀法进行。在取完土壤种子库及地下生物量的样方上，首先将环刀按深 0～10cm（也可再分为 0～5cm、5～10cm）、10～20cm、20～30cm 土层逐层垂直插入土中，然后将环刀取出，将环刀外表面周围土样清理干净，并仔细切除环刀下切口以外的多余土样，使环刀内土壤上下面分别与环刀上下切口保持在一个平面，立即加盖以免水分蒸发散失，做好标记带回室内进行测定。

⑦土壤有机质的测定：取完土壤种子库及地下生物量的样方上，利用直径为 5cm 的土钻按 0～10cm（也可再分为 0～5cm、5～10cm）、10～20cm、20～30cm 分层钻取土壤，每样方随机设置 2 个取样点，并将同一样地土壤分层混匀，形成混合样，放入有标签的布袋中，带回室内。

（4）指标的测定与分析：

①植物优势度及群落多样性的计算：草地中某种植物的优势度（SDR_5）是通过该种植物的相对盖度、相对频度、相对密度、相对高度和相对产量进行计算。根据 SDR_5 的大小，可以确定出该类型草地的优势种、亚优势种和伴生种。

$$SDR_5 = \frac{C' + F' + D' + H' + P'}{5}$$

式中：C'、F'、D'、H'、P'分别为该种植物的相对盖度、相对频度、相对密度、相对高度和相对产量。

物种丰富度计算公式：

$$S = N$$

式中：S 为物种丰富度；N 为样方内出现的物种总数目。

Simpson 指数计算公式：

$$D = 1 - \sum P_i^2$$

式中：D 为 Simpson 指数；P_i 为物种 i 的相对重要值。

Shannon - Wiener 指数计算公式：

$$H' = -\sum P_i \ln P_i$$

式中：H'为 Shannon - Wiener 指数；P_i 为物种 i 的相对重要值。

Pielou 均匀度指数计算公式：

$$Jsw = (-\sum P_i \ln P_i)/\ln S$$

式中：Jsw 为 Pielou 均匀度指数；P_i 为物种 i 的相对重要值；S 为群落中的总物种数。

②草地地下生物量的测定：将野外带回的地下生物量样品置于流水中冲洗，直到流水清晰为止，然后将其平摊晾晒，去除其内的沙石后置于鼓风干燥箱内（80℃）烘干 24h，称取干重。

③草地土壤种子库的测定：采用物理分离法分离土壤种子库中的种子。首先将野外带回

的土壤种子库样品过筛去除大的杂物，然后对每份样品依次过孔径分别为 0.6mm、0.4mm、0.25mm 的筛子，淘洗、晾干，利用放大镜、解剖针和镊子仔细挑出种子，并按草地植物经济类群（禾本科、豆科、莎草科及杂类草）统计其数量。同时，采用 TTC 法进行种子生活力的测定。

④土壤含水量的测定：将野外称量后带回的带盒湿土，放入 105～110℃的鼓风干燥箱内烘 6～8h，冷却后称量带盒土壤干重（W_2），然后倒掉土壤，测量土壤铝盒质量（W_3）。也可将盛有土壤的铝盒打开，倒入适量无水酒精（以全部土壤湿润为宜），点燃，冷却后再加入无水酒精，第二次点燃。一般情况下，需要反复 3～4 次燃烧即可达到恒重，然后测定带盒土壤干重（W_2），并按照下式计算。

$$土壤含水量 = \frac{W_1 - W_2}{W_2 - W_3} \times 100\%$$

⑤土壤容重的测定：将野外获取的带有环刀（含盖）的土壤进行称量（精确到 0.01g），记为 m_1；然后将环刀内的土样取出约 10g，测定土壤含水量，记为 W；最后将环刀内土壤倒掉，并清理干净，称取环刀重（含盖），记为 m_2。按照下列公式计算：

$$r_s = \frac{m_1 - m_2}{V(100 + W)} \times 100$$

式中：r_s 为土壤容重（g/cm^3）；m_1 为环刀加湿土重（g）；m_2 为环刀重（g）；W 为土壤含水量（%）；V 为环刀体积（cm^3）。

⑥土壤有机质的测定：将野外采集的土样剔出植物根系及石砾等杂物，置于室内自然风干，然后将风干土样弄碎、混匀，过 0.25mm 筛，用以土壤有机质的分析。

有机质采用重铬酸钾外加热法进行测定，先称取过 0.25mm 筛孔的风干土 0.1～0.5g 于干试管中，土壤中 Cl^- 含量高的则另加 0.1g Ag_2SO_4（若加 Ag_2SO_4，其校正系数为 1.04）。用吸管准确加入 10mL 重铬酸钾-浓硫酸溶液，边加边摇，溶液为橙黄色。若溶液为黄绿色或绿色，应减少土样量或多加入 5mL 重铬酸钾-浓硫酸溶液。在试管上加一小漏斗，将试管放入铁丝笼内，每批做 3 个空白；将铁丝笼放入 185～190℃的油浴锅内（锅内油的高度稍高于试管内溶液高度，且温度保持在 170～180℃），使试管内液面沸腾 5min（试管内刚有气泡出现时开始计时）。然后取出铁丝笼，冷却后将试管内液体倒入 250mL 三角瓶中，用蒸馏水少量多次洗净试管，总体积达到 60～70mL，加 3 滴邻啡罗啉指示剂，用 $FeSO_4$ 溶液滴定，溶液颜色由黄绿色变为绿色，然后突变为红棕色（终点），记下所用 $FeSO_4$ 体积 V（mL）。用同样方法滴定 3 个空白，取其结果的平均数，体积记为 V_0（mL）。按下式进行土壤有机质含量的计算：

$$土壤有机质含量(g/kg) = \frac{(V_0 - V) \times M_{FeSO_4} \times 0.003 \times 1.724 \times 1.1 \times 1\,000}{土样重}$$

式中：土样重为烘干土重；M_{FeSO_4} 为 $FeSO_4$ 的物质的量浓度（mol/L）；0.003 为 1/4 碳原子的摩尔质量数（g/mol）；1.724 为有机碳换算为有机质的经验常数；1.1 为经验校正系数（此法只能氧化 90%的碳）；若加入 Ag_2SO_4，此系数为 1.04。

4. 结果表示与计算 根据实习内容和测定指标，将调查数据和计算结果填入相关表格内。

（1）植被特征测定结果：针对草地改良措施，测定分析退化草地草群植被特征相关指标的变化，并记录结果（表 2-14-1）。

表 2-14-1　草地改良后群落数量特征记录

草地类型名称____________　　　　地理位置____________

试验处理	盖度（%）	密度（株/m^2）	高度（cm）	产量（g/m^2）	植物种数（种）
改良处理					
对照					

（2）群落数量特征测定结果：针对改良草地，测定草地改良后群落盖度、密度等数量特征的变化，并记录结果（表 2-14-2）。

表 2-14-2　草地改良后物种或功能群数量特征记录

草地类型名称____________　　　　地理位置____________

植物或功能群名称	盖度（%）		密度（个/m^2）		高度（cm）		产量（g/m^2）	
	对照	处理	对照	处理	对照	处理	对照	处理

（3）群落多样性测定结果：针对改良草地，测定草地改良后群落植物多样性的变化，并记录结果（表 2-14-3）。

表 2-14-3　草地改良后群落植物多样性记录

草地类型名称____________　　　　地理位置____________

试验处理	Simpson 指数	Shannon-Siener 指数	Pielou 均匀度指数
改良处理			
对照			

（4）土壤种子库测定结果：针对改良草地，测定草地改良后土壤种子库内种子贮量的变化，并记录结果（表 2-14-4）。

表 2-14-4　草地改良后土壤种子库种子贮量记录

草地类型名称____________　　　　地理位置____________

土层深度（cm）	试验处理	豆科（粒/m^2）		莎草科（粒/m^2）		禾本科（粒/m^2）		杂类草（粒/m^2）		合计（粒/m^2）	
		总数	活种子数	总数	活种子数	总数	活种子数	总数	活种子数	总数	活种子数
0～5	对照										
	改良处理										
5～10	对照										
	改良处理										
10～20	对照										
	改良处理										

(5) 群落地下生物量测定结果：针对改良草地，测定草地改良后土壤地下生物量的变化，并记录结果（表 2-14-5）。

表 2-14-5　草地改良后土壤地下生物量记录

草地类型名称____________　　　　地理位置____________

土层深度（cm）	改良处理		对照处理	
	生物量（g/m^2）	百分比（%）	生物量（g/m^2）	百分比（%）
0～5				
5～10				
10～15				
15～20				
20～25				
合计				

(6) 土壤理化性质测定结果：针对改良草地，测定草地改良后土壤容重、含水量和有机质的变化，并记录结果（表 2-14-6）。

表 2-14-6　草地改良后土壤理化性质变化记录

草地类型名称____________　　　　地理位置____________

土层深度（cm）	试验处理	含水量（%）	容重（g/cm^3）	有机质含量（g/kg）
0～10	对照			
	改良处理			
10～20	对照			
	改良处理			
20～30	对照			
	改良处理			

四、重点/难点

1. 重点　退化草地的恢复涉及牧草和土壤两方面，且评价其恢复效果的指标很多，评价指标的筛选、各评价指标间关系及加强对草地改良相关理论的理解是本实习的重点。

2. 难点　利用生物统计软件对退化草地改良效果评价是本实习的难点。

五、示例

退化蒿类荒漠围栏封育改良效果调查评价

针对新疆某处围栏封育 3 年的轻度退化蒿类荒漠，通过对改良后草地植被、土壤等特征指标的测定分析，确定退化草地的改良效果。

1. 封育改良样地的确定　在蒿类荒漠中选取围栏封育样地一处，利用 GPS 定位仪对样地进行定位，记录样地所处经纬度及海拔。根据围栏封育样地外围植被生长状况，确认该处草地处于轻度退化状态。通过对当地牧民的询问，确认该处草地已封育3年。这时已完成封育改良样地基本情况的确定，形成2个处理，即封育与对照（封育地外围）。

2. 野外现场取样

（1）样线布置：在确定的封育地及对照区内分别布设3条100m长的平行样线（样线间距10m以上）。每条样线上每隔50cm记录植物种类一次，最后确定草地封育内外出现的植物种类及数目，明确草地植被组成状况。对于不能现场识别的植物，需采集标本，带回室内进行种类鉴定。

（2）植被数量特征观测：在封育及对照区内各布置3个10m×10m的典型样地，每个样地确定5个1m×1m的典型样方。每个样方均进行植物群落总盖度、平均高度及其组成种的密度、盖度、高度、产量的测定，单独记录数据。

（3）植物地下生物量测定：在封育及对照区内设置的每个样地中随机选取一个剪掉地上生物量的样方中，挖取一块20cm×20cm小样方，按0～10cm、10～20cm、20～30cm土层进行分层取样装入网袋（孔径0.5mm），水洗后获得地下生物量，带回室内烘干（80℃，24h），称量干重。

（4）土壤含水量及容重的测定：在获取地下生物量的样方中，用土钻按照0～10cm、10～20cm、20～30cm分层钻取土壤，置入铝盒中，带回室内进行土壤含水量的测定。同时，将环刀按0～10cm、10～20cm、20～30cm土层逐层垂直砸入，带回室内进行土壤容重的测定。

（5）土壤有机质的测定：在获取地下生物量的样方中，利用直径为5cm的土钻按0～10cm、10～20cm、20～30cm分层钻取土壤，带回室内晾干后，采用重铬酸钾外加热法进行有机质含量的测定。

3. 结果分析

（1）群落植被特征测定：退化草地封育后，植被特征指标测定结果（表2-14-7）表明，群落高度、盖度、密度及生物量均显著（$P<0.05$）增加，较对照增加57%、38%、226%、43%，说明封育改善了退化草地的植被特征，利于退化草地的恢复，且促进草地植物种类的增加。

表2-14-7　草地改良后群落数量特征记录

草地类型名称 伊犁绢蒿荒漠　　地理位置 E87°46′，N43°53′，海拔840m

试验处理	高度（cm）	盖度（%）	密度（个/m^2）	产量（g/m^2）	植物种数（种）
封育	8.3a	40.0a	174.0a	171.6a	14
对照	5.3b	29.0b	53.4b	120.0b	9

注：不同小写字母表示0.05水平上差异显著。

（2）群落主要种及功能群特征测定：从组成荒漠草地群落的功能群看（表2-14-8），封育后藜科草类的产量和密度出现显著性（$P<0.05$）增加，而禾本科草类、豆科草类、杂类草类则变化不明显；封育后建群种伊犁绢蒿仅在密度上呈现显著性（$P<0.05$）增加，而产量和盖度增加不显著（$P>0.05$）。

表 2-14-8 草地改良后主要种及其功能群特征记录

草地类型名称 伊犁绢蒿荒漠　　　　地理位置 E87°46′，N43°53′，海拔 840m

项目名称	盖度（%）		产量（g/m²）		密度（个/m²）	
	封育	对照	封育	对照	封育	对照
伊犁绢蒿	37.6	33.0	123.8	118.0	38.8a	17.8b
禾本科草类	2.0	0.0	16.4	0.0	3.6	0.0
豆科草类	0.0	0.2	0.0	0.2	0.0	0.4
藜科草类	3.2	0.8	28.0a	1.2b	138.8a	8.0b
杂类草类	0.8	0.4	3.40	0.6	29.4	1.4

注：不同小写字母表示 0.05 水平上差异显著。

（3）植物多样性测定：退化草地封育后，植物多样性指标测定结果显示（表 2-14-9），Simpson 指数、Shannon-Wiener 多样性指数、Pielou 均匀度指数均较对照呈现显著（$P<0.05$）增加。说明封育 3 年有利于轻度退化蒿类荒漠草地植物多样性的增加。

表 2-14-9 草地改良后群落植物多样性记录

草地类型名称 伊犁绢蒿荒漠　　　　地理位置 E87°46′，N43°53′，海拔 840m

试验处理	Simpson 指数	Shannon-Wiener 指数	Pielou 均匀度指数
封育	0.67a	1.32a	0.79a
对照	0.35b	0.40b	0.37b

注：不同小写字母表示 0.05 水平上差异显著。

（4）植物地下生物量测定：荒漠草地封育后地下总生物量明显增加，由封育前的 1 069.0g/m² 增加到 1 614.6g/m²，且除 10～20cm 土层外，其他两层均高于对照，表明封育可以促进草地地下生物量的积累。封育后荒漠草地 0～10cm 土层地下生物量增加显著（$P<0.05$），其他层次差异不显著（$P>0.05$），且地下生物量的增加主要集中在 0～10cm 层（表 2-14-10）。

表 2-14-10 草地改良后地下生物量的测定结果

草地类型名称 伊犁绢蒿荒漠　　　　地理位置 E87°46′，N43°53′，海拔 840m

土层深度	封育		对照	
	生物量（g/m²）	每层所占百分比（%）	生物量（g/m²）	每层所占百分比（%）
0～10	1 219.9a	75.5	724.7b	67.8
10～20	182.1	11.3	196.9	18.4
20～30	212.6	13.2	147.4	13.8
总生物量	1 614.6	100	1 069.0	100

注：不同小写字母表示 0.05 水平上差异显著。

（5）土壤理化性质测定：退化草地封育后，土壤理化性质测定结果显示（表 2-14-11），封育后 0～30cm 土层含水量及容重均未发生明显改变，但封育后 0～10cm 土层有机质出现显著（$P<0.05$）增加，而10～30cm土层变化不显著（$P>0.05$），表明封育3年虽然不能对土壤容重及含水量产生影响，但可以明显增加表层土壤有机质的积累。

表 2-14-11　草地改良后土壤理化性质变化记录

草地类型名称＿伊犁绢蒿荒漠＿　　地理位置＿E87°46′，N43°53′，海拔840m＿

土层深度（cm）	处理	土壤含水量（%）	容重（g/cm^3）	有机质（g/kg）
0～10	封育	5.99a	1.21a	7.94a
	对照	6.97a	1.20a	6.53b
10～20	封育	6.34a	1.23a	5.65a
	对照	7.08a	1.21a	5.51a
20～30	封育	6.24a	1.24a	3.70a
	对照	7.30a	1.30a	3.70a

注：不同小写字母表示0.05水平上差异显著。

4. 总结　综合各项测定指标结果，轻度退化的蒿类荒漠封育3年时植被得到了明显的恢复，但土壤的质量仍未恢复，植被的恢复速度大于土壤的恢复。

六、思考题

1. 草地植物多样性在退化草地恢复中变化规律及作用是什么？
2. 退化草地恢复过程中，植被与土壤间的相互关系是什么？
3. 退化草地改良后对草地产生的影响及其植被可能发展方向如何？
4. 如何界定草地改良效果？

七、参考文献

鲍士旦，2005. 土壤农化分析［M］. 3版．北京：中国农业出版社．

程杰，高亚军，2007. 云雾山封育草地土壤养分变化特征［J］. 草地学报，15（3）：273-277.

董乙强，2016. 禁牧对中度退化伊犁绢蒿荒漠植被和土壤活性有机碳组的影响［D］. 乌鲁木齐：新疆农业大学．

马克平，1994. 生物群落多样性的测度方法［M］. 北京：中国科学技术出版社．

孙宗玖，安沙舟，段娇娇，2009. 围栏封育对新疆蒿类荒漠草地植被及土壤养分的影响［J］. 干旱区研究，26（6）：877-882.

赵景学，祁彪，多吉顿珠，等，2011. 短期围栏封育对藏北3类退化高寒草地群落特征的影响［J］. 草业科学，28（1）：59-62.

朱进忠，2009. 草业科学实践教学指导［M］. 北京：中国农业出版社．

孙宗玖

新疆农业大学

实习十五　草地主要毒害草的防除与利用

一、背景

我国拥有近 2.67×10^{8} hm^2 的天然草地，草地上除了生长着有价值的饲用植物外，往往混生一些家畜不食或不愿意采食的植物，同时还混生一些对家畜有毒或有害的植物，统称为草地杂草。这些杂草不仅占据和侵袭着草地面积，与优良牧草竞争水分、养料和空间，降低草地质量和生产能力，而且也常常会因家畜的误食、被迫采食而导致其生命活动异常或机体受到损伤，甚至引起家畜死亡，造成畜产品质量和数量的下降。尤其是近年来，由于人类活动及环境变化的交互作用，草地大面积退化，草原毒草滋生并蔓延成灾，家畜中毒事件呈现多发、频发甚至爆发态势，给当地生态和社会经济效益带来极大影响，亟待防除与治理。据统计，我国天然草地毒草危害面积约 3.33×10^{7} hm^2，其中严重危害区域已达 2.0×10^{7} hm^2；仅 2007 年，我国毒草危害造成的直接经济损失已达 9 亿元，间接经济损失 96.2 亿元。

草地毒害草防除的方法有物理防除、化学防除、生物防除、替代防除、综合防除等，但因毒害草发生危害程度的不同，选择的防除方法也存在差异，需要有针对性地选择。早期或小规模的毒害草侵扰，可采用人工和机械进行防除，但破坏草地较重，且对地下无性繁殖能力强的毒害草防除效果差；大规模发生的毒害草侵扰，多选用除草剂进行化学防除，具有高效、速效、操作简单等特点，但存在农药残留问题，对毒害草缺乏特异性。生物防除是一种经济有效、持久稳定、无污染的毒害草控制方式，主要利用自然界寄主范围较为专一的植食性动物或植物病原微生物之间的拮抗或相克作用，引进植物天敌和选择性放牧，将毒害草种群控制在生态允许范围内，但目前面临的问题较多，如见效慢、不易控制。此外，毒害草也是一种潜在资源，可通过对牧草资源、医药资源、农药资源及种质资源进行开发利用，达到合理控制毒害草的目的。化学防除仍是当前毒害草防除的主要形式，筛选有效除草剂种类、用药剂量及浓度，减少药剂残留一直是草地杂草防除长期关注的问题之一。

二、目的

通过草地毒害草防除实践，掌握草地毒害草防除的主要方法、注意事项以及关键技术环节与要求。通过除草剂用药量的计算、溶液的配置、典型症状观察以及防效的计算，能够运用化学防除技术开展毒害草的防除。

三、实习内容与步骤

1. 材料 毒害草危害程度较为严重的天然草地。

2. 仪器设备 GPS定位仪、提秤或电子天平、鼓风干燥箱、喷雾器、量筒、水桶、测绳、钢卷尺、采集镐、1m×1m样方框、剪刀、钢卷尺、布袋、装有SPSS或其他统计软件的电脑、记载表格等。

3. 测定内容与步骤

（1）毒害草种类调查与识别：在选定的草地上进行毒害草种类调查，了解毒害草的种类及危害程度，通过采集标本进行室内鉴定。

（2）毒害草危害程度调查：在选定的草地上进行取样调查，随机选取10～30个样方（1m×1m），分别记录样方内所有毒害草的高度、盖度和密度，算出毒害草与非毒害草间的相对高度、相对盖度及相对密度。

参考农田杂草五级目测法分级规定（表2-15-1），确定毒害草的危害程度，并计算毒害草草情指数（危害率）。

$$\text{草情指数} = \frac{\sum(\text{草害级数} \times \text{该级样方数})}{\text{样方总数} \times \text{草害最高级代表值}} \times 100$$

表2-15-1 毒害草目测五级分类（%）

危害程度	相对高度	相对密度	相对盖度
5级（严重危害）	100以上	30～50	
	50～100	50以上	
4级（较严重危害）	100以上	10～30	
	50～100	30～50	
	50以下	50以上	
3级（中等危害）	100以上	5～10	50～100
	50～100	10～30	
	50以下	30～50	
	50以下	5以下	
2级（轻度危害）	100以上	3～5	25～50
	50～100	5～10	
	50以下	10～30	
	50以下	5以下	
1级（有出现但不造成危害）	100以上	3以下	25以下
	50～100	5以下	
	50以下	10以下	

（3）化学防除方法：

①除草剂种类的选择：根据野外调查结果选择相应的除草剂。如清除全部或连片的毒害

草，可用灭生性除草剂，如草甘膦、五氯酚钠等；清除一种或多种毒害草，可选用选择性除草剂，如吡氟氯禾灵、二甲四氯钠盐、苯达松、敌稗、氟乐灵、扑草净、西玛津、乙氧氟草醚等；消灭多年生深根型毒害草，则选用内吸型除草剂，如草甘膦、2,4-滴丁酯、扑草净等；灭除一年生毒害草，可用触杀型除草剂，如杀草胺等。

草地毒害草防除中常用的除草剂有草甘膦、2,4-滴丁酯、氯氟吡氧乙酸、二甲四氯等。

本实习主要对草地上阔叶型毒害草、禾本科及类似毒害草进行防除，建议分别使用2,4-滴丁酯、草甘膦进行化学除莠。其中2,4-滴丁酯为选择性内吸型除莠剂，对一年生和多年生双子叶植物杀伤力强，而对单子叶植物效果较差；草甘膦为内吸型灭生性茎叶处理剂，具有杀草谱广，对多年生杂草有很好的除草效果，且对人畜低毒。

②药液配制：除草剂药液浓度的表示方法有两种。一是百分浓度法，如5%药液表示100kg药液中含原液5kg；二是倍数稀释法，如1∶10，即1kg原液加水10kg配置而成的药液。目前通常用百分浓度法表示。

③除草剂小区试验：由于不同的除草剂防除的对象不同，其单位用药量也不相同，因此进行草地毒害草防除时，在参考农药使用说明书建议用药量的基础上，可适当增减用药量及用药浓度进行小区试验，选择适宜用药量及用药浓度。

除草剂小区试验时，可采用随机试验设计，也可采用随机区组试验设计，且每个处理至少设置3个重复，小区面积至少$20m^2$以上。根据用药量或用药处理浓度设置至少2个处理，处理一般等距设置，设置对照区。各项试验信息和指标填入试验设计表（表2-15-2）中，同时完成田间试验布置。需要注意各处理小区间一定要设置保护行，减少药剂间的交叉影响。

表2-15-2　除草剂对草地毒害草防除筛选试验设计

除草剂种类	处理浓度（%）	用药量（g/m^2）	小区面积（m^2）	重复数	小区间隔（cm）	小区用药量（g）	小区需水量（g）

④除草剂田间喷施：

a. 田间小区设置：在试验区内选择具有代表性的样地，按照预先设计好的田间试验布置图进行试验小区的布设，并做好区间标记。

b. 除草剂喷施：按照试验设计的浓度、用量等进行除草剂的配置。实习中使用背负式地面喷洒形式。喷洒除草剂时，对照区要喷洒相同体积或质量的水。

进行田间喷施时，需要注意：一，喷药要选择晴朗无风的天气进行，最适温度以20～25℃较好；二，喷药时，要保证一定的空气湿度，喷药后，保证至少24h无雨；三，喷药应在植物生长最快时或繁殖期进行，一般为幼苗期和生长期；四，喷药时应注意风向和试验区内附近植物，防止伤害附近农田或其他不该伤害的植物。

⑤观测及结果分析：施药后每隔5d对防除的毒害草及非防除草进行受害症状观测；喷施20d后，在每个小区沿对角线至少设置3个取样点，每点1m×1m，对防除的毒害草按

种、对其他植物按经济类群（豆科类、禾本科类、莎草科类、杂类草类）或总体进行高度（随机测量5株，取其均值）、地上生物量（干重计，80℃，24h）的观测或草情指数调查，并进行防效的计算。

$$防效=\frac{对照下某一指标测定值-处理下该指标测定值}{对照下某一指标测定值}\times 100\%$$

受害症状评价方法，采用5级制进行，即Ⅰ——正常生长，叶鲜绿无枯黄；Ⅱ——叶片鲜绿，仅尖端枯黄；Ⅲ——叶片1/3～1/2枯黄；Ⅳ——叶片1/2以上枯黄；Ⅴ——叶片全部枯黄。

4. 结果表示与计算

（1）毒害草种类及草情指数：通过毒害草种类调查与鉴定，分析计算相对高度、相对盖度及相对密度，汇总草情指数，将试验区草地毒害草植物种类名录、危害级别及草情指数填入记录表（表2-15-3）中。

表2-15-3　调查区草地主要毒害草种类及草情指数记录

植物名称	物候期	危害级别	草情指数

（2）除草剂喷施药害症状观测：在喷施除草剂处理后，定期观察小区内植物受害情况，填写药害症状调查表（表2-15-4）。

表2-15-4　除草剂喷施药害症状调查

草地类型名称__________　　　　地理位置__________

除草剂种类及浓度	植物名称	药害症状				
		0d	5d	10d	15d	20d

（3）除草剂防效测定：在除草剂处理小区内，针对主要毒害草进行防效的计算，筛选最适防除除草剂或浓度用量，结果填入防效调查表（表2-15-5）中。

表2-15-5　除草剂对主要毒害草防除效果调查记录

草地类型名称__________　　　　地理位置__________

除草剂	植物名称	浓度或用量	草情指数	株高（cm）	地上生物量（g/m²）	防效（%）		
						草情指数	株高	地上生物量

四、重点/难点

1. 重点　通过草地毒害草化学防除各项技术环节的操作和实践，掌握毒害草防除相关指标的测定以及毒害草的防效计算方法。

2. 难点　毒害草防除前试验小区的相对一致性是影响试验结果的重要前提之一，如何根据实地情况合理布设试验区，减小试验误差是本实习的难点。

五、示例

醉马草化学防除效果调查

醉马草为我国北方天然草原主要的烈性毒草之一，并有不断蔓延的趋势，严重降低了草原生产力，成为发展草地畜牧业和生态环境建设主要的限制因素之一，需要对其进行化学防除。以新疆草原主要毒草醉马草的化学防除为例，阐述毒害草的防除过程及效果调查。

1. 化学防除试验样地的选择　在新疆选择某一草原作为毒害草化学防除样地。由于该草原过度放牧，草地毒害草发生较为严重。

2. 毒害草种类的调查及危害程度　在试验样区内随机布设 18 个 1m×1m 的样方，对样方内所有毒害草进行高度、盖度及密度的测定，明确毒害草危害程度（表 2-15-6）。

根据调查结果计算毒害草草情指数，为 80%。试验区毒害草种类主要有醉马草、骆驼蓬、角果藜、针茅，且醉马草为主要毒害草（表 2-15-7）。

表 2-15-6　毒害草危害程度统计

样方号	毒害草			危害级数（级）
	相对高度（%）	相对密度（%）	相对盖度（%）	
1	54	97	86	5
2	100	100	71	5
3	74	91	25	5
4	100	100	100	5
5	100	100	100	5
6	100	100	100	5
7	100	100	100	5
8	83	93	50	5
9	73	84	36	5
10	76	96	45	5
11	36	80	60	4
12	66	84	23	5
13	67	86	64	5
14	75	88	32	5
15	46	73	28	4
16	67	61	63	5
17	56	60	92	5
18	62	81	22	5

表 2-15-7　调查区草地主要毒害草种类及草情指数记录

植物名称	物候期	危害级数（级）	草情指数
醉马草	抽穗期	5	97
骆驼蓬	抽穗期	2	17
角果藜	营养期	1	0
针茅	抽穗期	2	11

3. 实习设计　选用草甘膦（有效成分 95%）防除草地主要毒草醉马草。采用随机区组试验设计，草甘膦用量浓度依次为：1 875g/hm²、2 250g/hm²、0g/hm²（对照，喷水），小区面积 300m²，每处理重复 3 次，小区间隔 50cm，每小区喷水用量 20L。喷药方式为喷施。喷药后每 5d 观察症状一次，20d 后在各小区按照醉马草及经济类群进行高度、地上生物量的测定，计算防除效果，并筛选合适有效剂量进行醉马草防除。

4. 结果分析

（1）毒害草受药害症状观察：喷施草甘膦后田间观察发现（表 2-15-8），无论是醉马草，还是禾草及杂类草类均出现受害症状，且随施药量的增加，受害症状也呈现加重趋势；同时，随草甘膦喷施后处理时间的延长，植物受害症状也呈现加重趋势，至喷药后 20d，高浓度处理下的醉马草已叶片全部枯黄。

表 2-15-8　草甘膦除草剂喷施药害症状调查

草地类型名称 山地草原　　　　地理位置 未定位

处理浓度（g/hm²）	植物名称或经济类群	药害症状				
		0d	5d	10d	15d	20d
1 875	醉马草	Ⅰ	Ⅱ	Ⅲ	Ⅲ	Ⅲ
	禾草类	—	—	—	—	—
	杂类草类	Ⅰ	Ⅱ	Ⅱ	Ⅲ	Ⅲ
2 250	醉马草	Ⅰ	Ⅱ	Ⅲ	Ⅳ	Ⅴ
	禾草类	Ⅰ	Ⅱ	Ⅲ	Ⅲ	Ⅲ
	杂类草类	Ⅰ	Ⅱ	Ⅲ	Ⅲ	Ⅲ
对照	醉马草	Ⅰ	Ⅰ	Ⅰ	Ⅰ	Ⅰ
	禾草类	Ⅰ	Ⅰ	Ⅰ	Ⅰ	Ⅰ
	杂类草类	Ⅰ	Ⅰ	Ⅰ	Ⅰ	Ⅰ

注：Ⅰ——正常生长，叶鲜绿无枯黄；Ⅱ——叶片鲜绿，仅尖端枯黄；Ⅲ——叶片 1/3～1/2 枯黄；Ⅳ——叶片 1/2 以上枯黄；Ⅴ——叶片全部枯黄。

（2）防效结果：通过对防效指标的观测发现（表 2-15-9），随着草甘膦用量的增加，对醉马草的防效呈增加趋势，2 250g/hm² 处理对其株高及地上生物量的防效达到最高，依次为 34.2%、66.1%；草甘膦对杂类草类的防效也呈增加趋势，株高及地上生物量最高防效依次为 30.0%、19.4%。从处理效果看，高浓度处理对醉马草防除效果相对较好，但由于对杂类草的防效也相对较高，因此最佳用药量的确定还需要进一步进行观测。

表 2-15-9　草甘膦对醉马草防除效果调查记录

草地类型名称　山地草原　　　　地理位置　未定位

植物名称或经济类群	处理浓度 (g/hm^2)	株高 (cm)	地上生物量 (g/m^2)	防效（%）	
				株高	地上生物量
醉马草	1 875	59.8	247.3	17.3b	44.6b
	2 250	47.6	151.4	34.2a	66.1a
	0（对照）	72.3	446.6	—	—
禾草类	1 875	0	0	0	0
	2 250	11.5	21.3	22.3	22.5
	0（对照）	14.8	27.5	—	—
杂类草类	1 875	18.2	17.9	16.5b	8.7b
	2 250	15.7	15.8	30.0a	19.4a
	0（对照）	21.8	19.6	—	—

注：不同小写字母表示 0.05 水平上差异显著。

六、思考题

1. 草地毒害草防除时，注意事项有哪些？
2. 草地发生毒害草后，危害达到什么程度时开始进行防除，防除到何种程度为宜？
3. 除了对草地毒害草进行防除外，如何开发利用草地有毒有害植物？
4. 田间进行试验实施时，如何控制试验误差？

七、参考文献

戴良先，董昭林，柏正强，2007. 高寒牧区草地毒杂草防除及化学除杂剂筛选研究 [J]. 草业与畜牧 (3)：1-5.

黄琦，莫炳国，陈朝勋，等，2003. 人工草地主要杂草发生规律及防除技术 [J]. 草业科学 (1)：42-44.

李孙荣，1992. 杂草及其防治 [M]. 北京：北京农业大学出版社.

魏亚辉，赵宝玉，2016. 中国天然草原毒害草综合防控技术 [M]. 北京：中国农业出版社.

姚拓，胡自治，2001. 高寒地区禾草混播草地杂草防除研究 [J]. 草地学报 (4)：253-256.

赵成章，樊胜岳，殷翠琴，2004. 喷施灭狼毒治理毒杂草型退化草地技术研究 [J]. 草业学报 (4)：87-94.

朱进忠，2009. 草业科学实践教学指导 [M]. 北京：中国农业出版社.

孙宗玖
新疆农业大学

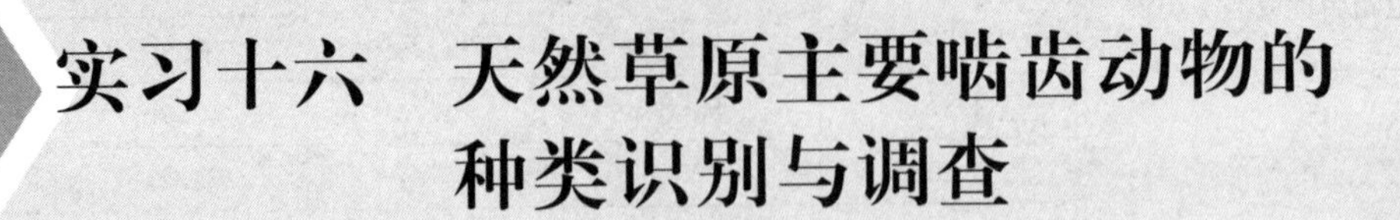

实习十六　天然草原主要啮齿动物的种类识别与调查

一、背景

啮齿动物属哺乳纲（Mammalia）啮齿目（Rodentia），上下颌只有一对门齿，喜啮食较坚硬的物体，个体形态一般比较小，多数在夜间或晨昏活动，许多种类的繁殖能力很强。啮齿目种数占哺乳动物的40%～50%，个体数目远远超过其他全部类群数目的总和，几乎遍及南极和少数海岛以外的世界各地。啮齿动物由于个体较小，可去开辟、适应大动物所不适宜的环境，从而建立大的种群；另外，啮齿动物繁殖力强，具有广阔的生活区域和对各种不同生态环境的适应性。

天然草原的主要鼠害均属啮齿动物，因而啮齿动物种类和数量调查是鼠害防治的基础，是制订防治规划及其方案的科学依据。草原鼠害通常指由于掘地类小型啮齿动物种群过度增长或暴发，导致植被或土壤的原有过程、结构与功能发生显著改变，进而影响草地生态系统的生物生产过程。因此，啮齿动物的识别和调查是一项基础性工作，对于草原鼠害防控具有非常重要的意义，没有周密的调查研究，盲目行动，不但容易造成人力、物力的浪费，有时还可能导致更严重的后果。

鼠类调查方法很多，但区系调查、数量调查、害情调查和防治效果调查是基本和实用的调查。

二、目的

了解天然草原啮齿动物的主要类型，掌握草原主要害鼠形态学、生物学和生态学习性，熟悉草原主要啮齿动物种群分布、密度、危害程度的调查方法，为草原鼠害防治提供可靠依据和参考。

三、实习内容与步骤

1. 材料及工具　工作区地图、自然条件、地理条件、气候条件、植被等信息资料；工作箱、药品、捕鼠夹等工具。

2. 方法与步骤

（1）分类：啮齿动物属于动物界脊索动物门脊椎动物亚门哺乳纲啮齿目（表2-16-1），这类动物都有终生生长的门齿。

表 2-16-1 我国常见草原啮齿动物分类

<table>
<tr><th colspan="3">主要科目</th><th>主要特征</th><th>栖息地</th><th>齿数</th><th>代表种</th></tr>
<tr><td rowspan="6">啮齿目</td><td colspan="2">松鼠科（Sciuridae）</td><td>尾长而尾毛蓬松，前后肢相差不显著，耳壳较大；适宜于挖掘活动与穴居生活，尾短而小，后肢比前肢略长，耳壳较小，有的仅成为皱褶</td><td>森林、草原、农区附近</td><td>32</td><td>喜马拉雅旱獭</td></tr>
<tr><td rowspan="4">仓鼠科</td><td>仓鼠亚科（Cricetinae）</td><td>主要是一些营洞穴生活的小型鼠类；尾短，其上均匀被毛，无鳞片，有颊囊；前足 4 指，后足 5 趾；头骨无明显的棱角</td><td>草原、半荒漠、农田、山麓及河谷的灌丛</td><td rowspan="4">16</td><td>长尾仓鼠</td></tr>
<tr><td>鼢鼠亚科（Myospalacinae）</td><td>一些适于地下生活的鼠类；体形粗壮；耳壳完全退化；尾短而钝圆，完全裸露或被覆稀疏的短毛；四肢短粗，前足爪特别发达，其长一般均大于相应的指长</td><td>各种类型的草原与农田</td><td>高原鼢鼠</td></tr>
<tr><td>田鼠亚科（Microtinae）</td><td>身体比较粗笨，毛蓬松，四肢与尾均较短，耳亦短小；臼齿一般都分成很多齿叶</td><td>种类繁多，分布极广</td><td>青海田鼠、根田鼠</td></tr>
<tr><td>沙鼠亚科（Gerbillinae）</td><td>是一种典型的荒漠鼠类；毛色多为沙黄色，尾较长，善于跳跃式奔跑；听泡发达，视觉灵敏；上门齿前面有 1 条或 2 条纵沟</td><td>除少数营树栖生活外，大多为陆生穴居</td><td>长爪沙鼠</td></tr>
<tr><td colspan="2">跳鼠科（Dipodidae）</td><td>后肢特别长，中间 3 个跖骨愈合，第一趾骨和第五趾骨不发达或消失；前肢短小，尾极长，末端生有扁平的毛束，可起到平衡器及舵的作用</td><td>大多为陆生穴居</td><td>18</td><td>五趾跳鼠、黑线仓鼠</td></tr>
</table>

（2）鉴别：通过对主要啮齿动物和特征进行鉴定，以确认其在动物分类系统中位置。野外考察和实际应用方面鉴定工作也称识别。识别主要啮齿动物可分直接识别和间接识别两大类（表 2-16-2）。

表 2-16-2 鼠类常见识别方式

	直接识别	间接识别
依据	对标本、皮张、骨骼等进行种类鉴定	根据鼠的巢穴、粪便、取食和其他活动的各种痕迹等，判断某地区、某种环境中有什么动物生存
结论	较可靠，鼠类识别的主要方法	准确度低，需捕获一定数量的鼠进行验证，要有较丰富经验

3. 草原啮齿动物种群数量调查

（1）夹日法：一夹日是指一个鼠夹捕鼠一昼夜，通常以 100 夹日作为统计单位，其计算公式为：

$$P=\frac{n}{N\times h}\times 100\%$$

式中：P 为夹日捕获率；n 为捕获鼠数；N 为鼠夹数；h 为捕鼠昼夜数。

①一般夹日法：鼠夹排为一行（所以又称夹线法），夹距5m，行距不小于50m，连捕两昼夜，即晚上放夹，每日早晚各检查一次。为防止丢失鼠夹，也可晚上放夹，翌日早晨收回，所以也称夹夜法。

②定面积夹日法：25个鼠夹排列成一条直线，夹距5m，行距20m，并排4行，这样100个夹子组成一单元。于下午放夹，每日清晨检查一次，连捕两昼夜。

（2）统计洞口法：是鼠类相对密度统计的一种常用方法，适用于植被稀疏而且低矮、鼠洞洞口比较明显的鼠种。

①方形样方：常作为连续性生态调查样方使用，面积可为 $1hm^2$、$0.5hm^2$ 或 $0.25hm^2$，样方四周加以标志，然后统计样方内各种鼠洞洞口数。统计时，可以数人列队前进，保持一定间隔距离（宽度视草丛密度而定，草丛稀可宽些，草丛密可窄些）。

②圆形样方：在已选好的样方中心插一根高1m左右的木桩，在木桩上拴一条可以随意转动的测绳，在绳上每隔一定距离（依人数而定）拴上一条红布条或树枝。一人扯着绳子缓慢地绕圈走，其他人在红布条之间边走边数洞口（图2-16-1）。最好是数过的洞口有所标记，以免重数或漏数。

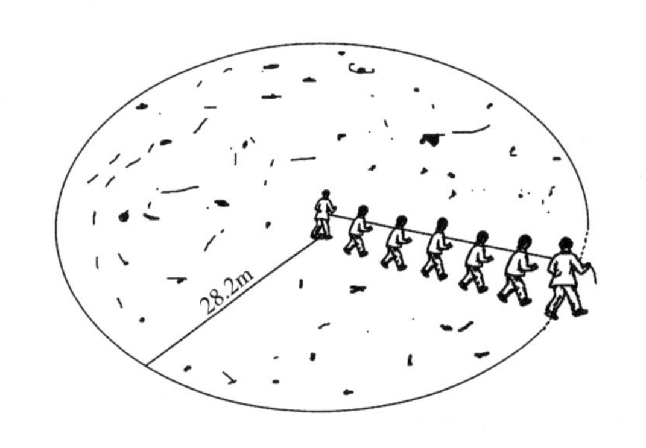

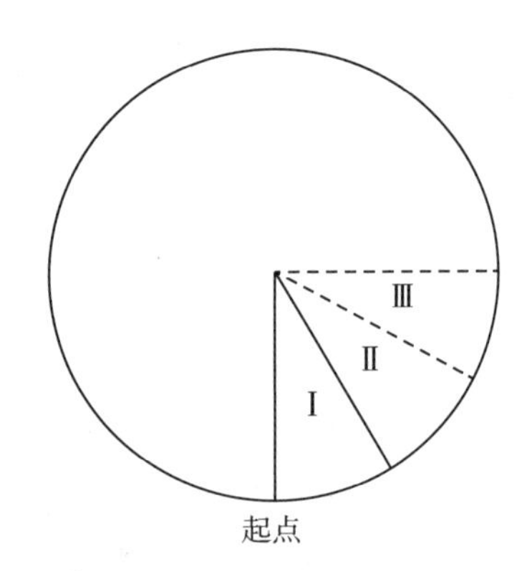

图2-16-1 圆形样方统计洞口示意

③条带形样方：多应用于生境变化较大的地段。其方法是选定一条调查路线，长一至数千米，要求能通过所要调查的各种生境。在路线上调查时，用计步器统计步数，再折算成长度（m）；行进中按不同生境分别统计2.5m或5m宽度范围内的各种鼠洞洞口数，用路线长度乘以宽度即为样方面积。

④洞口系数调查：洞口系数表示每一洞口所具有的鼠种数，是鼠种数和洞口数的比例关系。每种鼠在不同季节洞口系数是有变化的，需要观测每种鼠不同时期的洞口系数。

洞口系数的调查与统计洞口密度可同时进行，面积为 $0.25\sim1hm^2$。先在样方内计数总洞口数，然后用覆土或草皮轻轻填堵，经过24h后，统计被鼠打开的洞数，即为有效洞口数。然后在有效洞口放置捕鼠夹，直到捕尽为止（一般需要3d左右）。统计捕到的总鼠数与总洞口或有效洞口数的比值，即为洞口系数或有效洞口系数。

$$\text{洞口系数(或有效洞口系数)} = \frac{\text{捕鼠总数}}{\text{洞口数(或有效洞口数)}}$$

调查地区的鼠密度，在查清洞口密度或有效洞口密度的基础上，通过公式计算。

$$鼠密度=洞口系数\times洞口密度$$

$$或鼠密度=有效洞口系数\times有效洞口密度$$

（3）开洞封洞法：适用于鼢鼠等地下活动的鼠类。在样方内沿洞道每隔10m（视鼠洞土丘分布情况而定）探查洞道，并挖开洞口，经24h后，检查并统计封洞数，以单位面积内的封洞数来表示鼠密度的相对数量。

统计地下活动鼠类的数量时，还可采用样方捕尽法和土丘计数法。

①样方捕尽法：选取0.25hm² 的样方，用弓箭法或置夹法，将样方内的鼢鼠捕尽。捕鼠时，先将鼠的洞道挖开，即可安置捕鼠器，亦可明确洞内有鼠后再置捕鼠器。一般上午（或下午）置夹，下午（或翌日凌晨）检查，至翌日凌晨（或翌日下午）复查。每次检查以相隔半日为宜，捕尽为止。这一方法所得结果，接近于绝对数值。

②土丘计数法：先在样方内统计土丘数，按土丘挖开洞道，凡封洞的即用捕尽法统计绝对数量，求出土丘系数。

$$土丘系数=\frac{每公顷实捕鼢鼠数}{每公顷土丘数}$$

求出土丘系数后，即可进行大面积调查，统计样方内的土丘数，乘以土丘系数，则为其相对数量。这种方法所得结果与捕尽法所得结果相一致，适用于统计地下鼢鼠的数量。

（4）围栏捕鼠技术（trap - barried system，TBS）：围栏捕鼠技术是一种国际上公认的无害绿色防控技术，是在保持原有生产措施与结构的前提下，不使用杀鼠剂和其他药物，利用鼠类的行为特点，通过捕鼠器与围栏结合的形式控制草地害鼠的技术措施，也称“围栏＋捕鼠器”灭鼠技术。

选择鼠密度较高的草地，在返青前或枯黄期用孔径≤1cm铁丝网围成围栏，并在周边设置密集的筒状捕鼠器，利用鼠类行为习性捕杀害鼠。围栏需要每隔4～5m以固定杆固定，高度60cm，其中围栏、固定杆地上部分约30cm，埋入地下部分约30cm，防止鼠类迁移外逃。该技术投入成本较大，管理要求高，多用于小面积科学性试验。

（5）野外调查记录：根据调查者采用的调查方法，将草原啮齿动物的野外调查信息填入记录表（表2-16-3）内。

表2-16-3 草原啮齿动物调查记录

调查日期	调查地点	样点编号	样点面积	样点形状	洞口数（土丘数，个/hm²）	有效洞口数（当年土丘数，个/hm²）	洞口（土丘）系数	折合鼠密度（只/hm²）

四、重点/难点

1. 重点 常见啮齿动物的分类鉴定和识别。

2. 难点 地面鼠和地下鼠不同的调查方法。

五、示例

草原常见害鼠种群数量调查

1. 调查时间及面积要求

（1）调查时间：观测区调查次数根据实验设计和需求而定，原则上有 3 个时间节点比较关键，第一次调查在春季当地害鼠尚未大量繁殖之前（不晚于 5 月中旬）；第二次调查在害鼠基本结束繁殖后（不晚于 8 月中旬）；第三次调查在当地害鼠越冬前（不晚于 10 月上旬）。

（2）样地面积：采用样圆法进行调查，面积至少为 0.25hm^2，3 次重复，样地间的距离应相隔 500m 以上。

2. 鼠类种群数量调查 调查时间均在牧草生长旺盛前期（6～8 月）进行，总洞口数采用大样圆法和长样线法两种调查方法同步进行，取两种调查方法的平均值。大样圆法采用半径为 28.2m、面积为 2 500m^2 的样地完成，并作标记定位，重复 3 次；长样线法采用 100m 的样线布设，每 1m 进行洞口计数，重复 3 次。地面鼠采用堵洞法连续调查 3d 有效洞口数，地下鼠采用土丘计数法调查有效土丘数。并分别用捕鼠夹和弓箭捕捉样地内所有害鼠，计算害鼠种群数量和密度。以青海玛沁地区害鼠调查为例，调查统计结果填入表2－16－4中。

表 2－16－4 高寒草地主要害鼠种群数量调查

调查地点	地面鼠			地下鼠		
	总洞口数（个/hm^2）	有效洞口数（个/hm^2）	有效洞口率（%）	总土丘数（个/hm^2）	有效土丘数（个/hm^2）	有效土丘率（%）
青海玛沁	1 688	776	46.0	180	10	5.6

3. 数据统计与分析 根据调查数据，进行有效洞口率、有效土丘率等指标的计算，并填入表 2－16－4 中。

$$有效洞口率=\frac{有效洞口数}{总洞口数}\times100\%=\frac{776}{1\ 688}\times100\%\approx46.0\%$$

$$有效土丘率=\frac{有效土丘数}{总土丘数}\times100\%=\frac{10}{180}\times100\%\approx5.6\%$$

地面鼠和地下鼠实际捕捉数为 270 只/hm^2 和 23 只/hm^2，则计算出洞口系数和土丘系数如下：

$$洞口系数=\frac{每公顷捕鼠总数}{每公顷总洞口数}=\frac{270}{1\ 688}\approx0.16$$

$$土丘系数=\frac{每公顷捕鼠总数}{每公顷总土丘数}=\frac{23}{180}\approx0.13$$

调查鼠洞数量相对容易，捕捉害鼠比较难，因此草地调查及管理中常用洞口系数、土丘系数估算该区域害鼠种群数量。

六、思考题

1. 试述啮齿动物在草原生态系统中的地位和作用。

2. 试述草原鼠类、害鼠与鼠害的关系及调查方法。

七、参考文献

孙飞达，苟文龙，朱灿，等，2018. 川西北高原鼠荒地危害程度分级及适应性管理对策 [J]. 草地学报，26 (1)：152-159.

周俗，2017. 四川草原有害生物与防治 [M]. 成都：四川科学技术出版社.

孙飞达
四川农业大学

实习十七　草原鼠害防治效果的调查

一、背景

草原鼠害防治常用方法有药物防治、机械防治和生物防治方法。药物防治方法是指利用生物药剂配成毒饵毒杀害鼠的方法，目前常用的药剂为抗凝血剂类、C或D型肉毒梭菌毒素、雷公藤、不孕不育剂等；机械防治方法是指利用捕鼠器械捕杀害鼠的方法，常见捕鼠器械有弓形夹、箭类、捕鼠夹类；生物防治方法是应用生态学原理，人为地增加草原生态系统自然食物链中鼠类天敌数量，如养狐灭鼠，银黑狐野化训练后放归草原控制鼠害等措施，达到控制草原鼠害的目的。

草地害鼠在草地生态系统中的作用既有消极破坏的作用。也有积极有益的作用，草地鼠害防治的目标应是持续有效地抑制有害鼠类的种群数量，使之维持在有利于草地可持续利用的经营水平上。核心理念是控制鼠类种群数量，而不是全部彻底消灭该物种。退化草地是害鼠迁移、繁衍、扩张、定居的适宜生境，因此退化草地的综合治理和植被修复才是鼠害防治的根本所在。

二、目的

了解生产上草原鼠害防治的措施、流程和防治效果，为草原鼠害防治和草原保护提供方法。针对草原鼠害防治中存在的突出矛盾和问题，掌握各项预防和控制方法以及绿色防控综合措施，具备草原鼠害的可持续治理理念。

三、实习内容与步骤

1. 材料及工具　测绳、卷尺、样方框、铁铲、C型肉毒梭菌毒素、捕鼠夹、弓箭、记录卡片等。

2. 方法与操作步骤

（1）调查方法：通过检测鼠害防治前后的鼠类有效洞口密度变化，反映鼠害防治效果。

（2）样方设置：选择鼠密度比较均匀且具有代表性的鼠害草地，投放饵料。选择样地包括平坝、坡地、谷地，并分别设置3个样方。样地数量应根据防治区域面积而定，至少应设3个样地，1个空白对照样地。

（3）样方（圆）大小：根据害鼠种类确定不同的样方面积，如鼢鼠的样方面积为

$0.25hm^2$；田鼠、其他小型鼠样方面积可适当减小至 $0.125hm^2$。

3. 调查内容　鼠害调查需要针对地面鼠和地下鼠分别采取不同的调查方法，调查结果填入灭鼠效果调查记录表（表2-17-1）中。

表2-17-1　灭鼠效果调查记录

地点＿＿＿＿＿　　时间＿＿＿＿＿　　调查人＿＿＿＿＿　　灭效检测时间＿＿＿＿＿

	样方编号	生境	堵洞数（个）	灭前有效洞（个）	效果检查时间	堵洞数（个）	灭后有效洞（个）	灭效（%）
平均								
对照								

（1）地面鼠（田鼠等）：

①防治药效检测：主要是检测所使用农药的效果。首先在样方内用土轻轻封堵所有鼠洞口，翌日（24h后）检查被鼠打开洞口数，同时投饵，并统计投饵洞口数即为灭前有效洞口数。从投药当天算起到灭效检查时间（如C型肉毒梭菌毒素检查第7天灭效），用同样方法将样方内鼠洞口堵住，翌日（24h后）统计被鼠打开的洞口数，即为灭后有效洞口数。

②大面积灭效检测：主要是检测大面积灭鼠效果。其方法与防治药效检测基本相同，只是首次堵洞24h后的投饵工作按常规方式完成，并统计打开洞口数，即灭前有效洞口数。也可在规定时间先统计鼠洞口数并做标记后，按常规方式投药，以后检测方法相同。

③灭效检测时间：应依据不同农药中毒高峰时间确定，不同农药中毒高峰时间不同，生物农药检查时间为投药后7～10d，化学农药为投药后5～7d。

④灭效计算：对照为样方内不投药，但应和灭效样方一样堵洞并统计开洞数，计算出自然灭洞率。

$$自然灭洞率\ d=\frac{a-b}{a}\times 100\%$$

式中：a 为对照样方灭前有效洞；b 为对照样方灭后有效洞。

$$校正系数\ r=1-d$$

$$实际灭洞率\ D=\frac{rA-B}{rA}\times 100\%$$

式中：A 为灭前有效洞口数；B 为灭后有效洞口数。

（2）地下鼠（鼢鼠等）：

①开洞封洞法：在 $0.25hm^2$ 样方内，首先在新鲜土丘旁根据判断的洞道位置，打开鼢鼠洞口，翌日（24h后）调查已封洞的洞口数，即为灭前有效洞口数。同时，在有效洞口安放弓箭，或将已封洞口重新打开投放毒饵后再封洞。到灭效检查时间后再按上述方法，打开洞口，翌日（24h后）调查已封洞口数，即为灭后有效洞口数。

②灭效检查时间：根据灭鼠药物中毒高峰时间而定，一般检查灭鼠后7～8d的灭效。针对弓箭防治法，其灭效检查时间在弓箭安装后第3天。

$$实际灭洞率\ D=\frac{A}{B}\times 100\%$$

式中：A 为灭前有效洞口数；B 为灭后有效洞口数。

③调查土丘数法：灭前在校方内调查当天的新鲜土丘数，到灭效检查时间，再调查样方

内新鲜土丘数。

$$灭效=\frac{灭前土丘数-灭后土丘数}{灭前土丘数}\times 100\%$$

4. 害情调查 由于鼠类引起的植被、土壤和微地形等外貌上的改变，是鼠类种群活动的综合表现，通过实地调查可以了解和预测啮齿动物的危害程度及其趋势。

（1）害鼠土丘、洞道数量调查：由于地下啮齿动物推出的土丘有时距离很近或者形成土丘群，土丘之间有时相距0.1～0.2m，难以用普通手持GPS定位仪或亚米级手持GPS定位仪（水平精度>0.5m）记录土丘的经纬度和海拔信息。实时动态控制测量技术（real-time kinematic，RTK）是一种高精度的GPS测量方法，它采用了载波相位动态实时差分计数，能够在野外实时得到厘米级定位精度，可以实时传送数据，配合地理信息软件生成调查点的经纬度和海拔数据。RTK可以实现准确地调查地下啮齿动物的新旧土丘数量以及其分布。结合ArcGIS或MapGIS软件，针对不同调查指标，可以开展不同地形、不同时间（如季节、年际）的土丘数量及其分布调查，配合植被、土壤调查数据，可用于分析种群动态变化、动态栖息地分布及选择等调查监测内容（图2-17-1）。

①基站和坐标设置：选择视野开阔且地势较高的地方架设基站，打开GPS基站接收机设置项目，选择合适的坐标系统，并设置连接GPS定位仪。

②通讯联系设置：设置手持移动站与基站，实现通讯联系。

③土丘检测：将移动站放置在待调查的新旧土丘上，点击移动站自带的PDA水准手簿，系统自动记录当前调查点的经纬度和海拔数据。

用检测到的土丘数量、土丘空间位置分布可以解译地下鼠种群相对密度空间分布。

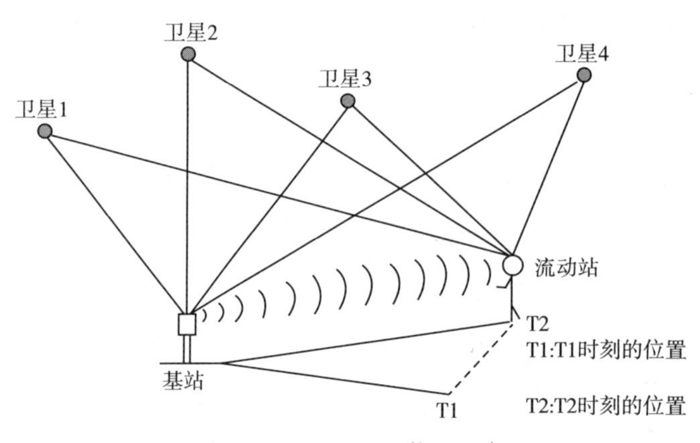

图2-17-1 RTK使用示意

（2）牧草损失量调查：在草地中调查啮齿动物啃食活动所减少的牧草产量，可分别在鼠群活动区和对照区测量产草量，再加以比较求出牧草损失量。牧草产量测量的样方为1m²（1m×1m），将牧草地上部分齐地面剪下，称取鲜重或风干重，通过计算获得牧草损失量。

牧草损失量=对照区产草量-鼠类活动区产草量

常用样线法可以比较迅速地测出破坏率，从而得到危害情况及其区域变化的大量信息。样线法用长15～30m的测绳，拉直线放在地上，登记样线所接触到的土丘、洞口、跑道、秃斑、塌洞和镶嵌体等，量取每一个项目所截样线的长度。

$$\text{土丘（或洞系）覆盖度（破坏率）}=\frac{\text{各项所截长度的总和}}{\text{样线长度}}\times 100\%$$

通过调查了解样方内草地植被和鼠害破坏情况，记录在鼠害样方调查登记卡上。

鼠害样方调查登记卡

样方号__________ ____年____月____日
地点__________ 坐标__________ 位置__________
地形__________
海拔________ 坡向________ 坡度________ 样方面积（hm^2）__________
植被类型__________
主要优势植物__________
盖度（%）________ 植被高度（cm）________ 乔木灌木草层________
土壤地表水分__________
人为活动影响__________ 经济利用状况__________
鼠洞统计__________
捕获统计__________
危害状况__________
备注__________ 记录人__________

四、重点/难点

1. 重点 地面鼠和地下鼠不同的防治措施。
2. 难点 鼠类危害程度及其防治效果调查。

五、示例

草地鼠类危害程度及经济损失调查

1. 材料及用具 以高原鼠兔活动的高寒草地为测试对象，选用C型肉毒梭菌毒素、专用捕鼠围栏（选用孔径≤1cm的金属筛网围建，其中围栏地上部分约30cm，埋入地下部分约30cm)、捕鼠器、样方框等。

2. 调查时间 于牧草返青前（3月）投放C型肉毒梭菌毒素，于牧草生长旺盛期（7～8月）抽样测定高原鼠兔种群相对密度及地上植物量。

3. 实习内容

（1）样地设置：采用多层抽样方法，通过开洞封洞法调查高原鼠兔的有效洞口数，按高原鼠兔有效洞口数及活动规律划分出低、中、高3个鼠密度梯度区作为调查样地。按样地各随机抽取5个用于调查鼠密度和防治试验的样方（$1hm^2$），称为一级样方，共计3×5＝15个，并用专用捕鼠围栏进行围封，随机抽取9个一级样方对高原鼠兔进行灭防。防治前先调查有效洞口数，然后按有效洞口投放毒饵，第5天再调查不同密度梯度区域内的残存有效洞口数，计算防治效果。

（2）草地植物损失量调查：在一级样方内采用对角线抽样法各抽取3个计测地上生物量的小样方（$1m^2$），称为二级样方，并设置对照，共计15×3 ＝45个。用刈割称量法计测地上生物量。

(3) 经济效益分析：按大面积灭鼠结果详细记录各种投入的数量和单价，包括投劳、农药、饵料、添加剂、运输费及各种器具费用等，以计算灭鼠成本。以一级样方为统计单位，测算草地植物、害鼠密度、经济成本等一系列综合指标，分析草地害鼠灭防成本与效益。

C型肉毒梭菌毒素控鼠效果及植物损失量调查结果填入各项调查表（表2-17-2、表2-17-3）中。

表2-17-2　C型肉毒梭菌毒素控鼠效果

调查指标	平均值
防治前有效洞口数（个/hm^2）	414
防治后有效洞口数（个/hm^2）	78
灭洞数（个/hm^2）	336
灭洞率（%）	80

注：该调查的样本数为9个。

表2-17-3　草原鼠密度与地上生物量损失量调查

	有效洞口密度（个/hm^2）	地上生物量（kg/hm^2）			经济损失量（元/hm^2）
		对照区	试验区	减产量	
平均值	510	1 371	919	452	135.6

4. 数据统计与分析　参照相关资料进行数据统计和计算，高原鼠兔的有效洞口数（X）与牧草减产量（M）的线性回归方程为：$M=-16.960\,3+0.918\,0X$。据调查，当年该地青干草为0.30元/kg，故高原鼠兔有效洞口数与经济损失量（Y_1）的线性回归方程为：$Y_1=0.30\times(-16.960\,3+0.918\,0X)$。

$$防治成本=防治效果\times饲草单价\times鼠害造成的减产量$$

本次防治面积为1 330hm^2，总成本33 310.00元，计算出本次防治成本（Y_2）≈25.05元/hm^2。

对大面积的C型肉毒梭菌毒素控制地面害鼠的平均防治效果为80%，平均有效洞口密度为510个/hm^2。防治收益（Y_3）与经济量损失（Y_1）之间函数关系为$Y_3=0.8Y_1$，根据防治效果测算防治收益。

$$Y_3=0.8\times[0.30\times(-16.960\,3+0.918\,0\times510)]\approx108.3\ (元/hm^2)$$

通过调查计算，C型肉毒梭菌毒素防治效果达80%时防治收益为108.3元/hm^2，对地上植物性生产效益明显。

六、思考题

1. 药物防治、机械防治和生物防治应用范围及优缺点有哪些？

2. 请用样线法统计鼠害的危害率及鼠害防治后的灭鼠成效，对区域鼠害经济损失做出初步评估。

七、参考文献

姬程鹏，花立民，杨思维，等，2016. 无线电追踪技术在地下啮齿动物研究中的应用 [J]. 草业科学，33 (9)：1 859 - 1 867.

王兴堂，花立民，苏军虎，等，2009. 高原鼠兔的经济损害水平及防治指标研究 [J]. 草业学报，18 (6)：198 - 203.

Shilova S A，2011. Current problems in rodent pest population control and biodiversity conservation [J]. Russian Journal of Ecology，42 (2)：165 - 169.

孙飞达
四川农业大学

实习十八　草地植物群落数量特征的调查与分析

一、背景

植物群落是植物与环境、植物与植物相互适应而形成的一种生存组合。这种组合不是偶然的，而是经过一定时期演化的结果。植物群落由多种植物组成，群落中各个植物之间具有内在联系。草地植物同样也以群落的方式存在，与自然界的其他植物一样，不是孤立的，而是相互联系、相互作用甚至相互依存的。草地植物以群落的方式存在，因而也具有一般群落的特征和特性。这种共同生存的植物组合由不同种的个体组成，也可能是同一种的个体组成的群集体。植物与环境之间以及植物与植物之间的关系是复杂的，而且群落发育愈成熟，它们之间的关系也愈复杂。环境条件影响植物群落的发育、结构和外貌，也制约群落的变化，而群落又反过来影响和改造环境，最后适应该环境，才能得以形成。因此，草地植物群落特征是植被对生态系统适应的综合体现。

植物群落的基本特征主要指其种类组成、种类的数量特征、外貌和结构等。其中种类组成的数量特征包括一般数量特征和综合数量特征。一般数量特征包括密度、盖度、频度、高度、地上生物量等。

植物群落是草地生产的主要经营对象，也是草地学的主要研究对象。学习植物群落特征有助于了解草地植被状况，更深层次地认识草地生态变化机理。对物种组成进行数量分析，是群落分析的基础，是草地植被调查最主要的内容。

二、目的

通过进行草地植被数量特征调查和统计，掌握群落数量特征常用的计算指标和方法，学习和掌握采用样方法调查草本植物群落的数量特征，达到加深认识草地植物群落的目的。

三、实习内容与步骤

1. 材料　天然草原。

2. 仪器设备　GPS定位仪、便携式电子天平、皮尺、样方框、钢卷尺、剪刀、枝剪、样圆、标本夹、采集桶、采集杖、手持计数器、步度计、点测仪、干燥箱、望远镜、照相机、塑料袋、铅笔、橡皮、记录表格等。

3. 测定内容与步骤

(1) 设置调查样地和样方：抽样调查即在草地上选择有代表性的典型地段（样地），在其中设立一定数量的样方，进行群落的特征描述和数量测定。由于草地在微地形、土壤等因子影响下常常表现出量和质方面的不均匀性，选择样地时必须尽力排除人为的主观性因素影响，以求充分反映客观真实情况，代表群落的完整特征。

①取样方法：样方选择有随机取样和系统取样两种方法。随机取样法虽可消除偏见，避免人为性，但可能使样地分布不匀，在草地植被水平结构很不均匀或者人力物力不允许进行数量较多调查时会导致产生误差。实践中多用系统取样，是将样地尽可能等距、均匀而广泛地散布在调查地段上。

系统取样方法可有多种（图 2-18-1），当草地面积不大而植被均匀时，可按网格状等距取样或按“梅花五”取样；当草地面积较大时，可沿对角线等距取样，或可采用S形等距取样。对于超过 15°的坡地，所设样地应照顾到坡的上、中、下部位，才有代表性。

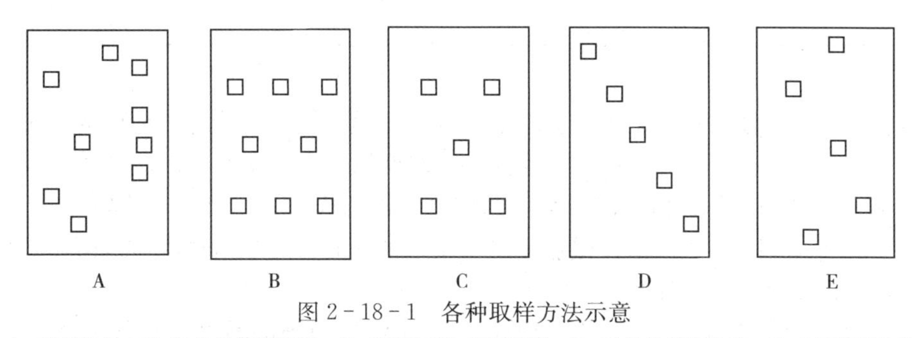

图 2-18-1　各种取样方法示意

A. 随机取样　B. 网格状等距取样　C. “梅花五”等距取样　D. 对角线等距取样　E. S形等距取样

②样方的形状：样方可为方形或长方形［边长 1∶(2～4)］；也可为圆形，称为样圆；必要的情况下还可设置宽长比 1∶10 以上的样方，称为样条。

③测产样方的大小和数量：进行草地植被调查时，测产样方的大小，通常在均匀密生的草甸群落为 0.25～0.5m^2，覆盖度 60%以上的草原群落为 1m^2，覆盖度 60%以下的草原群落为 2～4m^2；荒漠、草原化荒漠群落为 4～20m^2，数量不少于 3～5 次。对荒漠、草原化荒漠的灌木、半灌木植被测产，须用 100～1 000m^2 的大样条，数量 1～2 次。

④频度样方（记名样方）面积和数目：频度测定时，在草原或草甸植被中样方大小为 1m^2，样圆半径为 56.4cm，测量 20 次；或样圆半径为 35.6cm（面积为 0.1m^2），测量 50 次。荒漠草原中采用 4m^2 样方（或半径 1.78m 样圆）测量 10 次。

(2) 样方内物种组成调查：将每个样方位置、海拔等基本信息，样方内出现的所有物种名称均记录在群落基本数量特征记录表（表 2-18-1）。如果遇到不认识的植物，可以暂时编号，并随即拍照和采集标本，挂上标签，以备鉴定后再补填入表中。

(3) 群落数量特征测定：群落的定量分析包括对各种植物进行高度、盖度、密度、频度、地上生物量等的测定，结果记录在群落基本数量特征记录表（表 2-18-1）和物种频度调查记录表（表 2-18-2）上。

①高度：指各种植物的株高，草本植物及灌木、半灌木可用钢卷尺实测。

草本植物的高度分为：自然高度，按植物生长状况量取的高度；绝对高度，用于将植物拉直后量取的高度。调查时一般只量取自然高度。对于禾草或其他有顶生花序的植物，可分叶丛高度和生殖枝高度分别测定。测定时每种植物随机测 10～30 株即可；对于数量少于 10 株的物种，则全部予以测量。计算株高平均值。

表 2-18-1　群落基本数量特征记录

地点＿＿＿＿＿＿　　样方号＿＿＿＿＿＿　　样方面积＿＿＿＿＿＿

经度纬度＿＿＿＿＿＿　　照片编号＿＿＿＿＿＿　　海拔＿＿＿＿＿＿

坡度＿＿＿＿＿＿　　坡向＿＿＿＿＿＿　　记录人＿＿＿＿＿＿　　调查时间＿＿＿＿＿＿

<table>
<tr><th rowspan="2">植物名称</th><th rowspan="2">密度
（株/m²）</th><th rowspan="2">盖度
（%）</th><th rowspan="2">高度
（cm）</th><th colspan="2">地上生物量（kg/m²）</th><th rowspan="2">总生物量
（kg/hm²）</th><th rowspan="2">备注</th></tr>
<tr><th>鲜重</th><th>风干重</th></tr>
<tr><td></td><td></td><td></td><td></td><td></td><td></td><td rowspan="6">其中，
可食牧草产量：
毒草产量：
一年生植物产量：
总产量：</td><td rowspan="6"></td></tr>
<tr><td></td><td></td><td></td><td></td><td></td><td></td></tr>
<tr><td></td><td></td><td></td><td></td><td></td><td></td></tr>
<tr><td></td><td></td><td></td><td></td><td></td><td></td></tr>
<tr><td></td><td></td><td></td><td></td><td></td><td></td></tr>
<tr><td></td><td></td><td></td><td></td><td></td><td></td></tr>
</table>

注：盖度重复数为＿＿。

②盖度：是指草地植物地上部覆盖地面的程度，通常按植物茎叶对地面的投影面积计算的盖度。盖度又分总盖度、分盖度。盖度测定有目测法、点测法和线测法 3 种。

a. 目测法：凭肉眼估计覆盖度，可借助带小方格的样方框（如 1m² 样方框上用线绳分隔成 100 个或 25 个小方格），估计覆盖度时想象地把地面空隙或植物覆盖地面面积集中在一些网格内，估计出盖度的百分数。

b. 点测法：也称为针刺法，指凭借大量的点来测定植被的盖度。具体方法是利用一定长度的尖针反复垂直地向地面刺下，每刺一次算作一点。在反复刺下大量的点时，统计刺穿或接触到植物的点数，计算其所占全部刺下点的百分数，即为植物的点测盖度。需要注意的是，当 2 个或 2 个以上植物同时在一点接触时，则需要记录盖度重复数。点测法比较准确，但很耗时。也可应用特制的点测器（图 2-18-2），在草地上沿一定路线等距放置。使用时，10 个刺针应装整齐，使针尖在一条水平线上；点测器的支架应能上下伸缩，以便随草层高度临时调节。

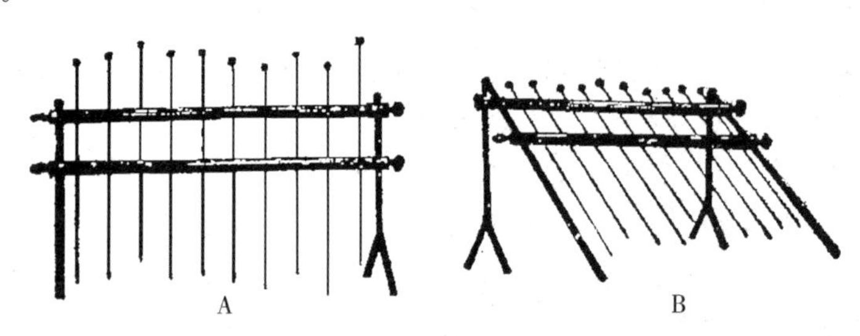

图 2-18-2　测定盖度用的点测器

A. 具有垂直针的点测器　B. 具有倾斜针的点测器

c. 线测法：利用有长度标志的绳子或皮尺（长度可为 3～5m 或 10～20m），放在调查样地的地面上拉直作为一条测线，量出沿线被植物株丛覆盖的总长度（去掉空白的长度），以其与测线全长之比换算成百分数，称为线测盖度。调查时应先后测量若干条线，以求出盖度的平均数。测定带有灌丛和高大草本植物的群落或不连续覆盖地面的丛生禾草草原，可应用此法。

③密度：单位面积内某物种个体数量。原则上，以物种遗传单位的个体数为计数单位。但在自然群落中，由于丛生型植物（如禾本科、莎草科植物）的遗传单位个体很难区分，可按分蘖株或株丛数计算密度。

④频度：是指各个植物种在调查地段上水平分布的特征，也就是在群落中水平分布的均匀程度。测定频度常用的方法是在调查地段上设置若干频度样方（一般不少于30个）。每设一次即将所遇到的各种植物登记在物种频度调查记录表（表2-18-2）上，逐渐编成完全的植物名录表，在此表上，凡在样地内出现的，即在该种名称一行内的相应位置记上“√”号，未出现的记上“—”号，最后统计其频度。

表2-18-2 物种频度调查记录

地点________ 样方号________ 样方面积________ 经度纬度________ 海拔________
坡度________ 坡向________ 照片编号________ 记录人________ 调查时间________

植物名称	样方数量																													
	1	2	3	4	5	6	7	8	9	10	11	12	13	14	15	16	17	18	19	20	21	22	23	24	25	26	27	28	29	30

⑤地上生物量：群落中植物地上部的鲜重或干重，是指某一时刻单位面积内实存生活的有机物质（干重）总量，通常用 kg/m^2 或 t/hm^2 表示。地上生物量是草地经济评价的一个重要指标，分类或者分种测得的地上生物量又可以判断不同植物的优势程度和草地产量。

草本群落中地上生物量测定是在调查地段上设立若干样方，分种将其中的植物齐地面刈割，立即称其鲜重，烘干后再称其干重（风干重）。

带有灌木、半灌木或高大草丛的群落须用较大的样方，常用100～1 000m^2 的大样方，采取株丛法测定地上生物量。即先将样地灌木、半灌木或高大草丛按株丛大小分为大、中、小3级，分别剪（割）有代表性的5～10株，称得平均单株地上生物量，同时统计样地内实有的各级株丛数，以各级单株地上生物量乘以株丛数，并将3级得数相加即为样地内的总地上生物量。称鲜重后，可以就其中称取一部分，带回烘干后再称干重。

灌木、半灌木或高大草丛下面的草本植被生物量，仍用上述草本群落测产法测定，数据填入具有灌木及高大草本类植物草原样方调查表（表2-18-3）。

表2-18-3 具有灌木及高大草本类植物草原样方调查

地点________ 样方号________ 样方面积________ 经度纬度________ 海拔________
坡度________ 坡向________ 照片编号________ 记录人________ 调查时间________

植物名称	株丛规格	株高（cm）	线段总长度（cm）	株丛投影长度（cm）	株丛数	取样比例	物候期	鲜重（g）	风干重（g）	总生物量（kg/hm^2）
										鲜重： 风干重：

注：株丛规格有大、中、小3级。

4. 结果表示与计算 根据群落调查和各项指标测量，将数据和计算结果填入相关表格内（表 2-18-1、表 2-18-2、表 2-18-3、表 2-18-4）。

表 2-18-4 植物群落调查数量特征记录

地点________ 样方号________ 样方面积________ 经度纬度________ 海拔________
坡度________ 坡向________ 照片编号________ 记录人________ 调查时间________

物种名称	数量指标											
	密度（株/m^2）	相对密度（%）	盖度（%）	相对盖度（%）	频度（%）	相对频度（%）	高度（%）	相对高度（%）	地上生物量（kg/m^2）	相对地上生物量（%）	重要值	优势度（%）

（1）盖度和相对盖度：

①盖度：植物盖度根据测定方法进行统计和计算。

$$草本分盖度=\frac{某物种接触到的刺点数}{全部刺点数}\times 100\%$$

$$草本总盖度=\frac{所有物种接触到的刺点数-刺点重复数}{全部刺点数}\times 100\%$$

$$灌丛盖度=\frac{灌木沿线段投影总长度}{测量线段总长度}\times 100\%$$

$$草本与灌丛混生时群落总盖度=灌丛盖度+(1-灌丛盖度)\times 草本总盖度$$

②相对盖度（relative coverage，RC）：是指样方中某物种盖度占所有物种总盖度的百分数，是物种所占群落水平空间和同化面积相对大小的度量。

$$相对盖度=\frac{某物种的盖度}{所有物种盖度之和}\times 100\%$$

（2）密度和相对密度：

$$密度=\frac{调查样方内某物种株数或株丛数}{调查样方面积}$$

相对密度（relative density，RD）是指样方中某物种的密度占所有物种密度之和的百分数，反映了一个物种繁殖率与存活率的相对高低。

$$相对密度=\frac{某物种的密度}{所有物种密度之和}\times 100\%$$

（3）频度和相对频度：

$$频度=\frac{某物种出现的样方数}{调查频度样方数}\times 100\%$$

相对频度（relative frequency，RF）是指某一物种在群落中频度占全部物种频度之和的百分数。其反映了某个物种在群落中分布的相对均匀程度。

$$相对频度=\frac{某物种的频度}{全部物种的频度之和}\times 100\%$$

（4）高度和相对高度：

①高度：根据测定的物种高度，计算株高平均值。

②相对高度（relative height，RH）：指某物种的平均高度占所有物种高度之和的百分数。

$$相对高度=\frac{某物种的平均高度}{所有物种的平均高度之和}\times 100\%$$

（5）地上生物量和相对地上生物量：

①草本植物地上生物量的计算：

$$地上生物量=\frac{各样地植物地上生物量之和}{测产样地面积\times 重复次数}$$

②带有灌木、半灌木群落的地上生物量计算：

第一步，先求出每一株灌丛的平均地上生物量（a_1）。

$$a_1(g)=\frac{样地内(大株数\times 大株重)+(中株数\times 中株重)+(小株数\times 小株重)}{样地内总株数}$$

第二步，求出每平方米内灌丛的地上生物量（A）。

$$A(g/m^2)=(a_1\times 样地内总株数)/样地面积$$

第三步，计算灌丛或高大草丛下面草本植物的生物量（B）。测算方法同上述草本植物。

第四步，以 $A+B$ 而得总的生物量（kg/hm^2）。

③相对地上生物量（relative weight，RW）：指某物种的干重占所有物种干重的百分数。

$$相对地上生物量=\frac{某物种的干重}{所有物种干重}\times 100\%$$

（6）重要值：重要值（important value，IV）是表征某个种在群落中的地位和作用的综合数量指标，其值一般为 0～100。

$$重要值=\frac{相对频度+相对盖度+相对密度}{3}\times 100$$

可以根据调查的盖度、高度、密度、地上生物量、频度数值以及计算的重要值等进一步计算群落物种多样性指标，如优势度（summed dominance ratio，SDR）。

优势度是用来评价植物种在草地群落中地位和作用的综合数量指标，可以利用二因素（$C'+F'$）、三因素（$C'+F'+H'$）、四因素（$C'+F'+H'+D'$）或五因素（$C'+F'+H'+D'+P'$）的均值来计算综合优势比。利用五因素计算优势度的公式如下：

$$优势度=\frac{C'+F'+H'+D'+P'}{5}$$

式中：C'、F'、H'、D'、P'分别为某物种的相对盖度、相对频度、相对高度、相对密度和相对地上生物量比，可用该物种某数量指标与样方内相应指标最大值之比表示。

四、重点/难点

1. 重点　植物群落“四度一量”的测定方法及重要值的计算。

2. 难点　草本植物和灌木混合群落地上生物量的测定。

五、示例

荒漠草原群落特征调查

1. 实习地点信息 调查宁夏回族自治区盐池县荒漠草原（样方面积 $1m^2$），共调查 5 个样方，针对其中一个样方将调查和观测信息填入群落基本数量特征记录表（表 2-18-5）。

表 2-18-5 群落基本数量特征记录

地点 盐池县××村　　样方号 1　　样方面积 $1m^2$
经度纬度 N37°53′13.46″ E107°19′29.08″　　海拔 1 321m　　照片编号 1
坡度 12°　　坡向 东南　　记录人 ××　　调查时间 2017 年 7 月 11 日

植物名称	密度（株/m^2）	盖度（%）	高度（cm）	地上生物量（kg/m^2）		频度（样方数 30）（%）
				鲜重	风干重	
短花针茅	27	41	10.4	42.9	32.7	22
牛枝子	8	5	8.9	8.7	4.5	15
砂珍棘豆	5	3	4.5	4.8	1.7	8
北芸香	3	0	9.3	4.1	2.8	3

注：盖度重复数为 3。

2. 群落特征指标测定 以短花针茅为例，计算群落特征指标，具体如下。

（1）盖度和相对盖度：

$$\text{短花针茅分盖度}=\frac{\text{某物种接触到的刺点数}}{\text{全部刺点数}}\times 100\%=\frac{41}{100}\times 100\%=41\%$$

$$\text{总盖度}=\frac{\text{所有物种接触到的刺点数}-\text{刺点重复数}}{\text{全部刺点数}}\times 100\%$$

$$=\frac{(41+5+3)-3}{100}\times 100\%=46\%$$

$$\text{相对盖度}=\frac{\text{某物种的盖度}}{\text{所有物种盖度之和}}\times 100\%$$

$$=\frac{41}{41+5+3}\times 100\%\approx 83.7\%$$

（2）密度和相对密度：

$$\text{密度}=\frac{\text{调查样方内某物种株数或株丛数}}{\text{调查样方面积}}$$

$$=27\text{ 株}/m^2$$

$$\text{相对密度}=\frac{\text{某物种的密度}}{\text{所有物种密度之和}}\times 100\%$$

$$=\frac{27}{27+8+5+3}\times 100\%\approx 62.8\%$$

（3）频度和相对频度：

$$\text{频度}=\frac{\text{某物种出现的样方数}}{\text{调查频度样方数}}\times 100\%$$

$$=\frac{22}{30}\times 100\%\approx 73.3\%$$

$$相对频度=\frac{某物种的频度}{全部物种的频度之和}\times 100\%$$

$$=\frac{22}{22+15+8+3}\times 100\% \approx 45.8\%$$

（4）高度和相对高度：

$$相对高度=\frac{某物种的平均高度}{所有物种的平均高度之和}\times 100\%$$

$$=\frac{10.4}{10.4+8.9+4.5+9.3}\times 100\% \approx 31.4\%$$

（5）地上生物量和相对地上生物量：

$$地上生物量(干重)=\frac{各样地植物地上生物量之和}{测产样地面积\times 重复次数}$$

$$=\frac{32.7+4.5+1.7+2.8}{1\times 1}=41.7(kg/m^2)$$

$$相对地上生物量=\frac{某物种的干重}{所有物种干重}\times 100\%$$

$$=\frac{32.7}{41.7}\times 100\% \approx 78.4\%$$

（6）重要值和优势度：

$$重要值=\frac{相对频度+相对盖度+相对密度}{3}\times 100$$

$$=\frac{45.8\%+83.7\%+62.8\%}{3}\times 100=64.1$$

$$优势度=\frac{C'+F'+H'+D'+P'}{5}=\frac{1+1+1+1+1}{5}=1$$

通过计算后，将同一样地的每个物种相应数量特征填入表 2-18-4 中。

六、思考题

1. 某同学根据公式计算出某草地群落的总盖度为 104%，导致这种错误结果的原因可能是什么？

2. 重要值和优势度有何区别？

七、参考文献

任继周，1998. 草业科学研究方法［M］. 北京：中国农业出版社.
杨持，2003. 生态学实验与实习［M］. 北京：高等教育出版社.
朱志红，李金钢，2014. 生态学野外实习指导［M］. 北京：科学出版社.

沈艳，马红彬
宁夏大学

实习十九　草地初级生产力的测定与评价

一、背景

初级生产力（primary productivity）也称为初级生产量，是指绿色植物利用太阳光进行光合作用，把无机碳固定、转化为有机碳这一过程的能力（速率）。一般以每天、每平方米有机碳的含量（g）表示。初级生产力又可分为总初级生产力和净初级生产力。

总初级生产力（gross primary productivity，GPP）又称总第一性生产力，是指单位时间内生物（主要是绿色植物）通过光合作用途径所固定的有机碳总量或固定同化的总能量，GPP 决定了进入陆地生态系统的初始物质和能量。

净初级生产力（net primary productivity，NPP）又称净第一性生产力，表示植被所固定的有机碳中扣除呼吸（R）消耗所剩余有机物的数量，这一部分用于植物的生长和生殖，其单位是 $g/(m^2 \cdot a)$ 或 $J/(m^2 \cdot a)$。两者的关系：$NPP=GPP-R$。

草地初级生产力是地球初级生产力重要组成部分，是反映草地生物生产功能的重要指标，是发展畜牧业的重要物质及草地次级生产力的基础，与草地资源可持续合理利用和保护息息相关。另外，草地初级生产力是草地健康状况和监测评价的重要指标，在调节全球碳平衡、维持大气中温室气体的浓度，特别是在全球物质和能量循环中起着重要的作用。

草地净初级生产力反映了植物固定和转化光合产物的效率和植物对自然环境资源利用的能力，是生物地球化学碳循环的关键环节和反映草地功能的重要指标。目前，NPP 的研究主要采用模型估测，包括气候相关模型、生态学过程模型、光能利用率模型、生态遥感模型等。

草地 NPP 模型的发展与现代科学技术紧密相关，特别是 3S 技术的应用，大大加强了对草地 NPP 模型的发展，使得在广域空间内对草地植被进行动态的、长期的监测成为可能，同时可把草地植被的动态变化与当时的气候条件相结合来研究全球气候变化对草地植被的影响以及草地植被对气候的反馈作用。3S 技术的广泛应用将是未来草地植被 NPP 模型发展的强大动力。

尽管天然草地净初级生产力的估测方法有很多种，但由于它们在实际应用上还有不少的问题和局限，需进一步完善，因而在草地净初级生产力研究中，最常用和比较准确的方法还是收割法，又称生物量法。

二、目的

通过实习掌握一种常用测定草地植物群落初级生产力的方法，明确草地总初级生产力和净初级生产力的区别。

三、实习内容与步骤

1. 材料 事先选取1～2种不同的天然草地植物群落（如灌草丛、荒漠、草原、草甸、沼泽等及南方农林隙地草丛地段）或人工草地作为样地，样地植物种类较多或单一均可，其面积能满足一个教学班分组布局草地初级生产力样方并进行样方测定的要求。

2. 仪器设备 $1m^2$的样方框架、羊毛剪刀或小镰刀、钢卷尺（2m）、塑料自封袋（长15～35cm）、白纸信封及纸口袋、纱布袋、药物天平（精度0.1g）、电子天平（精确至0.001g）、电热烘干箱（或用其他烘干装置代替）、铁锹、边长为10cm的方形铲刀、直径为7cm的根钻、白布口袋、多种孔径的土壤筛、镊子、硬纸小标签、防水记号笔、登记表格、统计图纸。

3. 测定内容与步骤 草地初级生产力测定分为地上初级生产力和地下初级生产力部分。

（1）地上初级生产力（aboveground net primary productivity，ANPP）的测定方法：

总初级生产力与净初级生产力关系为：

$$P_g = P_n + R \text{ 或 } P_g - R$$

式中：P_g为总初级生产力；P_n为净初级生产力；R为植物呼吸所消耗的能量。

现存量（standing crop）又称生物量（biomass），是指一定面积内某一时间所具有的活植物体总量。通过现存量变化确定草地的生产量。

设测定开始时间为t_1、终止时间为t_2，相应的现存量分别为B_1和B_2，则草地的生产量（P_n）可以通过公式计算。

$$P_n = \Delta B + L + G$$

式中：$\Delta B = B_2 - B_1$，且ΔB为t_1至t_2期间植物的生长量；L为此期间的枯死及脱落量；G为食草动物吃掉的量。

对草原、草甸、草丛等草本群落地上初级生产力的测定，常用直接收割法，这是植物群落学上最通用的常规方法。即直接将植物体地上枝叶及繁殖器官全部齐地刈割下来进行烘干称量，根据目的不同，有以下几种测定方法。

①地上初级生产力的一次分种测定：通常是在全年内的产量高峰期测定，以便确定全年的最高现存量。

②地上初级生产力的分种、分层测定：确定群落地上生物量的层次结构。

③地上茎、叶及繁殖器官生物量的分种测定：确定营养器官及繁殖器官的生物量比例、绿色器官与非绿色器官的生物量比例以及种群构建比例。

④在一年内进行地上生物量的周期性定点、分种测定：通过周期性测定为生产量月或季节动态的分析提供数据。

⑤立枯物与凋落物产量的测定：该部分产量测定较复杂和费时，此处不再介绍。

（2）地上初级生产力的测定步骤：

①样地的建立：在典型的地段上，每5人一组，按要求的面积选定样地。如果要求进行多次周期性测定，则应一次选好样地。样地的重复数量须按统计学的要求来设计，并计划测定的周期及日期。

②样地植物群落的登记：用样方调查样地内植物群落的特征，包括植物种类及植物的高度、株数、盖度等。

③生物量测定：在规定的日期和样地上用剪刀或刀具分种刈割植物的地上器官，装入薄膜塑料袋内，写好标签，并尽快进行野外称量（鲜重）。称量鲜重以后，将样品装入信封或纸（布）袋，准备烘干。

在测定地上初级生产力的分层质量及计算产量结构时，需将每一植物种的样品按规定的长度（如 5cm 或 10cm）剪断，分别将每一段样品严格按次序装入信封内准备烘干。如果按不同器官、种群构建计算生物量时，则需将茎、叶、生殖枝等分别装入信封内，准备烘干。

装入信封的样品要及时在电热烘干箱内进行烘干处理，温度控制在 65℃，烘干至恒重。称量并记录。

④结果填报与绘图：在地上初级生产力登记表（可根据测定需要选择表 2-19-1、表 2-19-2 或表 2-19-3）上登记所测定的鲜重与干重的数据。

根据所得数据，绘制地上生物量结构图（如已按器官分别测定，应在结构图上反映出来）。

表 2-19-1　地上生物量测定登记

样地（样方）编号＿＿＿＿＿＿　测定面积＿＿＿＿＿＿　测定日期＿＿＿＿＿＿

植物群落名称＿＿＿＿＿＿＿＿＿＿＿＿＿＿＿＿＿＿＿＿

植物种	植株高度（cm）	株（丛）数	密度（枝/m²）	盖度（%）	物候相	生物量（g）									
						鲜重					干重				
						1	2	3	…	n	1	2	3	…	n

表 2-19-2　草本不分种地上生物量调查

样地名称＿＿＿＿＿＿＿＿＿＿　＿＿年＿＿月＿＿日

样方面积＿＿＿＿＿＿＿＿＿＿　记录人＿＿＿＿＿

样方号	总盖度（%）	平均高度（cm）	活体生物量（g）			凋落物生物量（g）			备注
			总鲜重	烘前鲜重	烘后干重	总鲜重	烘前鲜重	烘后干重	

表 2-19-3 草本分种样方地上生物量（含凋落物）调查

样地名称＿＿＿＿＿＿　　样方号＿＿＿＿＿　　总盖度（%）＿＿＿＿＿＿
平均高度（cm）＿＿＿＿＿　　样方面积＿＿＿＿＿　　＿＿年＿＿月＿＿日　　记录人＿＿＿＿＿

物种名称	株（丛）平均高度（cm）					株（丛）数	活体生物量（g）		备注
	1	2	3	4	5		鲜重	干重	

（3）地下初级生产力的测定方法：由于多年生草本植物的地下器官往往可以生存多年，按 $\Delta B+L+G=P_n$ 的概念，则地下器官的 L 和 G 都是难以测算的，ΔB 也是在多年积累的现存量上累加的部分。所以，地下器官现存量的测定就需要分别测定当年形成的生物量和多年积累的生物量，而且只能将 L 和 G 忽略不计。因此，地下生物量的测定方法只能大体上提供其生物量的近似数据。

地下生物量也应在一年内进行几次定期测定，才能确定一个生长季的增长量近似值和最高生物量的形成时间。根据多年验证的该群落地下生物量增长初始期和高峰期，需进行两次测定，求得多年积累的现存量和年增长量。

群落地下生物量的分种及分项测定，需依赖植物地下器官的形态鉴定来加以区分。通常采用分层取样法，按土壤层次分别计算地下生物量。

（4）地下初级生产力的测定步骤：

①土壤剖面的制作：在地上生物量测定的样地上，用“壕沟法”挖掘供取样的土壤剖面。坑的大小一般要求 100cm×60cm，深 100～120cm（部分草地类型土层深度不到 50cm）。也可用“根钻法”等其他适宜方式取样。

②取样：在削平的土壤剖面上，按一定层次和体积进行取样，层次厚度一般为 5cm 或 10cm，体积多为 5cm×10cm×10cm、5cm×10cm×20cm、10cm×10cm×10cm、10cm×10cm×20cm 等，也可根据具体情况，确定一个层次厚度和取样体积。用铲刀切取土块，并装入白布袋中，写好标签，暂时封装起来。

“根钻法”也是常用的取样方法，对环境破坏小，取土块时采用根钻在取样样方（或样地）里打入各土层中，按照根钻上的深度刻度，取出一定深度体积的土块。

③洗根处理：把封装在袋中的土块样品尽快用各种孔径的土壤筛、清洁的水进行冲洗，冲洗过程中，把土冲掉，滤出根系及其他地下器官。最后，将洗出的各种地下器官装入一定的容器内（如表面皿、瓷盘等）。

④鉴定：从土样块中洗出的地下器官，要根据研究工作的需要进行分类、分种、分项（如粗根、细根、毛根、死根、活根等）鉴别和分选。

⑤烘干处理：鉴别和分选后的各类、各种、各项地下器官应尽快放入电热烘干箱内，保持 70℃左右的恒温，烘焙至恒重。干燥后用扭力天平称量，并将干重的数据记载在登记表（表 2-19-4）上。

表 2-19-4 草本根系生物量调查记录

样地名称______________ ____年___月___日 记录人______________________

样方编号	深度（cm）	根系生物量（g）			备注
		总鲜重	烘鲜重	烘干重	
	0～5				
	5～10				
	10～20				
	20～40				
	40～60				
	60～80				
	80～100				
	0～5				
	5～10				
	10～20				
	20～40				
	40～60				
	60～80				
	80～100				

⑥结果记录与绘图：根据分层取样测定的数据，绘制地下生物量结构图，计算生物量的分层比例，并与地上生物量进行比较。

4. 结果表示与计算

（1）数据汇总：每组汇总全部资料，计算该群落（或种群）地上和地下生物量，若有该群落月动态地上生物量系数数据，可训练推算全年最高月生物量；若进行了分层、分种生物量测定，可每组汇总全部资料，分层、分种推算该群落（或种群）地上和地下生物量，根据分层、分种取样测定的数据，绘制地上、地下生物量结构分布图，并计算生物量的分层比例。

（2）总结报告：每组汇总全部资料完成实习报告，比较植物群落或种群地上与地下生物量的比值，并给以科学意义上的解释。

四、重点/难点

1. 重点 掌握地上和地下初级生产力的测定方法和操作步骤。

2. 难点 若按照分种或需按茎、叶、生殖枝取样测定，植物种类较多的样地就需植物分类学相关知识识别，特别是要分种鉴定地下生物量有较大的难度。

五、示例

（一）羊草（*Leymus chinensis*）草原群落初级生产力动态

参照白永飞等在1983—1993年对羊草草原群落初级生产力研究测定结果。

1. 样地信息　样地面积为 250m×40m，地上生物量测定采用样方法，面积 1m×1m。每年 4～10 月（生长季）共测定 7 次，每月 15 日进行。

2. 测定方法　各植物种群地上生物量测定采用齐地刈割，测定鲜重和干重。

3. 结果分析　通过测定数据汇总（表 2-19-5），结果显示，群落和羊草种群地上生物量季节间有着显著的波动。

表 2-19-5　群落和羊草种群地上生物量的季节变化（kg/hm^2）

年度	4 月		5 月		6 月		7 月		8 月		9 月		10 月	
	群落	羊草	群落	羊草	群落	羊草	群落	羊草	群落	羊草	群落	羊草	群落	羊草
1983 年	—	—	—	—	—	—	—	—	—	—	984.5	250.1	771.0	144.3
1984 年	60.0	50.0	—	—	—	—	—	—	1 828.5	275.6	—	—	1 200.0	111.0
1985 年	246.0	168.0	—	—	946.1	195.9	1 813.4	260.0	1 827.6	280.1	2 176.1	610.0	1 478.1	286.1
1986 年	170.0	120.0	324.5	30.0	589.1	90.0	686.0	100.1	1 842.0	120.0	1 790.0	110.0	1 190.0	90.0
1987 年	234.0	60.0	—	—	406.1	40.1	734.0	—	1 728.0	120.0	1 772.7	150.0	1 080.0	150.0
1988 年	162.0	60.0	388.1	50.0	448.1	70.1	682.1	60.0	2 960.0	1 380.0	226.1	850.1	1 900.1	650.0
1989 年	112.0	75.0	314.1	50.0	386.3	68.1	546.5	86.1	1 788.2	500.1	1 921.2	696.2	1 150.1	347.9
1990 年	—	—	339.0	255.0	431.6	301.5	1 520.0	960.0	2 416.2	1 000.0	3 205.2	1 630.1	2 645.3	1 270.7
1991 年	27.5	10.1	293.9	243.3	1 976.1	1 452.5	2 179.8	1 570.1	2 984.1	2 380.1	3 236.9	2 366.7	2 729.7	2 166.8
1992 年	21.0	7.5	282.0	240.0	1 796.7	1 326.7	2 360.0	1 903.3	3 013.3	2 363.3	2 720.0	1 960.0	—	—
1993 年	22.7	0	301.5	210.0	696.0	450.0	1 275.0	940.0	1 754.0	1 056.0	2 092.0	1 248.7	—	—

（二）高寒草甸群落植物多样性和初级生产力测定

参照王长庭等（2004）对青海省果洛藏族自治州玛沁县高寒草甸群落植物多样性和初级生产力的研究结果。

1. 样地信息　在青海省果洛藏族自治州玛沁县，从最低处（河岸）到山顶的高寒草甸区垂直剖面上每隔 300m 左右选择植被均匀分布的地段设置样地，共 6 个梯度，分别为第一梯度海拔 3 840m、第二梯度海拔 3 856m、第三梯度海拔 3 927m、第四梯度海拔 3 988m、第五梯度海拔 4 232m、第六梯度海拔 4 435m。

2. 测定指标　每一梯度在 50m×50m 的样地上设置 5 个 50cm×50cm 的样方，在植物生长期（5～9 月），每月 20 日左右用收获法测定地上生物量，并按禾草类、莎草类、杂草类和枯枝落叶分类，称取鲜重后在 80℃的恒温箱烘干至恒重。

在测定过地上生物量的样方，采用 15cm×15cm 的样方，分层（0～10cm、10～20cm、20～30cm）测定地下生物量，3 次重复。先用细筛（直径为 1mm）筛去土，再用细纱布包好不同层的根系，用清水洗净，并捡去石块和其他杂物，在 80℃的烘箱内烘干至恒重并称量。在植物生物量高峰期（8 月底）测定植物群落的种类组成及其特征值（频度、盖度、高度和生物量），将 250cm×25cm 的样条分成 25cm×25cm 10 个子样方，2 次重复，计 20 个子样方。

3. 结果分析　随着海拔的逐渐升高，地上生物量逐渐减少，每个梯度地上生物量的峰值均出现在 8 月。而每个梯度地下生物量季节动态规律明显，均呈 V 形变化。另外，地下生物量远大于地上生物量（表 2－19－6）。不同海拔梯度的地下生物量不仅具有明显的季节动态变化规律，而且具有显著的空间分布规律，呈明显的倒金字塔分布特征，且随着牧草生长期的延长，各层地下生物量在 6、7 月后均有增加的趋势。

表 2－19－6　不同海拔梯度地下生物量垂直分布变化

海拔梯度	土深（cm）	地下生物量（g/m²）					平均值±标准差
		5 月	6 月	7 月	8 月	9 月	
3 840m	0～10	6 324.44	6 835.56	5 348.89	6 147.56	8 394.22	6 610.13±1 131.38
	10～20	5 164.89	2 662.67	3 969.33	3 784.89	2 508.44	3 618.04±1 082.58
	20～30	4 538.67	1 915.11	2 334.67	2 303.56	1 759.56	2 570.31±1 127.80
3 856m	0～10	2 952.00	2 159.56	2 211.56	2 622.22	2 845.33	2 558.13±360.80
	10～20	174.67	237.78	214.22	365.33	358.67	270.13±86.87
	20～30	42.22	39.11	76.88	110.67	225.00	98.78±76.34
3 927m	0～10	3 417.32	1 618.65	2 365.34	2 341.76	3 446.21	2 637.96±784.49
	10～20	143.12	154.21	156.00	210.65	337.30	200.26±80.98
	20～30	76.87	69.78	117.35	121.75	229.76	123.10±64.01
3 988m	0～10	3 267.10	1 919.13	2 208.00	2 896.86	2 896.87	2 637.59±554.87
	10～20	226.21	164.86	261.34	366.67	469.78	297.77±120.88
	20～30	116.88	38.23	77.32	91.10	99.56	84.620±29.63
4 232m	0～10	3 106.22	1 416.00	2 050.65	1 982.67	3 896.00	2 490.31±995.04
	10～20	149.76	136.87	195.10	304.86	472.00	251.72±139.77
	20～30	69.32	22.67	77.30	78.20	187.12	86.92±60.51
4 435m	0～10	3 974.65	3 316.45	3 673.32	4 260.00	4 625.31	3 969.95±507.12
	10～20						
	20～30						

注：第六梯度 10cm 以下为岩石层。

不同海拔梯度群落类型具有不同的丰富度、均匀度和多样性变化（表 2－19－7）。海拔 3 856～4 232m，物种多样性指数增加幅度最大，物种丰富度的增加幅度也最大。

表 2－19－7　不同海拔梯度高寒草甸群落物种数、地上生物量、地下生物量和物种多样性指数

海拔梯度（m）	群落	物种数	地上生物量（g/m²）	地下生物量（g/m²）	Shannon－Wiener 指数	Pielou 均匀度指数
3 840	西藏嵩草沼泽化草甸	35	371.60	12 236.00	3.20	0.90
3 856	异针茅群落	37	335.08	3 098.67	3.36	0.93
3 927	小嵩草草甸	41	288.12	2 674.66	3.52	0.95
3 988	小嵩草草甸	39	220.60	3 354.66	3.37	0.93
4 232m	小嵩草草甸	40	173.16	2 364.89	3.26	0.91
4 435m	线叶嵩草草甸	26	132.00	4 260.00	2.79	0.86

六、思考题

1. 测定地上生物量应取得哪些数据才能计算出地上净生产量?
2. 多年生草本群落地下生物量季节与年度动态的规律和地下器官有什么根本差别?
3. 地下生物量的测定存在什么困难?
4. 如何确定草原群落在一年内植物地上部分停止生长的时间?

七、参考文献

白永飞，许志信，1995. 羊草草原群落初级生产力动态研究［J］. 草地学报，1 (3)：56－64.
内蒙古大学生物系，1986. 植物生态学实验［M］. 北京：高等教育出版社.
王长庭，王启基，龙瑞军，等，2004. 高寒草甸群落植物多样性和初级生产力沿海拔梯度变化的研究［J］. 植物生态学报，28 (2)：240－245.
武吉华，刘濂，1983. 植物地理实习指导［M］. 北京：高等教育出版社.

干友民
四川农业大学

实习二十　草地植物生态经济类群的划分与判定

一、背景

草地植物生态经济类群是草地分类中草地组的划分依据，因此草地植物生态经济类群的划分对于草地分类是不可缺少的。

草地植物生态经济类群划分方法由于侧重点的不同，出现了不同的方法，如侧重于经济价值（适口性、营养价值）的分类系统，可划分蒿类、猪毛菜类、葱类、鸢尾类等。按植物学科属来评价草地植物的经济价值，反映了该科属在草地中的地位，同一科属植物之间的饲用品质也相对接近。但是对于植物的生态生物学习性、生活型的一致性兼顾很少，同一科属的植物在生活型、地理分布和饲用价值上可能会有很大差别，如藜科、菊科植物，它们既包括草本，也有半灌木和灌木，植物的生物学特性、分布区域的生态环境都有很大差别，也必然影响到它们的生态生物学习性与饲用品质。因此，单一用植物科属划分是不完善的，在植物生活型的基础上，结合植物科属来划分草地植物生态经济类群更为适当。

目前，草地植物生态经济类群划分广泛采用的分类法是在植物生活型的基础上，结合植物的科属来划分，同一生态经济类群植物在生活型和形态外貌、生态地理分布以及饲用价值上具有相似性。

二、目的

了解草地植物生态经济类群的划分方法、原则及划分过程，进一步了解生态经济类群的概念，以及不同植物类群的生态条件、植物生活型、饲用价值等一般特征。

三、实习内容与步骤

1. 仪器设备　标本夹、放大镜、采集标本工具、钢卷尺、植物检索表。

2. 测定内容与步骤　该内容一般与草地调查工作相结合在野外进行，也可在室内进行。需要准备好相关材料进行分析，并提供不同植物生态经济类群的植物名录、典型植物标本及有关参考资料，通过熟悉名录，按标本区分不同生态经济类群，同时了解各类群植物生活型和形态外貌、生态地理分布以及饲用价值等特征特性。

在野外实习过程中，首先进行植物标本的采集与记载，凡在调查区内出现的植物种类均应采集，对于不认识的植物进行种名鉴定，然后编写出调查区内的草地植物名录。采集植物标本的同时，应记载与划分生态经济类群依据有关的内容，如生活型、形态外貌特征、生态地理分布、饲用价值等，为划分植物生态经济类群使用。生态经济类群划分依照编制的植物名录、记载内容，对照植物标本，先划分类群后划分亚类群，编制出调查区内草地植物生态经济类群分类系统名录。具体划分方法如下。

（1）草地植物生态经济类群的划分依据：根据草地植物的生态生物学特性和饲用价值的相似性，对草地植物进行综合分类，同一生态经济类群的植物在生活型和形态外貌、生态地理分布以及生物量与饲用价值上具有相似性。共划分 10 个类群、33 个亚类群和 1 个附类（表 2 - 20 - 1）。

表 2 - 20 - 1　草地植物生态经济类群分类

类　群	亚类群
短生、类短生草本	1. 禾草、薹草 2. 杂类草、豆科
一年生草本	1. 禾草 2. 豆科草 3. 杂类草
多年生禾草	1. 小丛禾草 2. 密丛禾草 3. 疏丛与根茎禾草 4. 高大粗糙禾草
多年生豆科草	1. 小丛豆科草 2. 中型细茎豆科草 3. 粗大豆科草
多年生莎草类	1. 小莎草 2. 大莎草
多年生杂类草	1. 小杂类草 2. 中型细茎杂类草 3. 粗大杂类草
半灌木	1. 蒿类半灌木 2. 盐柴类半灌木 3. 多汁盐柴类半灌木 4. 杂类半灌木 5. 垫状半灌木
灌木	1. 无叶灌木 2. 肉叶灌木 3. 小叶灌木 4. 宽叶灌木 5. 小灌木

（续）

类　群	亚类群
乔木	1. 小乔木 2. 针叶乔木 3. 阔叶乔木 4. 竹类
苔藓地衣、蕨类	1. 苔藓地衣 2. 蕨类

注：1个附类——有毒有害植物类。

（2）草地植物生态经济类群的划分方法：可与草地样方调查相结合，在测定植物样方的同时，测定其生活型、形态外貌特征、生态地理分布、饲用价值等。对照植物名录及生态经济类群特征，按照从类群到亚类群逐层分析的方法，划分出不同生态经济类群，编制出调查区草地植物生态经济类群分类系统名录。

①生态地理分布类型：生态地理分布着重说明每种植物在集中分布区的生态地理类型，草地植物的生态地理分布类型以草地类与亚类为依据。例如，大针茅是温性草原中典型的代表种，集中分布区主要是在草原带；短花针茅是荒漠草原的代表种，集中分布于荒漠草原带。

②生活型：植物生活型是植物对环境适应的表现形式，是自然地区特定生物气候下的产物，同一生活型的植物通常对环境的适应途径和方式是相同或相似的。

植物生活型是草地植物生态经济类群划分考虑的重要依据之一，不同生活型的植物，在生长发育习性、植株外貌特征、生态生物学特性乃至饲用价值上都有一定的差别，而这些差别也正是划分不同生态经济类群的依据。

生活型可划分为乔木、灌木、竹类、藤本、半灌木、多年生草本、一二年生草本、苔藓、地衣、附生植物、寄生植物。多年生草本可再详细划分为根茎草类、疏丛草类、根茎-疏丛草类、密丛草类、匍匐茎草类、根蘖草类、根颈草类、鳞茎草类、块茎草类等。

③饲用价值：按照划分的生态经济亚类群为单元，以各单元内具体的植物种为对象进行分析与评价。在了解每种植物饲用价值特征的基础上，总结出同属一亚类群的植物在饲用价值上所表现出的共性特征。可采用粗蛋白质、粗脂肪、粗纤维、无氮浸出物、粗灰分等含量及其比例或按一定的标准进行分析。这些指标可通过资料查询获得，在有条件的情况下也可在实验室内经分析获得。

四、重点/难点

1. 重点　草地植物生态经济类群划分方法。

2. 难点　草地植物生态经济亚类群的划分及判断。

五、示例

温性草原植物生态经济类群划分

1. 实习地点　内蒙古锡林郭勒大草原，草地类型为典型的温性草原，优势种为大针茅。

2. 实习内容与步骤

（1）植物调查：通过样方调查，统计出该草地的所有植物名录，包括大针茅、羊草、糙隐子草、斜茎黄芪、狼毒等植物种（图 2-20-1）。

（2）植物生活型、生物学特性鉴定：这些植物的生态地理分布类型为温性草原带，生活型均为多年生草本。根据植物学科属判断，大针茅、羊草、糙隐子草为禾本科牧草，斜茎黄芪为豆科植物，狼毒为瑞香科植物。

根据生活型和形态特征判断，大针茅是密丛型中禾草，羊草是根茎型中禾草，糙隐子草是疏丛型小禾草，斜茎黄芪是中型细茎豆科草，而狼毒是有毒植物。将结果填入草地植物生态经济类群名录（表 2-20-2）。

A

B

C

图 2-20-1　草地植物经济类群中的几种植物

A. 大针茅　B. 羊草　C. 狼毒

表 2-20-2　草地植物生态经济类群名录

植物名称		生活型	生态经济类群		生态地理分布类型	标出优势种	标出主要的生态经济类群
中文名	学名		类群	亚类群			
大针茅	*Stipa grandis*	多年生草本	多年生禾草	密丛禾草	温性草原带		
羊草	*Leymus chinensis*	多年生草本	多年生禾草	疏丛与根茎禾草	温性草原带		
糙隐子草	*Cleistogenes squarrosa*	多年生草本	多年生禾草	小丛禾草	温性草原带	大针茅	多年生禾草
斜茎黄芪	*Astragalus adsurgens*	多年生草本	多年生豆科草	中型细茎豆科草	温性草原带		
狼毒	*Stellea chamaejasme*	多年生草本	有毒有害植物类	有毒植物	温性草原带		

（3）草地植物经济类群的划分结果：

①多年生禾草类群：小丛禾草，为糙隐子草；密丛中禾草，为大针茅；疏丛与根茎禾草，为羊草。

②多年生豆科草本类群：斜茎黄芪。

③有害有毒植物类群：狼毒。

六、思考题

1. 试述不同草地类型之间草地植物生态经济类群的差异。
2. 完成所在草地的植物生态经济类群名录。

七、参考文献

贾慎修，1995. 草地学［M］. 北京：中国农业出版社.

马建军，姚虹，冯朝阳，等，2012. 内蒙古典型草原区 3 种不同草地利用模式下植物功能群及其多样性的变化［J］. 植物生态学报，36（1）：1－9.

毛培胜，2015. 草地学［M］. 4 版. 北京：中国农业出版社.

孙吉雄，2000. 草地培育学［M］. 北京：中国农业出版社.

徐鹏，2000. 草地资源调查规划学［M］. 北京：中国农业出版社.

王明君，胡国富，殷秀杰

东北农业大学

实习二十一　草地资源的健康评价

一、背景

草地资源健康即草地生态系统健康，是指草地生态系统中土地、植被、水和空气及其生态学过程的可持续程度，还包括草地生态系统与生态过程所形成及所维持的人类赖以生存的自然环境条件与效用（草地生态系统的服务功能）。草地生态系统健康是新的环境管理和草地生态系统管理的目标，是全球自然生态系统健康的重要组成部分。草地生态系统健康评价能为人类的生存和发展提供草地生态系统健康状况的诊断、病因学早期警示指标和防治措施、草地生态系统的管理指南等，这些对人类社会的健康发展均具有重要的理论意义和实践意义。

美国将健康评价引入到草地生态系统的研究，在我国尚处于起步阶段。关于生态系统健康的研究过程，发展初期主要集中在生态系统健康评价的概念内涵和评价方法上（王明君，2008）。Rapport（1989）和Constanza（1992）提出了VOR（Vigor，Organization，Resilience）的评价指数，标志生态系统健康研究由概念发展到了探索评价方法阶段。该评价方法的发展，经历了单因子罗列法、单因子复合法、功能评价法和界面过程法4个阶段，体现多指标的综合化是健康评价的发展趋势（侯扶江等，2009）。生态系统健康是多学科交叉的产物，健康的评价体现了阈值的思想，生态系统的健康具有层次性。

草地生态系统健康的概念和评估涉及众多的因素，包括环境因素、生物因素及社会经济因素。生态系统的复杂性和多因素很难准确定量。目前，草地生态系统健康的概念、评估理论和方法没有统一的标准，还在进一步发展和完善中。

二、目的

通过学习和实践草地生态系统健康评价的思路与方法，着重掌握和运用2008年颁布的国家标准《草原健康状况评价》（GB/T 21439—2008），结合特定区域的草地生态系统基本情况及相关评价资料，进行草地生态系统健康的评价练习，使学生学习和初步掌握草地生态系统健康评价的理论、基本方法和步骤，以期推动该评价在理论和实践方面的发展和完善。

三、实习内容与步骤

1. 材料

（1）自然资源材料收集：收集实习区域自然条件资料，包括气候、地形、土壤、水利水文、植被等资料和研究区的行政区划图、草原类型图等文字汇编或统计图册，以及遥感影像资料及相关研究报告、论文专著和图件等。

（2）社会经济资料收集：收集实习区域社会经济资料，包括人口、劳动力资料，农、牧、林等第一、第二、第三产业生产经营资料，第一、第二、第三产业社会产值与效益资料等。

2. 仪器设备 植物群落调查取样和土壤理化性质取样所需器具（详见“实习十九 草地初级生产力的测定和评价”列出的器具和用材）；GPS定位仪、计算机及相关运用软件、所需纸张表格。

3. 评价方法与步骤

（1）评价方法：目前，草地生态系统健康评价方法约20种，总体上可以分为两类，即单因子评价方法和多因子综合评价方法，即目前常用的指示物种法和指标体系综合评价法。

单因子评价的指标必须很灵敏，但只反映草地生态系统健康状况的某一侧面，不能完整反映草地生态系统健康状况。

多因子综合评价方法虽然能综合反映草地生态系统健康状况，但较早的多因子综合评价方法缺少定量的指标和很少反映系统的观点，仅是众多因子的叠加，其评价结果也很难说清草地生态系统健康状况和发展趋势。

（2）评价步骤：

①确定评价区域：根据草地的管理方式、利用强度、植被特征、地表及土壤状况等确定评价区域。按照面积选择适宜的地图比例尺，将评价区域划分为若干单元，利用围栏或其他自然屏障加以区分。需要注意的是，被划分为一类的草地应具有植被特征上的相似性和管理特征上的一致性。

参考区域的选择要具有一定的代表性，不能是禁牧区，也不能是干扰过频的地区，应该足够大且管理较好，能准确地评价所有的指标。

②选定评价区域内的参照地区：草地利用单元的参照地区在整个评价区域的描述中应能代表众多草地的特征和变异性。参照区域不一定是原始的、从未利用过的区域（如顶级植物群落）。一般情况下，对于草地植物群落来说，过牧是引起草地退化、草地土壤侵蚀的主要因素。因此，在选择参照地区时，应将区域内放牧干扰较轻的地区选定为评价区域内的参照地区。但应注意不能将长期禁牧的区域确定为健康评价的参照地区。

③评价指标的筛选和确定：健康评价指标选择时，应遵循整体性、层次性、典型性、科学性、可操作性和可比性的原则，并能为决策者提供指导信息。因此，草地生态系统健康评价应从生态系统水平、群落水平、种群与个体水平3个方面来反映其生态方面的性状，辅之以植被及土壤物理化学方面的性质，同时考虑社会经济与人类健康等草地生态系统服务功能方面的指标，使选择出来的指标能最大限度地对草地生态系统健康水平做出全面、真实、客观的评价和概括。

评价指标的确定可以采取历史资料法、参照对比法、借鉴国家标准与相关研究成果、公众参与、专家评判等方法，但方法各有优劣，适用于不同类型的指标对象，也可根据具体情况综合这些方法来进行。

④运用选定的评价指标，建立评价的综合指标体系：以评价区域内参照地区各指标的状况作为该区域草地生态系统健康评价的标准，在合理选定评价指标后，通过野外生态调查、

室内分析、社会调查及经济核算等方法，获得评价指标的数值及信息，将评价区域各指标的观测结果与参照系统各指标进行对比，确定草地生态系统健康评价等级划分的标准（权重）及阈值，利用数理统计知识筛选评价指标的权重，因数学方法严格的逻辑性可对确定的权重进行处理，从而可尽量剔除一些主观因素构建评价指标体系。

⑤构建评估模型：利用数学模型、生态模型和经验模型，构建草地生态系统健康综合评估模型，确定评价区域草地生态系统的健康状况。建立的评估模型必须保证在不同尺度上收集到的数据具有整合性，这样才能保证大尺度模型可以采用小尺度的局域性数据，而反过来可用于局域分析。

⑥模型时空尺度的扩展及综合评价：将3S技术及评估模型引入评价体系中，结合生态系统健康和服务功能，以自然和社会相结合的方法进行综合评价，使传统分析方法评价结果通过ArcGIS软件的属性连接功能导入草地健康评价单元图中，使每一评价单元都包含了健康评价的结果，通过地图综合和分层设色原理，可生成直观的健康评价图。草地生态系统健康综合评价的内容和步骤可参照图2-21-1。

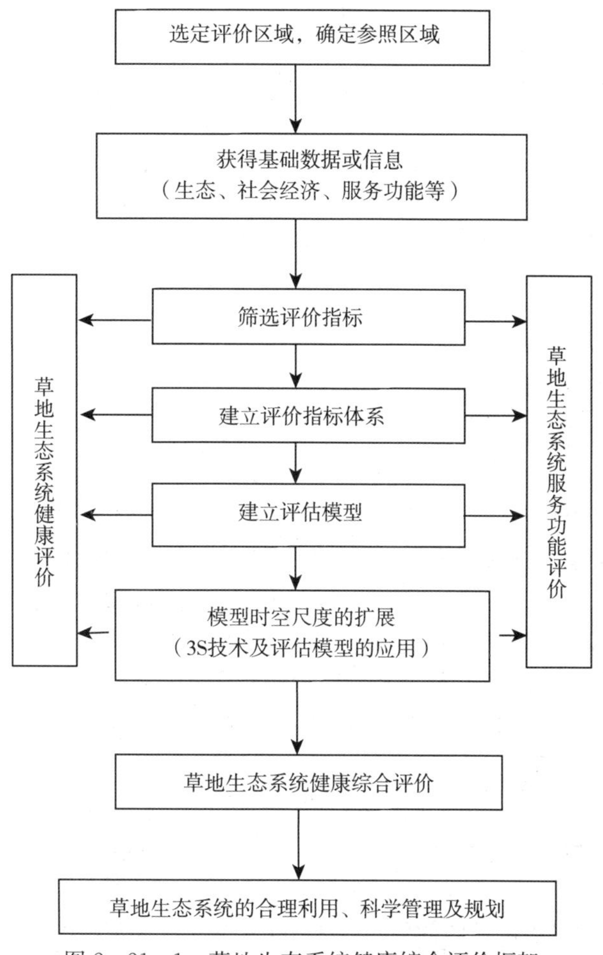

图2-21-1 草地生态系统健康综合评价框架

（引自单贵莲等，2008）

4. 评价标准说明 2008年发布实施的国家标准《草原健康状况评价》（GB/T 21439—

2008）提出，草原健康是指草原生态系统中的生物和非生物结构的完整性、生态过程的平衡及其可持续的程度，通过对这些属性指标的分级定量赋值，计算出草原健康的综合指数，对草原健康状况进行分级和全面科学评价。

（1）评价指标：草原健康状况评价指标是根据草原生态系统的 3 个属性［即土壤（地境）的稳定性、水文功能及生物完整性］确定的，每个属性包括 4 项指标，合计有裸地、风蚀、土壤有机质、土壤紧实度、水流痕迹等 12 项指标。

（2）评价指标的分级与权重：通过对各项指标分别测定，并进行分级。各项指标分为 5 个级别，分别赋分（1 分、2 分、3 分、4 分、5 分），分值越高，则说明在该项指标上草原健康状况越好。该标准中的每个评价指标对草原健康状况的影响和作用大小不同，还推荐了各评价指标的权重系数。

（3）评价结果：草原健康综合指数 H 的计算：

$$H=\sum_{i=1}^{3}(H_i\times k_i)=\sum_{i=1}^{3}\sum_{j=1}^{4}(S_{ij}\times k_{ij})$$

式中：S_{ij} 为第 i 个属性的第 j 个评价指标的得分；k_{ij} 为第 i 个属性的第 j 个评价指标的权重系数。

依据草原健康综合指数的分值，将草原健康状况划分为 5 个级别，即极好、好、中等、差、极差（表 2－21－1）。

表 2－21－1　草原健康综合指数分级

草原健康综合指数 H	草原健康状况
＞4.5	极好
3.5～4.5	好
2.5～3.4	中等
1.5～2.4	差
＜1.5	极差

5. 结果表示与计算　每实习组根据所在实习区域（点）的自然和社会相关资料，按照草地资源健康评价的方法、内容和步骤要求，借鉴国家标准《草原健康状况评价》（GB/T 21439—2008）的基本方法和内容，选定评价区域和该区域内的参照地区，筛选和确定评价指标及建立评价指标体系，根据所选取和运用的综合评价指标体系及收集的数据和信息，构建适宜的数学评价模型，进行计算和分析，提出该区域草地生态系统健康评价结果。

四、重点/难点

1. 重点　正确选定评价区域内的参照地区，掌握筛选和确定评价指标及其体系的适宜方法。

2. 难点　根据当地区域情况，选择和构建定性定量相结合的综合评价指标体系的数学模型和运用相关软件进行分析，并能用生态学知识客观体现和解释草地生态系统健康现状和趋势。

五、示例

羊草草甸草原生态系统健康

参照王明君（2008）在内蒙古开展的不同放牧强度对羊草草甸草原生态系统健康影响研究结果。

1. 样地设置 选择以居民点为中心的，植被类型、土壤、地形均相似且自由放牧方式的家庭牧场，在同样草地利用单元上选择3户牧民，其家庭人口及所养牲畜种类及数量相似，以这3户家庭牧场作为研究的重复样地。以定性的方法划分放牧梯度等级，每个重复样地按距离居民点的远近及植物种类、产量的差异划分为重度放牧区（HG）、中度放牧区（MG）和轻度放牧区（LG），再选择受干扰较小的样地作为对照区（CK），其中一个对照区为2001年设置的围封样地，另外两个对照区都是牧民围封割草场，且几乎不利用的草地。

2. 测定方法 在每个放牧梯度上各设置3个活动围笼（1.5m×1.5m），用于测定植被的净初级生产力，并且在每年春季放牧开始前于同一放牧梯度内移动位置，于5月、8月和10月在试验样地上按规定的方法进行围笼内调查和取样工作。

样地面积为250m×40m，各种群地上生物量测定采用样方法齐地刈割，面积为1m×1m，每年4～10月共测定7次，每月15日进行，测定鲜重和干重。

3. 结果分析 通过对草地生态系统中植被层和土壤层指标的测定，确定了11个“草”系统指标和12个“土”系统指标。“草”系统指标包括草地植被初级生产力、植被枯落物的量、围笼内羊草的自然生长高度、禾草功能群的比例、Margalef丰富度指数、Shannon-Wiener多样性指数、Simpson多样性指数、Pielou均匀度指数、Alatalo均匀度指数、Whittacker指数、Morisita-Horn相似指数。“土”系统指标包括土壤容重、土壤pH、砂粒含量、土壤电导率、土壤有机质、土壤微生物数量、微生物生物量碳、微生物生物量氮、土壤脲酶、土壤过氧化氢酶、土壤蔗糖酶、土壤蛋白酶。

利用CVOR草地生态系统健康评价模型及方法，通过草地基况指数、活力指数、组织力指数、恢复力指数以及CVOR健康指数反映不同利用情况下草地的健康状况（表2-21-2）。

表2-21-2 不同放牧强度下CVOR草地生态系统健康指数

CVOR草地生态系统健康指数	放牧强度			
	CK	LG	MG	HG
草地基况指数	1	0.72	0.61	0.55
活力指数	1	0.92	0.76	0.73
组织力指数	0.25	0.28	0.24	0.31
恢复力指数	1	0.93	0.76	0.32
COVR健康指数	0.81	0.71	0.59	0.48
将CK化为1	1	0.88	0.73	0.59

利用模糊数学法对不同放牧强度下草地生态系统结构和功能进行系统分析，确定对环境稳定而对放牧敏感的模糊数学健康指数，与CVOR健康指数相结合，评价草地生态系统的

健康状况（表 2-21-3）。

表 2-21-3　不同放牧强度下草地生态系统的健康状况

健康水平	放牧强度			
	CK	LG	MG	HG
模糊数学健康指数	0.95	0.92	0.74	0.62
CVOR 健康指数	0.81	0.71	0.59	0.48
健康状况	健康	健康	不健康	不健康

六、思考题

1. 你认为今后的草地生态系统健康评价体系还会朝哪些方面发展和完善？

2. 比较目前各种草地生态系统健康评价体系，你怎样看待国家标准《草原健康状况评价》（GB/T 21439—2008）的基本方法和内容？你认为哪些评价体系较好操作和运用？

七、参考文献

侯扶江，徐磊，2009. 生态系统健康的研究历史与现状［J］. 草业学报，18（6）：210-225.

贾志锋，王伟，石红霄，2012. 称多县高寒草甸草地资源健康评价研究［J］. 青海畜牧兽医杂志，42（5）：6-9.

全国畜牧业标准化技术委员会，2008. 草原健康状况评价：GB/T 21439—2008［S］. 北京：中国标准出版社.

单贵莲，徐柱，宁发，2008. 草地生态系统健康评价的研究进展与发展趋势［J］. 中国草地学报，30（2）：98-103.

王明君，2008. 不同放牧强度对羊草草甸草原生态系统健康的影响研究［D］. 呼和浩特：内蒙古农业大学.

叶鑫，周华坤，赵新全，等，2011. 草地生态系统健康研究述评［J］. 草业科学，28（4）：549-560.

干友民
四川农业大学

图书在版编目（CIP）数据

草地学实验与实习指导 / 毛培胜主编 . —北京：中国农业出版社，2019. 5

普通高等教育农业农村部“十三五”规划教材　全国高等农林院校“十三五”规划教材

ISBN 978-7-109-25380-3

Ⅰ. ①草…　Ⅱ. ①毛…　Ⅲ. ①草地—实验—高等学校—教材　Ⅳ. ①S812. 3

中国版本图书馆 CIP 数据核字（2019）第 056625 号

中国农业出版社出版

（北京市朝阳区麦子店街 18 号楼）

（邮政编码 100125）

策划编辑　何　微

文字编辑　丁晓六

中农印务有限公司印刷　　新华书店北京发行所发行

2019 年 5 月第 1 版　　2019 年 5 月北京第 1 次印刷

开本：787mm×1092mm　1/16　　印张：17

字数：420 千字

定价：36. 00 元